“十三五”职业教育系列教材

电力系统自动装置

主　编　王　灿　徐　明
副主编　舒玉平　张　莉
编　写　兰　琴　王显平
主　审　张　瑛

中国电力出版社
CHINA ELECTRIC POWER PRESS

内 容 提 要

本书采用“模块教学法”方式编写，全书共分为 6 个模块，分别介绍了微机型备用电源自动投入装置、微机型自动重合闸装置、微机型自动并列装置、同步发电机的励磁自动控制系统、微机型自动低频减负荷装置以及微机型故障录波装置的工作原理及应用。本书配有丰富的数字资源，包括 PPT 教学课件、思考与练习题参考答案、自测题库等。

本书主要作为高职高专院校电力类专业的“电力系统自动装置”课程教材，也可供相关工程技术人员参考。

图书在版编目（CIP）数据

电力系统自动装置/王灿，徐明主编．—北京：中国电力出版社，2019.7（2026.1 重印）
“十三五”职业教育规划教材
ISBN 978-7-5198-2941-4

Ⅰ.①电…　Ⅱ.①王…②徐…　Ⅲ.①电力系统—自动装置—职业教育—教材　Ⅳ.①TM76

中国版本图书馆 CIP 数据核字（2019）第 024001 号

出版发行：中国电力出版社
地　　址：北京市东城区北京站西街 19 号（邮政编码 100005）
网　　址：http://www.cepp.sgcc.com.cn
责任编辑：陈　硕（010-63412532）
责任校对：黄　蓓　闫秀英
装帧设计：赵姗姗
责任印制：钱兴根

印　　刷：北京铭成印刷有限公司
版　　次：2019 年 7 月第一版
印　　次：2026 年 1 月北京第十次印刷
开　　本：787 毫米×1092 毫米　16 开本
印　　张：11.25
字　　数：272 千字
定　　价：32.00 元

前　言

本书是根据生产一线对应用型高职高专人才的需要，针对当前广泛应用的微机型自动装置，并总结以往教材的长处，收集相关工程技术人员的经验和意见的基础上编写的。

本书在编写上采用了“模块教学法”的编写思路，将整个课程按照电力系统自动装置领域分成 6 大模块，涵盖了电力系统中从电网到发电厂的关键自动装置，形成一个有机的整体。每个主要模块都结合课程要求分解成各个情境，层层推进，让读者在各情境中学习专业技能，充分增强读者的学习兴趣和主动性。通过具体情境学习将课程理论体系和实践体系贯穿在一起。每一情境后提供习题供读者练习。

同时，本书充分结合当代先进电力技术在自动装置中的应用，如鉴于数字式自动装置在电力系统中的广泛应用，重点介绍了数字化技术在电力领域的应用原理以及典型微机型自动装置的结构和特点，体现教学内容的先进性；突出读图能力的培养，以提高读者的实际工程应用能力。

本书绪论由王显平编写，模块 1 由兰琴编写，模块 2、模块 4 由王灿编写，模块 3 由徐明编写，模块 5 由舒玉平编写，模块 6 由张莉编写。全书由王灿统稿，由沈阳工程学院张瑛教授主审。本书在编写过程中得到了同行们的大力支持和帮助，在此表示衷心感谢。

限于编者水平，书中难免存在疏漏和错误之处，恳请广大师生和读者批评指正。

编者

2019 年 7 月

目 录

前言
绪论 …… 1
模块 1 微机型备用电源自动投入装置 …… 3
情境 1 备自投装置的分类和基本要求 …… 3
情境 2 微机型备用电源自动投入装置 …… 6
情境 3 备用电源自动投入装置的参数整定 …… 13
模块 2 微机型自动重合闸装置 …… 15
情境 1 自动重合闸装置的基本知识 …… 15
情境 2 单电源线路的自动重合闸 …… 19
情境 3 双电源线路的自动重合闸 …… 29
情境 4 自动重合闸与继电保护的配合 …… 38
情境 5 微机型综合自动重合闸 …… 41
模块 3 微机型自动并列装置 …… 55
情境 1 并列操作的作用与方法 …… 55
情境 2 准同期并列条件 …… 58
情境 3 自动准同期装置的基本组成 …… 62
情境 4 微机型自动准同期装置工作原理 …… 64
情境 5 微机型自动准同期装置举例 …… 79
模块 4 同步发电机的励磁自动控制系统 …… 91
情境 1 励磁系统的基本知识 …… 91
情境 2 同步发电机的励磁方式和励磁调节方式 …… 98
情境 3 励磁系统中的整流电路 …… 102
情境 4 微机型自动励磁调节装置的工作原理 …… 110
情境 5 并联运行机组间无功功率的分配 …… 122
情境 6 同步发电机的强行励磁和灭磁 …… 127
情境 7 微机型励磁调节装置应用实例 …… 130
模块 5 微机型自动低频减负荷装置 …… 138
情境 1 电力系统频率偏移及相关知识 …… 138
情境 2 微机型自动低频减负荷装置的工作原理 …… 144
情境 3 微机型自动低频减负荷装置的功能 …… 148
情境 4 微机型频率电压紧急控制装置举例 …… 153

模块 6　微机型故障录波装置 …… 159
情境 1　故障录波装置的基本知识 …… 159
情境 2　微机型故障录波装置的工作原理 …… 162
情境 3　WGL 3000 型微机故障录波装置 …… 166
参考文献 …… 171

绪 论

一、电力系统自动装置的内涵及外延

1. 电力系统自动装置的内涵

电力系统自动装置的应用是电力系统自动控制实用领域之一。电力系统自动装置主要应用于电力系统内电气设备运行的控制与操作，是直接为电力系统安全、经济和保证电能质量服务的基础自动化设备。上述定义中自动化元件是一个宽泛的概念，不仅包括单纯的电气元件（如继电器、按钮、转换开关等），还包括单片机、可编程控制器和工控机等微机，在此主要将各种微机作为一种控制手段。

2. 电力系统自动装置的外延

电力系统自动控制是实现电力系统自动化的技术基础，它根据控制任务和内容，大致可划分为四个不同任务的控制系统，包括电力系统自动监控、电力系统自动装置、发电厂动力机械自动控制和电力安全装置，对于不同控制系统的外延要根据控制任务进行明确的界定。

（1）电力系统自动监控。电力系统自动监控的主要任务是通过计算机及网络系统提高整个电力系统的安全、经济运行水平。实际运行中电力系统中各发电厂、变电站把反映电力系统运行状态的实时信息，通过各种远动终端装置送至调度控制中心的计算机系统，由计算机系统及时地对运行信息进行分析诊断，供运行人员监控决策参考，因此电力系统自动监控面对整个电力系统，进行系统内各种状态信息流的监测。

（2）电力系统自动装置。根据电力系统自动装置的定义，电力系统自动装置主要应用于电力系统内电气设备的控制中，包括发电厂及变电站内发电机、变压器、直流系统等电气部件。实际应用中，电力系统自动装置主要突出电气设备的自动操作和故障对策，是直接面向电力系统安全、经济和保证电能质量服务的控制系统。总之，电力系统自动装置的控制对象是电力系统中所有的电气设备。

（3）发电厂动力机械自动控制。无论是水电厂、火电厂还是核电厂，厂内都有大量的动力机械设备，如火电厂中的锅炉和汽轮机、水电厂中的水轮机及调速器等，它们在发电厂中都承担了关键的功能，因此发电厂动力机械的自动控制是发电厂自动控制的主要组成部分。同时，发电厂的动力机械随发电厂类型不同而有很大差别，各种动力设备的控制要求和控制规律相差很大，如火电厂中锅炉和汽轮机的自动控制系统与水电厂中水力机械的自动控制系统相差很大，因此需要不同专业对发电厂动力机械自动控制进行专门研究。总之，发电厂动力机械自动控制面对的是电力系统中各种机械设备。

（4）电力安全装置。电力系统提供的电能具有高电压和大电流的基本特点，由于电力操作是一项具有高危险性的工作，因此安全是电力系统的永恒主题，而安全装置是保障电力系统运行人员人身安全的监护装置。因此，电力安全装置主要面向操作人员的安全保障。

二、电力系统自动装置的发展历程及趋势

1. 电力系统的发展历程及其运行特征

目前我国电力系统在生产运行、设计、安装和制造方面都取得了举世瞩目的成就，电力

工业作为先行工业为国民经济的巨大发展提供了坚实的能源保障。2000 年，我国装机容量为 2.5 亿 kW；截至 2017 年底，我国装机容量已达到 17.8 亿 kW。发电厂将其他形式的能量转换成电能，按一次能源的不同又分为火电厂、水电厂、核电厂、风电厂和太阳能发电厂等不同类型的发电厂。尽管各类发电厂的生产流程各不相同，控制规律各有特点，但安全可靠地提供高质量的电能是各类发电厂共同的核心任务。

电力系统的产品——电能具有非常显著的特点，它无法进行大规模的储存，因此由发电厂、变电站、输电网、配电和用电等设备所组成的电力系统，必须始终遵循电能在生产、传输和分配过程中功率平衡的原则，在实际运行中始终要做到电能的发、变、配、用同时进行，整个电力系统要做到控制一体化和实时化。

2. 电力系统自动装置的发展历程及趋势

为了确保电力系统的安全经济运行，及时处理电力系统运行中所发生的各种故障，同时现代社会对电能供应的“安全、可靠、经济、优质”等各项指标的要求越来越高，客观上对电力系统自动控制提出了更高的要求，同时推动电力系统自动化技术不断地由低到高、由局部到整体发展。在电力系统大发展和自动化技术不断提升的背景下，电力系统自动装置不断更新换代，发电厂和变电站中应用的自动装置自动化水平不断提高，采用的自动化元件经历了继电器、数字电路和微机等阶段。目前以微机为控制核心的数字式自动装置已作为主流产品，而且不断引入先进的控制理论。同时电力系统自动装置与通信技术和网络技术充分结合，实现了对电力系统的远程监控和调度，显著提升了电力系统的安全运行水平。今后，电力系统自动装置将向最优化、协调化、智能化方向发展，在打造“坚强智能”电网中发挥关键功能，在今后的“泛在电力物联网”中也将起到重要作用。

模块1　微机型备用电源自动投入装置

模块描述

本模块主要介绍备用电源自动投入装置的概念、作用、基本要求及特点，分析不同备用方式采用备用电源自动投入装置的不同投入方案，并介绍微机型备用电源自动投入装置的特点、硬件结构和软件原理。

情境1　备自投装置的分类和基本要求

知识目标

◇ 掌握备用电源自动投入装置的概念。
◇ 掌握明备用、暗备用的概念和用途。
◇ 掌握对备用电源自动投入装置的基本要求。

能力目标

◆ 能够熟练分类和识别各种备用方式。
◆ 能分析不同备用方式的特点。
◆ 能分析为达到各基本要求应采取的相应措施。

一、备用电源自动投入装置的定义和分类

备用电源自动投入装置（简称AAT装置），是当电力系统故障或其他原因使工作电源被断开后，能迅速自动地将备用电源（或备用设备）投入工作，使原来工作电源被断开的用户能迅速恢复供电的一种自动控制装置。备用电源自动投入是保证电力系统连续可靠供电的重要措施。

在发电厂和变电站中，应按如下原则装设AAT装置：

（1）装有备用电源的发电厂厂用电电源和变电站站用电源；

（2）由双电源供电，其中一个电源经常断开以作为备用的变电站；

（3）降压变电站内有备用变压器或有互为备用的母线段；

（4）有备用机组的某些重要辅机。

图1-1、图1-2是两种常见备用方式的简单接线图。

（1）明备用方式。系统正常运行时，备用电源或备用设备不工作，处于备用状态，称为明备用。图1-1中，T1、T2为工作变压器，T0为备用变压器。正常工作时，QF1、QF2、QF6、QF7处于合闸位置，工作母线Ⅲ上的负荷由工作电源通过T1供电，工作母线Ⅳ上的负荷由工作电源通过T2供电；此时，QF3合上，QF4、QF5断开，T0处于备用状态。当工作母线Ⅲ因任何原因失电时，在QF2断开后，QF4合上，恢复对工作母线Ⅲ的供电。同

理，当工作母线Ⅳ因任何原因失电时，在 QF7 断开后，QF5 合上，恢复对工作母线Ⅳ的供电。

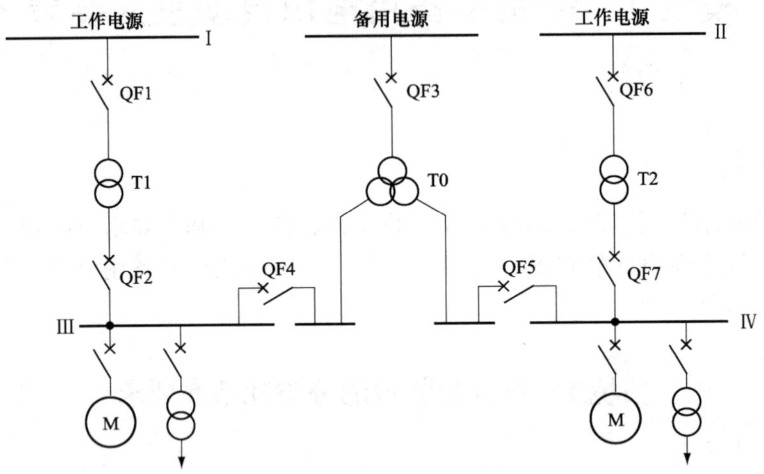

图 1-1　明备用方式

（2）暗备用方式。系统正常运行时，备用电源也投入运行的，称为暗备用。暗备用实际上是两个工作电源互为备用。例如，有两个工作电源互为备用的接线，两回进线或电源同时供电，如图 1-2（a）、（b）所示。在图 1-2（a）中，正常工作时，母线Ⅲ和母线Ⅳ分别由 T1、T2 供电，分段断路器 QF5 处断开状态。当母线Ⅲ或母线Ⅳ因任何原因失电时，在进线断路器 QF2 或 QF4 断开后，合上 QF5，恢复对工作母线的供电。这种 T1 或 T2 既工作又备用的方式，即为暗备用方式。

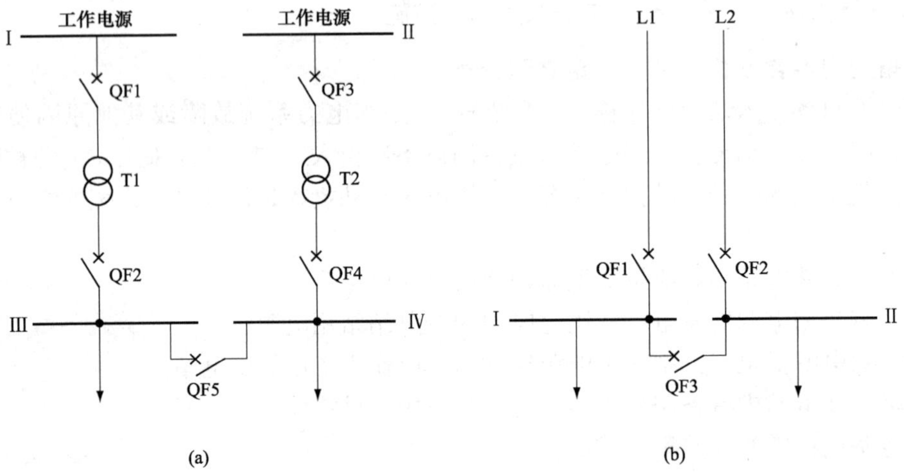

图 1-2　暗备用方式

（a）方式一；（b）方式二

由图 1-1、图 1-2 所示接线的工作情况可以看出，采用 AAT 装置具有以下优点：

（1）提高用户供电可靠性。

（2）简化继电保护。如图 1-1 所示，采用 AAT 装置后，环形电网可以开环运行，变压器可以解列运行，继电保护的方向性等问题可不考虑。

（3）限制了短路电流。如在图1-2（a）中母线Ⅲ和母线Ⅳ的出线上发生短路故障，因分列运行，所以短路电流受到限制。

由于AAT装置在提高供电可靠性方面作用显著，装置本身接线简单、可靠性高、造价低，所以在发电厂、变电站及工矿企业中得到了广泛的应用。

二、对备用电源自动投入装置的基本要求

（1）工作母线电压无论任何原因消失，AAT装置均应动作。如图1-2（a），工作母线Ⅲ失去电压的原因有：①工作变压器T1故障；②工作母线Ⅲ上发生短路故障；③工作母线Ⅲ的出线上发生短路故障，而故障没有被该出线断路器断开；④QF1或QF2因控制回路、保护回路或操动机构等问题发生误跳闸；⑤运行人员误操作导致QF1或QF2跳闸；⑥电力系统内的故障使母线Ⅲ失电。

满足这一要求的措施是：AAT装置应设置反映工作母线电压消失的低电压启动部分。

为防止TV断线造成假失压误启动AAT装置，工作母线失压时还必须检查工作电源无流，才能启动备用电源自动投入，为此可引入受电侧TA二次电流消失的辅助判据；同时，该电流消失可作为受电侧断路器已跳开的判据。

（2）应保证在工作电源或工作设备断开后，AAT装置才能动作。工作电源失压后，无论其进线断路器是否跳开，即使已测定其进线电流为零，还是要先断开该断路器，并确认该断路器已跳开后，才能投入备用电源。这是为了防止备用电源投入到故障元件上，造成事故扩大，加重设备损坏程度。如图1-1中，只有在QF2跳开后，QF4才能合闸。

满足这一要求的主要措施是：AAT装置的合闸部分应由供电元件受电侧断路器（见图1-1中QF2）的辅助动断触点来启动。

（3）AAT装置只能动作一次。当工作母线发生永久性故障时，AAT装置第一次动作将备用电源投入后，因故障仍然存在，继电保护会动作将备用电源断开。此后，不允许AAT装置再次动作，以免备用电源多次投入到故障元件上，对系统造成再次冲击而扩大事故。

满足这一要求的措施是：控制AAT装置发出合闸脉冲的时间，使其在动作前应有足够的充电时间，通常为10～15s。

微机型备用电源自动投入装置可以通过逻辑判断来实现只动作一次的要求，但为了便于理解，在阐述备用电源自动投入装置逻辑程序时广泛用电容器“充放电”来模拟这种功能。AAT装置满足启动的逻辑条件，应理解为“充电”条件满足；延时启动的时间应理解为“充电”时间到后就完成了全部准备工作；当备用电源自动投入装置动作后或者任何一个闭锁及退出备用电源自动投入装置条件存在时，立即瞬时完成“放电”。“放电”就是模拟闭锁备用电源自动投入装置，放电后就不会发生备用电源自动投入装置第二次动作。这种“充、放电”的逻辑模拟与微机自动重合闸的逻辑程序相类似。

（4）AAT装置的动作时间应使负荷停电时间尽可能短。从工作母线失去电压到备用电源投入，中间有一段停电时间，停电时间短，有利于电动机的自启动。但停电时间太短，对于大型高压电动机，可能会导致残压较高，此时投入备用电源会对电动机造成过大的冲击电流和冲击力矩，对电动机造成不利影响，还可能导致备用变压器电流速断保护的误动作。因此，对装有高压大容量电动机的厂用母线，从保护电动机安全的角度出发，AAT装置的动作时间应在1s以上；对于低压电动机，可减小到0.5s。

(5) 当工作母线和备用母线同时失去电压时，AAT 装置不应动作。若 AAT 装置动作，一方面这种动作是无效的；另一方面当一个备用电源对多段工作母线备用时，所有工作母线上的负荷在电压恢复时均由备用电源供电，容易造成备用电源过负荷，同时也降低了供电可靠性。

满足这一要求的主要措施是：AAT 装置必须具有有压鉴定功能。

(6) 应具有闭锁备用电源自动投入装置的功能。每套备用电源自动投入装置均应设置有闭锁备用电源自动投入的逻辑回路，以防止备用电源投到故障的元件上，造成事故扩大。

(7) 一个备用电源同时做几个工作电源的备用时（见图 1-1），如果备用电源已代替一个工作电源，当另一个工作电源又被断开时，AAT 装置应仍能动作。

满足这一要求的措施是：要事先核实备用电源的容量能满足投入需要。

思考与练习

1. 什么是 AAT 装置，有什么用途？
2. 什么是 AAT 装置的明备用方式和暗备用方式？
3. 采用 AAT 装置具有何优点？
4. 对 AAT 装置有哪些基本要求？
5. 为满足 AAT 装置的基本要求，可采取哪些相应的措施？
6. 为什么要保证工作电源确实断开后，才能投入备用电源？

情境 2 微机型备用电源自动投入装置

知识目标

◇ 掌握微机型备用电源自动投入装置的总体结构和工作原理。

◇ 掌握微机型备用电源自动投入装置的各种投入方式。

能力目标

◆ 能够分析明备用和暗备用方式的软件原理。

◆ 能够分析不同投入方案的区别。

微机型的备用电源自动投入装置（下文中无特殊说明的 AAT 装置均为微机型），不但体积小、质量轻、可靠性高，而且具有智能化特点，即能够根据设定的运行方式自动识别现行运行方案、选择自投方式。自动投入过程还带有过流保护和加速功能，以及自投后过负荷联切等功能。

一、微机型 AAT 装置的特点

(1) 综合功能比较齐全，适应面广。如果采用常规型装置，若想实现多种备用电源投入控制方式，则需要安装多套备用电源自动投入装置，不仅体积大，成本也高。但若采用微机型备自投装置，则一套装置就既能实现高压母联自动投入，解决高压进线故障造成的失电问题；又能实现低压母联自动投入，解决主变压器故障造成的失电问题；对于一回进线为明备用的情况，还可实现进行断路器自动投入控制，如图 1-3 所示，因此可适应变电站的各种运行方式。

(2) 具有串行通信功能，可适用于无人值班变电站。随着通信技术的迅猛发展，备用电源自动投入装置具有了串行通信功能，可以像其他微机保护装置一样，方便地与保护管理机或综合自动化系统接口，也可以适用于无人值班变电站。

(3) 体积小，性能价格比高。随着大规模集成电路技术的不断发展，微处理机和单片机的价格不断下降，这个特点会越来越明显。

(4) 故障自诊断能力强，可靠性高。微机备自投装置，像其他微机保护装置一样，动作判据主要决定于软件，工作性能稳定；装置本身具有很强的故障自诊断功能，便于维护和检修。

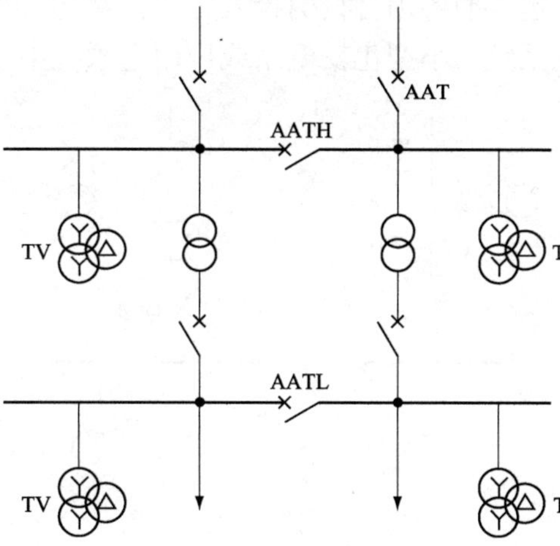

图 1-3　备用电源自动投入综合控制接线

二、微机型 AAT 装置的硬件结构

微机型 AAT 装置的硬件结构如图 1-4 所示。

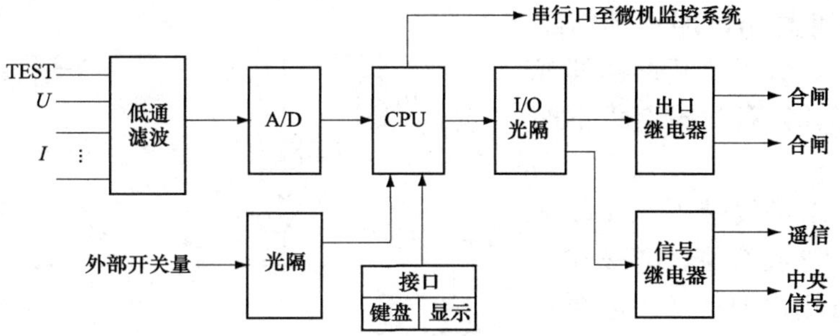

图 1-4　微机型 AAT 装置硬件结构方案图

外部电流和电压输入经变换器隔离变换后，由低通滤波器输入至 A/D 模数转换器，经过 CPU 采样和数据处理后，由逻辑程序完成各种预定的功能。

这是一个单 CPU 系统，由于备用电源自动投入的功能并不是很复杂，为简单起见，采样、逻辑功能及人机接口均由同一个 CPU 完成。由于备用电源自动投入对采样速度要求不高，因此此硬件中模数转换器可以不采用 VFC 型，宜采用普通的 A/D 转换器。开关量输入输出仍要求经过光电隔离处理，以提高抗干扰能力。

三、微机型 AAT 装置的投入方式和软件原理

(一) AAT 装置的投入方式

AAT 装置主要用于 110kV 以下的中、低压配置系统中，特别以两路电源互为备用的形式最为常见，根据系统一次接线方式不同，可有进线备自投、内桥断路器备自投和低压母线分段断路器备自投等功能模式，每种功能模式又有不同的运行方式。当运行方式设定后，AAT 装置可自动识别当前的备用运行方式，自动选择相应的自投方式。下面介绍几种常见

的投入方式，并详细分析低压母线分段断路器备自投装置的软件原理。

1. 进线明备用自投的投入方式

进线明备用自投的投入方式接线图如图 1-5 所示。该接线为单母线接线，一般在农网配电系统、小型化变电站或厂用电系统中使用。

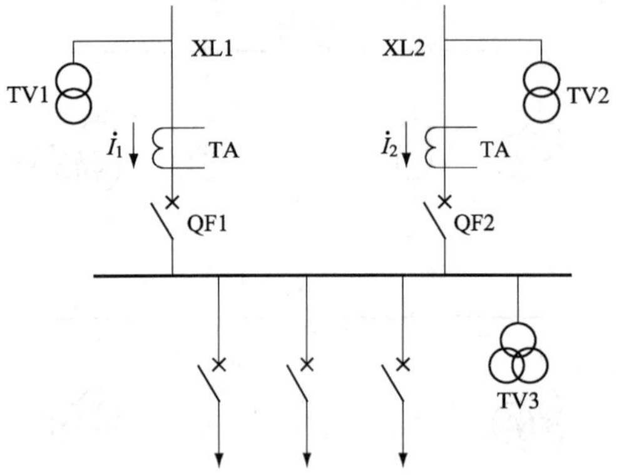

图 1-5 进线明备用自投方式接线图

设电源进线 XL1 和 XL2 中一个为工作电源，一个为备用电源，母线为单母线，因此为明备用方式。该线路可以有如下两种工作方式。

方式 1：XL1 作为主电源，QF1 在合位，QF2 在分位，XL2 处于备用状态。因此当工作线路失压，备用线路有压，并且 $\dot{I}_1$无流时，即可跳开 QF1，合上 QF2，由 XL2 供电。

方式 2：XL2 作为主电源，QF2 在合位，QF1 在分位，XL1 处于备用状态。因此当工作线路失压，备用线路有压，并且 $\dot{I}_2$无流时，即可跳开 QF2，合上 QF1，由 XL1 供电。

2. 内桥断路器备自投的投入方式

单母线分段备自投或内桥备自投的接线方式如图 1-6 所示。

由图 1-6 可看出，XL1 和 XL2 为两条电源进线，QF3 为桥断路器或母线分段断路器，该备自投有以下四种工作方式。

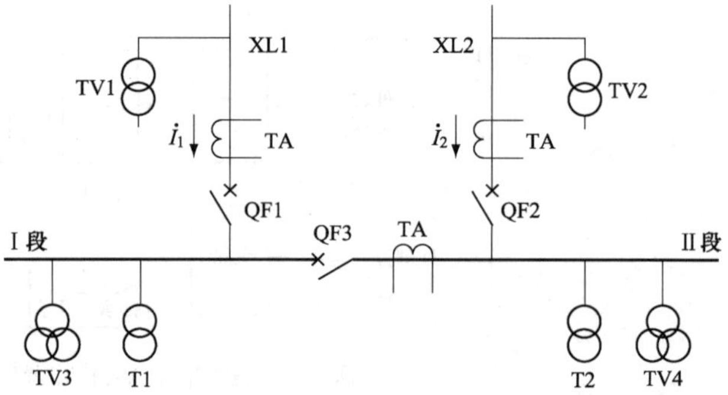

图 1-6 内桥断路器备自投投入方式接线图

方式 1：XL1 进线带Ⅰ、Ⅱ段运行，即 QF1、QF3 在合位，QF2 在分位时，XL2 是备用电源；备用电源自动投入的条件是Ⅰ段母线失压、$\dot{I}_1$无流、XL2 线路有压、QF1 确实已跳开时合 QF2。

方式 2：XL2 进线带Ⅰ、Ⅱ段运行，即 QF2、QF3 在合位，QF1 在分位时，XL1 是备用电源。备用电源自动投入的条件是Ⅱ段母线失压、$\dot{I}_2$无流、XL1 线路有压、QF2 确实已跳开时合 QF1。

方式 3：Ⅰ、Ⅱ段母线分列运行，分别由 XL1、XL2 供电。QF3 在分位，而 QF1、QF2 在合位，若Ⅰ段母线失电，则跳开 QF1 后，QF3 自动合上，Ⅰ母由 XL2 供电。

方式 4：Ⅰ、Ⅱ段母线分列运行，分别由 XL1、XL2 供电。QF3 在分位，而 QF1、QF2 在合位，若Ⅱ段母线失电，则跳开 QF2 后，QF3 自动合上，Ⅱ母由 XL1 供电。

上述方式 1、2 为“明备用”接线方案；方式 3、4 由于 XL1 和 XL2 互为备用电源，所以为暗备用接线方案。

3. 低压母线分段断路器备自投的投入方式

低压母线分段断路器自动投入方式主接线如图 1-7 所示。由图可看出，该备自投有以下四种工作方式。

方式1：正常时T1、T2同时运行，QF5断开。当T1故障或Ⅰ段母线失压，保护跳开QF1和QF2，$\dot{I}_1$无电流，并且母线Ⅳ有电压，QF5由AAT装置动作自动合上，母线Ⅲ由T2供电。

方式2：当发生与方式1相类似的原因，Ⅳ段母线失压，$\dot{I}_2$无流，并且Ⅲ段母线有压时，即断开QF3和QF4，合上QF5，母线Ⅳ由T1供电。

方式3：正常时，QF5合上，QF4断开，母线Ⅲ和母线Ⅳ由T1供电；当QF2跳开后，QF4由AAT装置动作自动合上，母线Ⅲ和母线Ⅳ由T2供电。

方式4：正常时，QF5合上，QF2断开，母线Ⅲ和母线Ⅳ由T2供电；当QF4跳开后，QF2由AAT装置动作自动合上，母线Ⅲ和母线Ⅳ由T1供电。

上述方式1、2是暗备用接线方案，方式3、4是明备用接线方案。

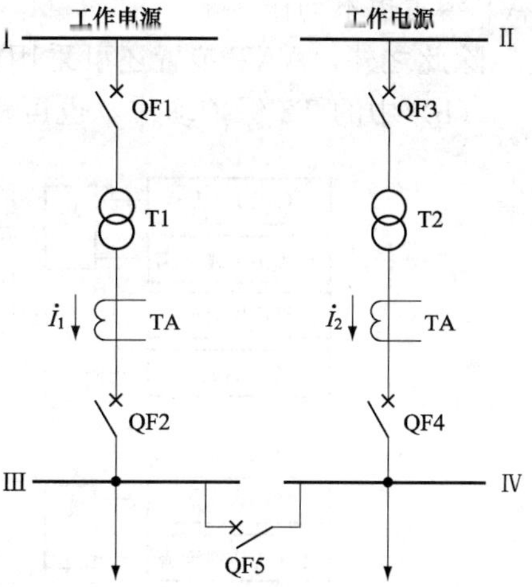

图1-7　低压母线分段断路器自动投入方案接线图

（二）微机型AAT装置的软件原理

下面以低压母线分段断路器备自投的四种投入方式为例，介绍微机型AAT装置的软件原理。

1. 暗备用方式的AAT装置软件原理

图1-8所示为低压母线分段断路器备自投的方式1、2的AAT装置软件逻辑框图。现以方式1（即图1-7的T1、T2分列运行，QF2跳开后，QF5由AAT装置动作自动合上，母线Ⅲ由T2供电）为例，说明AAT装置的工作原理。

(1) AAT装置的启动方式。图1-8以方式1正常运行时，QF1、QF2的控制开关必在投入状态，变压器T1和T2分别供电给母线Ⅲ和母线Ⅳ。t_3时间元件在10～15s充足电后，只要确认QF2已跳闸，在母线Ⅳ有电压情况下，Y9、H4动作，QF5就合闸。这说明工作母线受电侧断路器的控制开关（处合闸位）与断路器位置（处跳闸位）不对应要启动AAT装置（在备用母线有电压情况下），即AAT装置的不对应启动方式，是AAT装置的主要启动方式。

然而，当系统侧故障使工作电源失去电压，不对应启动方式不能使AAT装置启动时，应考虑利用其他启动方式辅助不对应启动方式。在实际应用中，使用最多的辅助启动方式是采用低电压来检测工作母线是否失去电压。在图1-8(a)中，电力系统内的故障导致工作母线Ⅲ失压，母线Ⅲ进线无电流，备用母线Ⅳ有电压，通过Y2启动t_1时间元件，跳开QF2，AAT装置动作。可见图1-8(a)为低电压启动AAT装置部分，是AAT装置的辅助启动方式。这种辅助启动方式能反映工作母线失去电压的所有情况，但主要问题是如何克服电压互感器二次回路断线的影响。

可见，AAT装置启动具有不对应启动和低电压启动两部分，实现了工作母线任何原因失电均能启动AAT装置的要求。同时也可以看出，只有在QF2跳开后QF5才能合闸，实现了工作电源断开后AAT装置才动作的要求；工作母线（母线Ⅲ）与备用母线（母线Ⅳ）

同时失电无压，AAT 装置不动作；备用母线（母线Ⅳ）无压，根据图 1-8 的逻辑框图，AAT 装置也不动作。

除此之外，AAT 装置还可采用保护启动方式，如图 1-8（a）中的 T1 保护动作或图 1-8（b）中的 T2 保护动作，也可跳开 QF2 或 QF4，启动备自投装置。

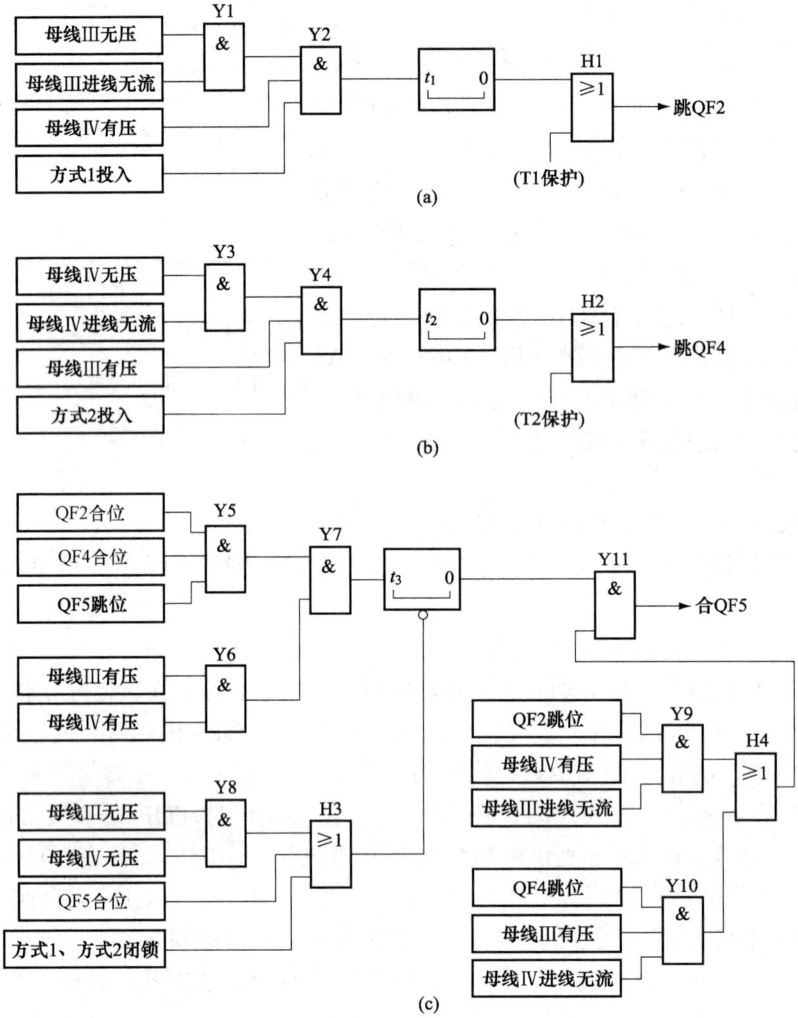

图 1-8 方式 1、2 的 AAT 装置软件逻辑框图

（a）QF2 跳闸逻辑框图；（b）QF4 跳闸逻辑框图；（c）QF5 合闸逻辑框图

（2）AAT 装置的“充电”过程。微机型备用电源自动投入装置为了保证正确动作且只动作一次，在逻辑中设计了类似自动重合闸装置的充电过程（10～15s）。只有在充电完成后，AAT 装置才进入工作状态。如图 1-8（c）所示，要使 AAT 装置进入工作状态，必须要使时间元件 t_3 充足电，充电时间需 10～15s，这样才能为 Y11 动作准备好条件。

AAT 装置的充电条件包括：

1）变压器 T1、T2 分列运行，即 QF2 处于合位、QF4 处于合位、QF5 处于跳位，所以与门 Y5 动作；

2）母线Ⅲ和母线Ⅳ均三相有压（说明 QF1、QF3 均合上，工作电源均正常），与门 Y6

动作。

满足上述条件，没有AAT装置的放电信号的情况下，与门Y7的输出对时间元件t_3进行充电。当经过10～15s充电过程后，为与门Y11准备好了动作条件，即AAT装置准备好了动作条件。一旦与门Y11的另一输入信号（AAT动作命令）出现，AAT装置就动作，最终合上QF5断路器。

（3）AAT装置的“放电”功能。对AAT装置放电的功能，就是在有些条件下要取消AAT装置的动作能力，实现AAT装置的闭锁。

t_3的放电条件包括：

1）QF5处合位（AAT装置动作成功后，备用工作方式1不存在了，t_3不必再充电）；

2）母线Ⅲ和母线Ⅳ均三相无压（T1、T2不投入工作，t_3禁止充电；T1、T2投入工作后t_3才开始充电）；

3）备用方式1和备用方式2闭锁投入（不取用备用方式1、备用方式2）。这三个条件满足其中之一，t_3会瞬时放电，闭锁AAT的动作。

可以看出，T1、T2投入工作后经10～15s，t_3充足电后AAT装置才有可能动作。AAT动作使QF5合闸后，t_3瞬时放电；若QF5合于故障上，则由QF5上的加速保护使QF5立即跳闸，此时母线Ⅲ（备用方式2工作时为母线Ⅳ）三相无压，Y6不动作，t_3不可能充电。于是，AAT装置不再动作，保证了AAT装置只动作一次。

（4）AAT装置的动作过程。当备用方式1运行15s后，AAT装置的动作过程如下：若工作变压器T1故障时，T1保护动作信号经H1使QF2跳闸；工作母线Ⅲ上发生短路故障时，T1后备保护动作信号经H1使QF2跳闸；工作母线Ⅲ的出线上发生短路故障而没有被该出线断路器断开时，同样由T1后备保护动作经H1使QF2跳闸；电力系统内故障使母线Ⅲ失压时，在母线Ⅲ进线无流、母线Ⅳ有压情况下经时间t_1使QF2跳闸；QF1误跳闸时，母线Ⅲ失压、母线Ⅲ进线无流、母线Ⅳ有压情况下经时间t_1使QF2跳闸，或QF1跳闸时联跳QF2。

QF2跳闸后，在确认已跳开（断路器无电流）、备用母线有压情况下，Y11动作，QF5合闸。当合于故障时，QF5上的保护加速动作，QF5跳开，AAT装置不再动作。可见，图1-8所示的AAT装置逻辑框图完全满足AAT装置的基本要求。

2. 明备用方式的AAT装置软件原理

如图1-9所示为低压母线分段断路器备自投的方式3、方式4的AAT软件逻辑框图。方式3和方式4是一个变压器带母线Ⅲ和母线Ⅳ运行（QF5必处合位），另一个变压器备用的工作方式，是明备用的备用方式。

在母线Ⅰ、母线Ⅱ均有电压的情况下，QF2、QF5均处合位而QF4处跳位（方式3），或者QF4、QF5均处合位而QF2处跳位（方式4）时，时间元件t_3充电，经10～15s充电完成，为AAT装置动作准备了条件。可以看出，QF2与QF4同时处合位或同时处跳位时，t_3不可能充电，因为在这种情况下无法实现方式3、方式4的AAT装置；同样，当QF5处跳位时，t_3也不可能充电，理由同上。此外，母线Ⅱ或母线Ⅰ无电压时，t_3也不充电，说明备用电源失去电压时，AAT装置不可能动作。

当然，QF5处跳位或方式3、方式4闭锁投入时，t_3瞬时放电，闭锁AAT装置的动作。

与图1-8相似，图1-9所示的AAT装置同样具有工作母线受电侧断路器控制开关与

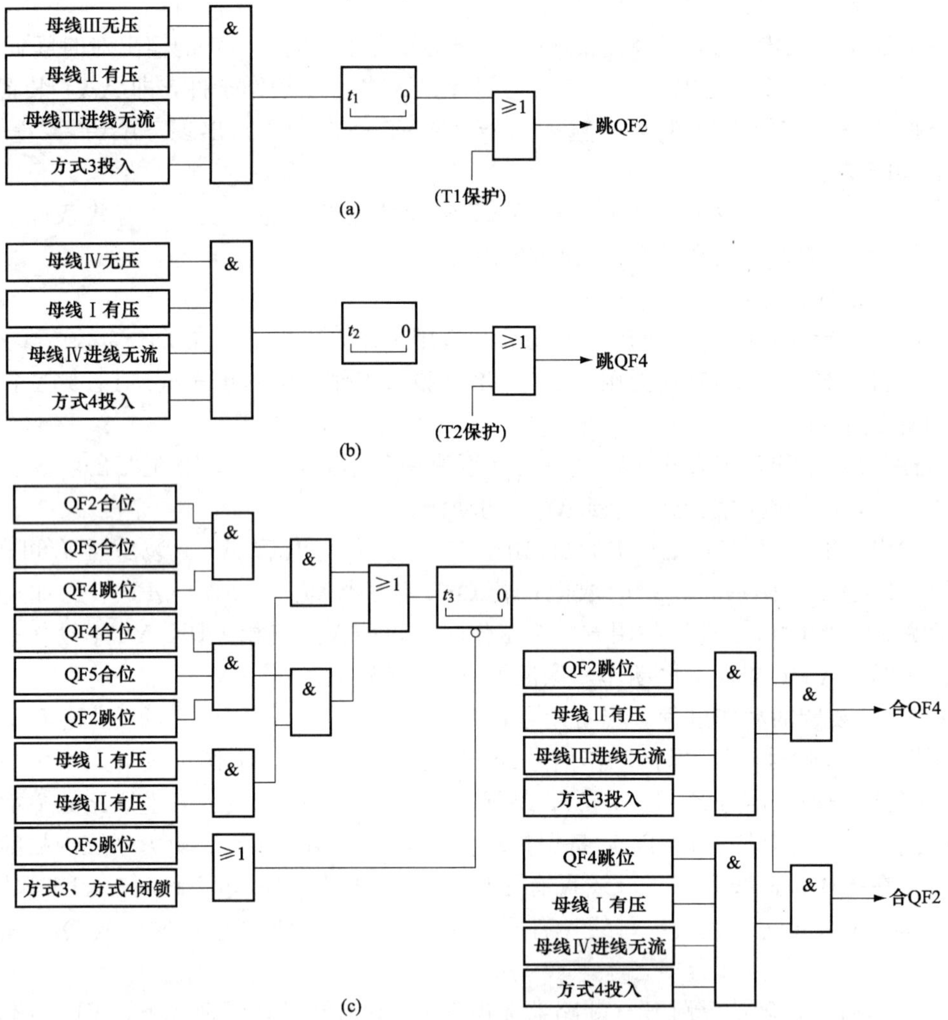

图 1-9　方式 3、方式 4 的 AAT 软件逻辑框图

(a) QF2 跳闸逻辑框图；(b) QF4 跳闸逻辑框图；(c) QF4、QF2 合闸逻辑框图

断路器位置不对应的启动方式和工作母线低电压启动方式。因此，当出现任何原因使工作母线失去电压时，在确认工作母线受电侧断路器跳开、备用母线有电压、方式 3 或方式 4 投入情况下，AAT 装置动作，负荷由备用电源供电。由上述分析可以看出，图 1-9 满足 AAT 装置基本要求。

思考与练习

1. 微机型 AAT 装置的硬件结构由哪些部分组成？

2. 在图 1-7 所示接线中，以方式 1 运行，当母线Ⅲ发生瞬时性故障或母线Ⅲ某一出线发生短路故障而未被该出线断路器断开时，试说明 AAT 装置的动作过程。

3. 在图 1-7 所示接线中，低压侧分列运行，当工作电源Ⅰ、Ⅱ为一个电源时，试设计

QF5 上的 AAT 装置逻辑框图。

4. 试设计图 1-6 中方式 1 的 AAT 装置逻辑框图。

5. AAT 装置有何优点？

6. AAT 装置常见的一次接线方式主要有哪几种？

7. 试分析进线备自投方式的区别。

8. 分析内桥断路器的自动投入方案的投入过程。

情境 3　备用电源自动投入装置的参数整定

知 识 目 标

◇掌握各种动作参数的整定方法。

能 力 目 标

◆能够对备用电源自动投入装置（AAT 装置）进行参数整定计算。

整定的参数有低电压元件动作值、过电压元件动作值、AAT 装置充电时间、AAT 装置动作时间、低电流元件动作值等。

一、低电压元件动作值

低电压元件用来检测工作母线是否失去电压的情况，当工作母线失压时，低电压元件应可靠动作。

为此，低电压元件的动作电压应低于工作母线出线短路故障切除后电动机自启动时的最低母线电压；工作母线（包括上一级母线）上的电抗器或变压器后发生短路故障时，低电压元件不应动作。考虑上述两种情况，低电压元件动作值一般取额定电压的 25%。

二、过电压元件动作值

过电压元件用来检测备用母线（暗备用时是工作母线）是否有电压的情况。图 1-7 所示线路以方式 1、方式 2 运行时，工作母线出线故障被该出线断路器断开后，母线上电动机自启动时，备用母线出现最低运行电压 U_{min}，过电压元件应处动作状态。故过电压元件动作电压 U_{op} 为

$$U_{op}=\frac{U_{min}}{K_{rel}K_{r}n_{TV}}$$

式中　K_{rel}——可靠系数，取 1.2；

K_{r}——返回系数，取 0.9；

n_{TV}——电压互感器变比。

一般 U_{op} 应不低于额定电压的 70%。

三、AAT 装置的充电时间

图 1-7 所示线路以方式 1、方式 2 运行时，当备用电源动作于故障上时，则由设在 QF5 上的加速保护将 QF5 跳闸。若故障是瞬时性的，则可立即恢复原有备用方式。为保证断路器切断能力的恢复，AAT 装置的充电时间应不小于断路器第二个“合闸—跳闸”间的时间间隔，一般间隔时间取 10～15s。

可见，AAT 装置的充电时间是必需的，且充电时间（图 1-8、图 1-9 中的 t_3）应为 10～15s。

四、AAT 装置的动作时间

AAT 动作时间是指由于电力系统内的故障使工作母线失压跳开工作母线受电侧断路器的延时时间。

因为网络内短路故障时低电压元件可能动作，显然此时 AAT 不能动作，所以设置延时是保证 AAT 动作选择性的重要措施。AAT 的动作时间 t_{op}（图 1-8、图 1-9 中的 t_1 和 t_2）为

$$t_{op} = t_{max} + \Delta t$$

式中 t_{max}——网络内发生使低电压元件动作的短路故障时，切除该短路故障的保护最大动作时间；

Δt——时间级差，取 0.4s。

五、低电流元件动作值

设置低电流元件用来防止 TV 二次回路断线时误启动 AAT 装置，同时兼作断路器跳闸的辅助判据。低电流元件动作值可取 TA 二次额定电流值的 8%（如 TA 二次额定电流为 5A 时，低电流动作值为 0.4A）。

思考与练习

1. AAT 装置的参数选择需要考虑哪些因素?
2. AAT 装置的各个参数如何整定?
3. 试说明工作母线 TV 二次断线造成假失压时，如何防止 AAT 装置误动。

模块 2　微机型自动重合闸装置

模块描述

本模块主要介绍自动重合闸装置的概念、主要功能及类型；三相一次自动重合闸的概念和原理；双侧电源线路的三相自动重合闸的特点及工作过程，特别是无压检定和同步检定自动重合闸的工作过程分析；重合闸前加速保护和重合闸后加速保护的概念及其工作原理；微机型自动重合闸装置的总体构成和工作原理。

情境 1　自动重合闸装置的基本知识

知识目标

◇掌握自动重合闸装置的概念和基本功能。

◇掌握各种自动重合闸装置的特点及应用场合。

◇掌握自动重合闸装置的基本要求。

能力目标

◆能够熟练地对各种自动重合闸装置进行分类和识别。

输电线路是电力系统中输送电能最主要的环节，运行环境也是最恶劣的，因此输电线路运行的可靠性直接影响整个电力系统的安全运行水平，直接决定电力系统供电的可靠性，所以提高输电线路的运行可靠性意义重大。提高输电线路运行可靠性的技术手段很多，本情境主要介绍通过在输电线路上采用自动重合闸装置来提高输电线路运行的可靠性。

一、自动重合闸装置的概念

当输电线路的断路器由于非正常操作跳闸后，能够自动迅速地将线路断路器重新合闸的装置称为自动重合闸装置（简称 ARC 装置）。

二、自动重合闸装置的作用

1. 提高输电线路供电可靠性，减少因瞬时性故障停电造成的损失

在电力系统的各种故障中，输电线路（特别是架空线路）是发生故障几率最多的元件，约占电力系统总故障的 90%。输电线路的故障可分为瞬时性故障和永久性故障两种。

电力系统运行经验表明，80%～90%的输电线路故障是瞬时性故障。所谓瞬时性故障，就是在故障出现后，输电线路的继电保护动作使相应断路器迅速跳闸，故障点断电去游离，短路点的电弧自行熄灭，周围介质的绝缘强度重新恢复，故障会自行消除。此时，若重新合上线路断路器，就能恢复正常供电，从而减少停电时间，提高供电可靠性。如雷电引起的绝缘子表面闪络、大风引起的短路时碰线、通过鸟类身体的放电及树枝等物掉落在导线上引起的短路等。而永久性故障，如倒杆、断线、绝缘子击穿或损坏等，在故障线路电源被断开

后，故障点的绝缘强度不能恢复，故障仍然存在，即使重新合上线路断路器，也会被继电保护装置再次断开，通常称这种情况为重合闸不成功。

由于输电线路的故障大多是瞬时性故障，因此若线路因故障被断开之后再进行一次重合，其恢复供电的成功可能性是相当大的。根据多年来运行资料统计，输电线路自动重合闸装置的动作成功率一般可达 70%～90%。可见，采用自动重合闸装置来提高供电可靠性的效果是很明显的。

衡量自动重合闸运行有两个指标，即重合闸成功率和正确动作率。其表达式分别为

$$\text{重合闸成功率}=\frac{\text{ARC 动作成功的次数}}{\text{ARC 总动作次数}}$$

$$\text{正确动作率}=\frac{\text{ARC 正确动作次数}}{\text{ARC 总动作次数}}$$

2. 对于双端供电的高压输电线路，可提高系统并列运行的稳定性

多个电力系统并列运行，在系统之间的联络线上发生事故跳闸后，各系统均可能出现功率不平衡，对功率不足的系统，系统频率和电压将严重下降；对功率过剩的系统，频率和电压将剧烈上升。若采用自动重合闸装置，在转子位置角还未拉得很大时将线路重合成功，则整个系统将迅速恢复同步，保持稳定运行。

3. 加快事故处理后电力系统电压恢复速度

自动重合闸过程中断供电时间很短，因为从输电线路发生事故，断路器跳闸后到重合闸重合成功，整个循环过程只需要几秒，电动机还没有完全制动，电压就已恢复，此时电动机自启动时的自启动电流要比直接启动时电流小得多，有利于系统电压的恢复。

4. 弥补输电线路耐雷水平降低的影响

在电力系统中，10kV 输电线路一般不装设避雷器，35kV 线路一般仅在进线段 1km 左右范围内装设避雷线，线路耐雷水平较低。为了减少架空输电线路因雷电过电压造成的停电次数，各电压等级的输电线路应尽可能采用自动重合闸装置。

5. 对断路器的误跳闸能起纠正作用

由于断路器操动机构不良、继电保护装置误动作等原因引起断路器跳闸，自动重合闸装置使断路器迅速重新投入，对这种误动作引起的跳闸能起纠正作用。

由于自动重合闸装置在保证电力系统安全运行、可靠供电、提高电力系统稳定性方面优点突出，而且装置本身结构简单、工作可靠、投资很低，因此在电力系统中得到了广泛的应用。GB/T 14285—2006《继电保护和安全自动装置技术规程》规定："3kV 及以上的架空线路及电缆与架空混合线路，在具有断路器的条件下，应装设自动重合闸装置；对于旁路断路器和兼作旁路的母线断路器或分段断路器，宜装设自动重合闸装置；对于低压侧不带电源的降压变压器以及母线，必要时也可装设自动重合闸装置。"

但采用自动重合闸装置后，也会给系统带来一定的不利影响，主要表现在以下两个方面：

（1）当重合于永久性故障时，电力系统再次受到短路电流的冲击，相当于发生两次连续性故障，对电力系统的稳定运行不利，可能会引起系统振荡。

（2）断路器在短时间内连续两次切断短路电流，使断路器触头烧损和绝缘油老化加重，使断路器工作条件恶化。因此，自动重合闸装置的使用有时要受到系统和设备条件的制约。

三、自动重合闸装置的分类

1. 按自动重合闸装置的结构原理分类

自动重合闸装置按结构原理可分为机械式和电气式。目前，机械式自动重合闸装置已经基本淘汰。电气式自动重合闸装置按控制原理又可分为模拟式自动重合闸装置和数字式自动重合闸装置。一般在中、低压线路微机保护测控装置中采用重合闸程序实现重合闸，高压线路成套微机保护装置中采用重合闸插件实现重合闸功能。

2. 按自动重合闸装置适用的电力元件分类

根据自动重合闸装置控制的断路器所接通或断开的电力元件不同，可将自动重合闸分为线路重合闸、变压器重合闸和母线重合闸等。

对于母线重合闸，因在单母线或双母线接线的变电站，母线故障会造成全停或部分停电的后果，因此在枢纽变电站可考虑装设母线重合闸。而对于变压器，因变压器内部故障多数是永久性故障，因而当变压器的气体保护和纵差保护动作后不应重合，仅当后备保护动作时启动重合闸。在实际应用中，母线和变压器都很少采用 ARC，而在输电线路上 ARC 应用广泛。

按自动重合闸装置应用的线路结构分类，还可将自动重合闸装置分为单侧电源供电线路的重合闸和双侧电源供电线路的重合闸。对于双侧电源供电线路的重合闸又可分为检查同期重合闸、检查无电压重合闸、自同期重合闸、非同期重合闸、快速重合闸等。

3. 按自动重合闸装置作用于断路器的方式分类

自动重合闸装置按作用于断路器的方式不同可分为三相重合闸、单相重合闸和综合重合闸。

（1）三相重合闸指的是线路上发生任何形式的故障时，均实行三相自动重合。当重合于永久性故障时，断开三相并不再重合。

（2）单相重合闸指的是当线路上发生单相故障时，实行单相自动重合（断路器可分相操作）。当重合于永久性故障时，一般是断开三相并不再进行重合；当线路上发生相间故障时，则断开三相并不进行自动重合。

（3）综合重合闸指的是线路上发生单相故障时，实行单相自动重合。当重合到永久性故障时，一般是断开三相不再进行重合；线路上发生相间故障时，实行三相自动重合，当重合到永久性故障上时，断开三相不再进行自动重合。

在 110kV 及以下电压等级的输电线路上由于绝大多数的断路器都是三相操动机构的断路器。三相断路器的传动机构在机械上是连在一起的，无法分相跳、合闸，因此在 110kV 及以下电压等级中的自动重合闸多采用三相重合闸方式。在 220kV 及以上电压等级的输电线路上，断路器都是分相操动机构的断路器。三相断路器是独立的，因而可以进行分相跳、合闸。因此，220kV 及以上电压等级中的自动重合闸装置可以由用户选择重合闸的方式，以适应各种需要。可通过屏上转换开关或定值单中的控制字的选择线路保护装置中的重合闸方式，如三相重合闸方式、单相重合闸方式、综重方式和重合闸停用方式。

4. 按自动重合闸装置的动作次数分类

自动重合闸装置按重合闸的次数又可分为一次重合闸和二次重合闸。一次重合闸只能动作一次，当重合于永久性故障，断路器再次被保护跳开后，ARC 就不应再动作。二次重合闸则能动作两次，当第二次重合于永久性故障，断路器再次跳闸后，ARC 不应再动作。

考虑到对于真正的永久性短路，采用二次重合闸的后果是系统将在短时间内连续受到三次短路的冲击，对系统稳定很不利，断路器也需要在短时间内连续切除三次短路电流，所以二次重合闸使用得很少。在高压电网中使用的基本上是一次重合闸，只有在110kV及以下单侧电源终端线路上且当断路器的断流容量允许的情况下才可以采用二次重合闸。

图2-1所示为自动重合闸装置的分类。

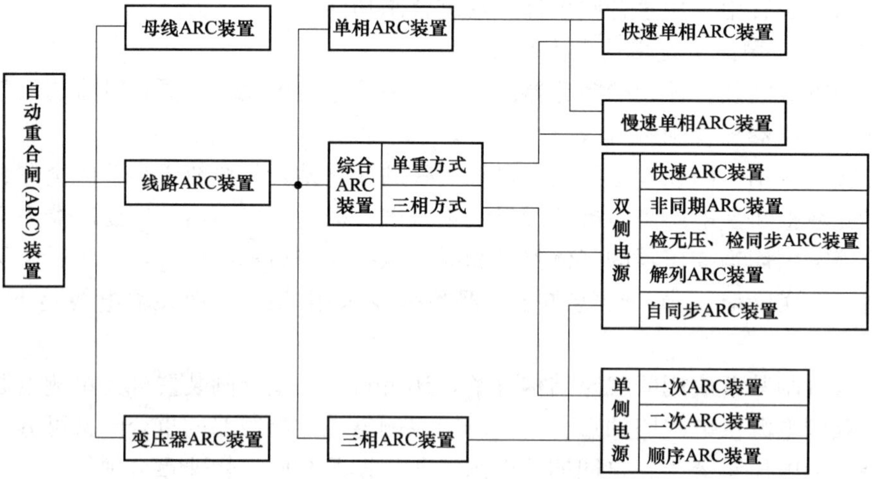

图2-1 自动重合闸装置的分类

四、对自动重合闸装置的基本要求

1. 自动重合闸装置动作应迅速

在满足故障点去游离（介质强度恢复）所需的时间以及断路器的传动机构准备好再次动作所必需时间的条件下，自动重合闸动作时间应尽可能短。因为从断路器断开到自动重合闸发出合闸脉冲的时间越短，用户的停电时间就可以相应缩短，从而可减轻故障对用户和系统带来的不良影响。重合闸动作的时间一般为0.5～1s。

2. 自动重合闸装置应优先采用控制开关与断路器位置不对应的原则来启动

在下列情况下，自动重合闸装置不应动作：

(1) 由运行人员手动操作或遥控操作使断路器跳闸时，此时属于设备检修或停运的人为操作，故不能进行重合闸。

(2) 手动投入断路器时，若线路上已有故障存在，而断路器随即被继电保护断开时，此时自动重合闸装置不应动作。因为此时，可能是由于检修质量不合格，隐患未消除或安全地线未拆除等原因所形成的永久性故障，再次重合的成功率将很低。

为了满足上述要求，重合闸装置应优先采用控制开关与断路器位置不对应的原则来启动，即当出现控制开关在合闸位置而断路器实际上是断开的情况时，重合闸装置启动。这样就可以保证无论什么原因使断路器误跳闸，都可以进行一次重合闸，这种方式又称为不对应启动方式。当手动操作控制开关使断路器跳闸后，由于两者位置仍然是对应的，因此重合闸装置不会启动。除此之外，也可以由继电保护来启动重合闸，又称为保护启动方式。不对应启动方式的优点是可以使因“误碰”跳闸的断路器迅速重合上，而保护启动方式却只能在保护动作的情况下才启动ARC装置，所以不能纠正由“误碰”引起的断路器跳闸。

3. 自动重合闸装置的动作次数须符合预先规定

自动重合闸装置的动作次数必须预先规定，不应无限制地进行多次重合。如一次重合闸，当重合于永久性故障时，断路器再次断开后就不应再重合；二次重合闸，当第二次仍未合闸成功时，就不应再重合。大多数情况下自动重合闸都采用一次式重合闸，只有少数情况下才采用二次式重合闸。

在任何情况下，如装置本身的元件损坏、继电器接点粘住或拒动等，自动重合闸都不应使断路器多次重合到永久性故障的线路上。

4. 自动重合闸应能自动闭锁

当母线差动保护或按频率自动减负荷装置动作时，以及当断路器处于不正常状态，如操动机构中使用的气压和液压降低等情况，而不允许实现重合闸时，应将ARC装置闭锁。

5. 自动重合闸装置动作后，应能自动复归，准备好下一次再动作

对10kV及以下电压的线路，如当地有值班人员，为简化重合闸的实现，可以采用手动复归。采用手动复归的缺点是，当重合闸动作后，在值班人员未及时复归以前若又一次发生故障，则ARC装置将拒动。这种情况在雷雨季节和雷害活动较多的地方尤其可能发生。

6. 自动重合闸应能在重合闸动作后或重合闸动作前，加速继电保护的动作

ARC装置与继电保护配合，可以加速故障的切除，此时应注意：在进行三相重合时，断路器三相不同时合闸会产生零序电流，应采取措施防止零序电流造成误动作。

7. 在双侧电源线路上实现重合闸时，应考虑合闸时两侧电源间的同步问题（略）

8. ARC装置应方便调试和监视

ARC装置在线路运行时应方便退出或进行完好性试验；另外，ARC装置动作时应有信号发出。

思考与练习

1. 说明输电线路装设自动重合闸的作用。
2. 什么是重合闸成功率？什么是重合闸正确动作率？
3. 输电线路的自动重合闸装置怎样分类？
4. 按自动重合闸作用于断路器的方式可将重合闸装置分成哪几种？
5. 试比较单相重合闸与三相重合闸的优缺点。
6. 对自动重合闸装置有哪些基本要求？

情境2　单电源线路的自动重合闸

知识目标

◇掌握单电源的三相一次重合闸装置的概念。

◇掌握常规式三相一次重合闸装置的接线特点及工作原理。

◇掌握用软件实现的三相一次重合闸装置的工作原理。

能 力 目 标

◆能够熟练分析三相一次重合闸装置的启动过程。

◆能分析软件原理实现的三相一次重合闸装置的逻辑图。

一、单侧电源线路的三相一次自动重合闸装置

单侧电源线路只有一侧电源供电，不存在非同步重合的问题，自动重合闸装置装于线路的送电侧。

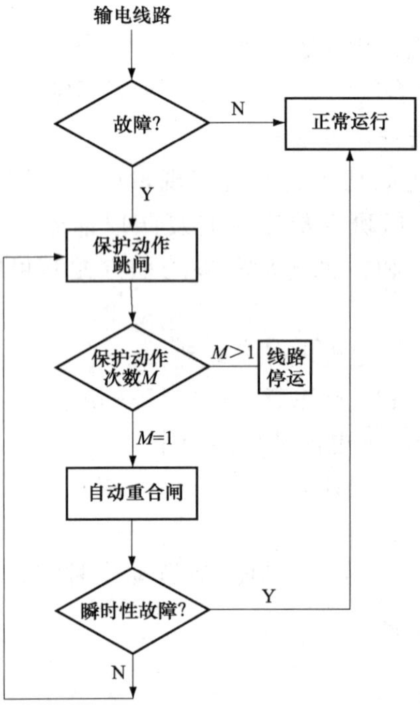

图 2-2 常规式三相一次自动重合闸装置工作流程简图

在我国电力系统中单侧电源线路广泛采用三相一次重合闸方式。所谓三相一次重合闸是指不论在输电线路上发生相间短路还是单相接地短路，继电保护装置都会动作将线路三相断路器同时断开，然后重合闸装置动作，将三相断路器重新合上的重合闸方式。当故障为瞬时性时，重合成功；当故障为永久性时，则继电保护装置再次将三相断路器一齐断开，不再重合。常规式三相一次自动重合闸装置工作流程简图如图 2-2 所示。

（一）常规式三相一次自动重合闸装置的构成

常规式三相一次自动重合闸装置由重合闸启动回路、重合闸时间元件、一次合闸脉冲元件及执行元件四部分组成。重合闸启动回路是用以启动重合闸时间元件的回路，一般按控制开关与断路器位置不对应原理启动；重合闸时间元件是用来保证断路器断开之后，故障点有足够的去游离时间和断路器操动机构复归所需的时间，以使重合闸成功；一次合闸脉冲元件用以保证重合闸装置只重合一次，通常利用电容放电来获得重合闸脉冲；执行元件用来将重合闸动作信号送至合闸回路和信号回路，使断路器重新合闸及发出重合闸动作信号。

（二）常规式三相一次自动重合闸装置的接线和工作原理

1. 装置接线

如图 2-3（a）所示为常规式三相一次自动重合闸装置接线原理图。其是按不对应原理启动的具有后加速保护动作性能的三相一次自动重合闸装置。图中虚线框内为 DH-2A 型重合闸继电器内部接线，其内部由时间继电器 KT、中间继电器 KM、电容 C、充电电阻 R_4、放电电阻 R_6 及信号灯 HL 组成。

KCT——断路器跳闸位置继电器。当断路器处于断开位置时，KCT 的线圈通过断路器辅助动断触点 QF1 及合闸接触器 KMC 的线圈而励磁，KCT 的动合触点闭合；由于 KCT 线圈电阻的限流作用，流过合闸接触器 KMC 中电流很小，此时 KMC 不会动作去合断路器。

KCF——防跳继电器，用于防止断路器多次重合于永久性故障线路。

KAT——加速保护动作的中间继电器，它具有瞬时动作，延时返回的特点。

KS——重合闸动作的信号继电器。

SA——手动操作的控制开关，触点的通断情况如图 2-3（b）所示。

ST——投退开关，用来投入或退出重合闸装置。

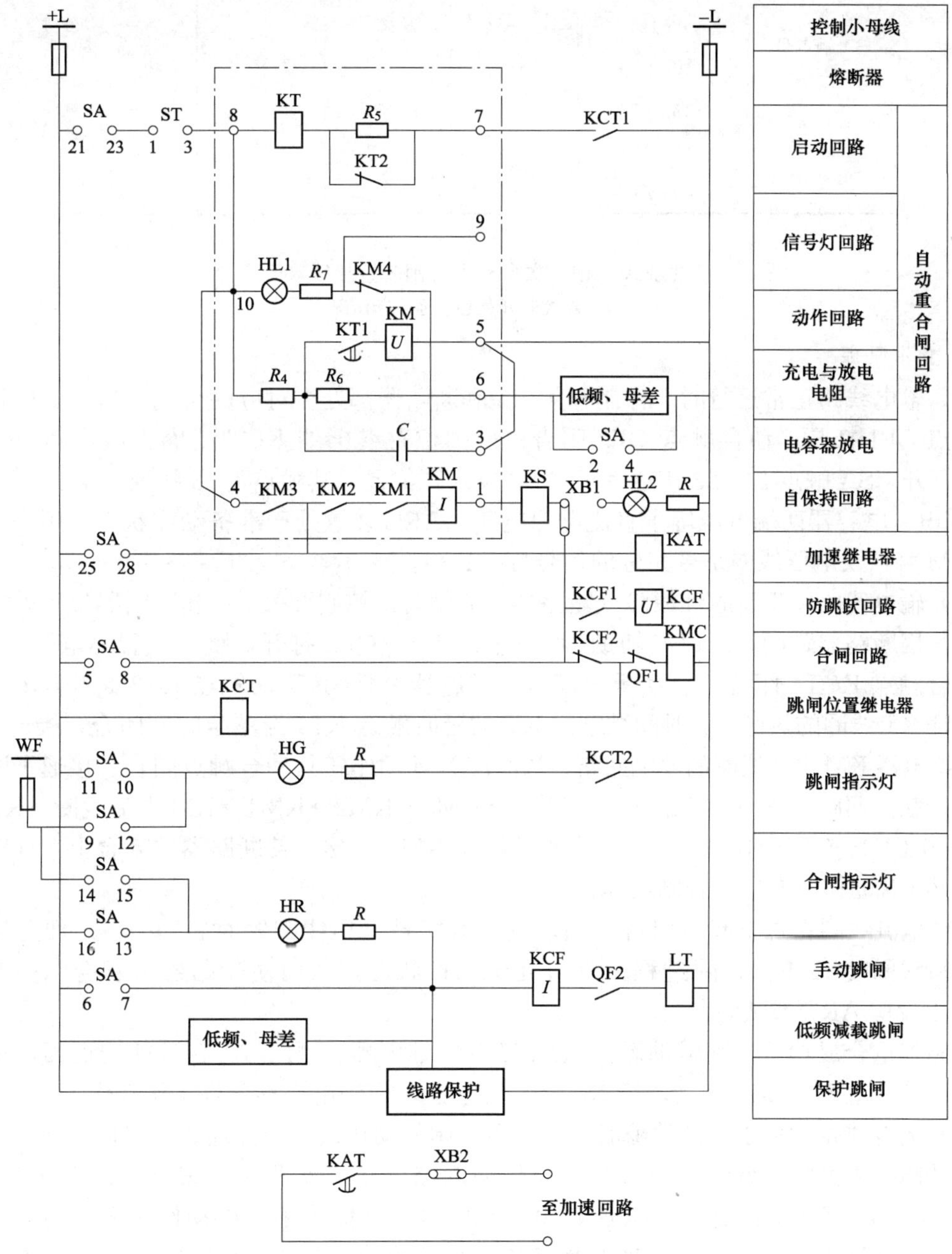

(a)

图 2-3　常规式三相一次自动重合闸装置接线展开图（一）

（a）ARC 接线展开图

操作状态		手动合闸	合闸后	手动跳闸	跳闸后
SA触点号	2-4	—	—	—	×
	5-8	×	—	—	—
	6-7	—	—	×	—
	9-12	—	×	—	—
	10-11	—	—	×	×
	13-16	×	×	—	—
	21-23	×	×	—	—
	25-28	×	—	—	—

(b)

图2-3 常规式三相一次自动重合闸装置接线展开图（二）

(b) SA控制开关触点通、断情况

2. 工作原理

（1）输电线路正常运行时。控制开关SA和断路器都处在对应的合闸位置，断路器辅助动断触点QF1打开，动合触点QF2闭合，跳闸位置继电器KCT线圈失电，其动合触点KCT1打开。SA触点21-23接通，ST置“投入”位置，其触点1-3接通。电容C经电阻R_4充满电，电容器两端电压等于直流电源电压，ARC装置处于准备动作状态。用来监视继电器KM触点及电压线圈是否完好的信号灯HL亮。

（2）输电线路发生瞬时性故障或断路器误跳闸时。控制开关SA和断路器位置处于不对应状态。因断路器跳闸，所以其辅助触点QF1闭合，QF2打开，跳闸位置继电器KCT动作，动合触点KCT1闭合，启动重合闸时间继电器KT，其瞬动触点KT2断开，串进电阻R_5，保证KT线圈的热稳定。时间继电器KT的延时触点KT1经整定时间闭合，接通电容C对中间继电器KM电压线圈的放电回路，从而使KM动作，其动合触点闭合，接通了断路器的合闸接触器回路（+→SA21-23→ST1-3→KM3→KM2→KM1→KM电流线圈→KS线圈→XB1→KCF2→QF1→KMC→−），合闸接触器KMC励磁，使断路器重新合上。同时，信号继电器KS动作，发出重合闸动作信号。

KM电流线圈在这里起自保持作用，只要KM被电压线圈短时启动一下，便可通过电流自保持线圈使KM在合闸过程中一直处于动作状态，从而使断路器可靠合闸；连接片XB1用以投切ARC或试验。

断路器重合成功后，其辅助触点QF1断开，继电器KCT、KT、KM均返回，整个装置自动复归。电容C重新充电，经15～25s后电容C充满电，准备好下次动作。

（3）输电线路发生永久性故障时。自动重合闸的动作过程与上述相同。但在断路器重合后，因故障并未消除，继电保护将再次动作使断路器第二次跳闸，重合闸装置再次启动，KT励磁，KT1经延时闭合后，电容C由于充电时间（保护第二次动作时间+断路器跳闸时间）太短（远小于15～25s），来不及充电到KM的动作电压，故不能使KM动作，因此断路器不能再次重合。这时电容C也不能继续充电，因为C与KM电压线圈并联。KM电压线圈两端的电压由电阻R_4（几兆欧）和KM电压线圈（电阻值为几千欧）串联电路的分压比决定，其值远小于KM的动作电压。保证了自动重合闸装置不会再次动作，即只动作一次。

（4）利用控制开关SA手动跳闸时。控制开关SA和断路器均处于断开对应位置，ARC不会动作。当控制开关SA在手动跳闸时，其触点21－23断开，切断了ARC的正电源，跳闸后SA的辅助触点2－4接通了电容C对R_6的放电回路，因R_6只有几百欧，故放电很快，使电容C两端电压接近于零。所以ARC不动作。

（5）利用控制开关SA手动合闸于故障线路时。线路断路器合闸之前，自动重合闸装置是退出的，且电容C上的电荷被放光。在操作SA手动合闸时，触点21－23接通，2－4断开，电容C才开始充电，但同时触点25－28接通，使加速继电器KAT动作。如线路在合闸前已存在故障，则当手动合上断路器后，保护装置立即动作，经加速继电器KAT的动合触点使断路器加速跳闸。这时由于电容C充电时间很短，来不及充电到KM的动作电压，所以断路器不会重合。

（6）重合闸闭锁回路。在某些情况下，断路器跳闸后不允许自动重合。例如，按频率自动减负荷装置动作跳闸或母线保护动作跳闸时，重合闸装置不应动作。在这些情况下，应将自动重合闸装置闭锁。为此，可将母线保护动作触点、自动按频率减负荷装置的出口辅助触点分别与SA的2－4触点并联。当母线保护或自动按频率减负荷装置动作时，相应的辅助触点闭合，接通电容C对R_6的放电回路，从而保证了重合闸装置在这些情况下可靠不动作，达到闭锁重合闸的目的。

（7）防止断路器多次重合于永久性故障的措施。如果线路发生永久性故障，并且第一次重合时出现了KM3、KM2、KM1触点粘住而不能返回时，当继电保护第二次动作使断路器跳闸后，由于断路器辅助触点QF1又闭合，若无防跳继电器，则被粘住的KM触点会立即启动合闸接触器KMC，使断路器第二次重合，因为是永久性故障，继电保护再次动作跳闸。这样，断路器跳闸—合闸不断反复，形成“跳跃”现象，这是不允许的，为此装设了防跳继电器KCF。KCF在其电流线圈通电流时动作，电压线圈有电压时保持。

断路器第一次跳闸时，虽然串在跳闸线圈回路中的KCF电流线圈使KCF动作，但因KCF电压线圈没有自保持电压，断路器跳闸后，KCF自动返回。断路器第二次跳闸时，KCF又动作，如果这时KM触点粘住而不能返回，则KCF电压线圈得到自保持电压，因而处于自保持状态，其动断触点KCF2一直断开，切断了KMC的合闸回路，防止了断路器第二次合闸。同时KM动合触点粘住后，KM的动断触点KM4断开、信号灯HL熄灭，给出重合闸故障信号，以便运维人员及时处理。

当手动合闸于故障线路时，防跳继电器KCF同样能防止因合闸脉冲过长而引起的断路器多次重合。

3. 装置接线的特点

（1）采用控制开关SA与断路器位置不对应的启动方式，其优点是断路器因任何意外跳闸时，都能进行自动重合，特别是能纠正断路器的误碰和误跳闸，从而提高供电可靠性。所以这种启动方式可靠。

（2）利用电容C放电来获得重合闸脉冲。电容C的充、放电回路具有充电慢、放电快的特点。因而，这种方式具有既能保证ARC动作后自动复归，又能有效地保证ARC在规定时间内只发一次重合闸脉冲，而且接通电容C的放电回路就可闭锁ARC，故利用电容充放电原理构成的重合闸具有工作可靠、控制容易、接线简单的优点，因而应用很普遍。

（3）断路器合闸可靠。因在断路器合闸回路中设置KM电流自保持线圈，所以只有当断路器可靠合上，辅助动断触点 QF1 断开后，KM 才返回，合闸脉冲才消失，故断路器能可靠合闸。

（4）装置中设有加速继电器 KAT，保证了手动合闸于故障线路或重合于故障线路时，快速切除故障。

二、用软件实现的三相一次自动重合闸

由于在使用三相自动重合闸的中、低压线路上，自动重合闸是由该线路微机保护测控装置中的一段程序来完成的，所以可从重合闸的程序框图来认识重合闸的基本原理。图 2-4 所示为三相一次重合闸程序框图。

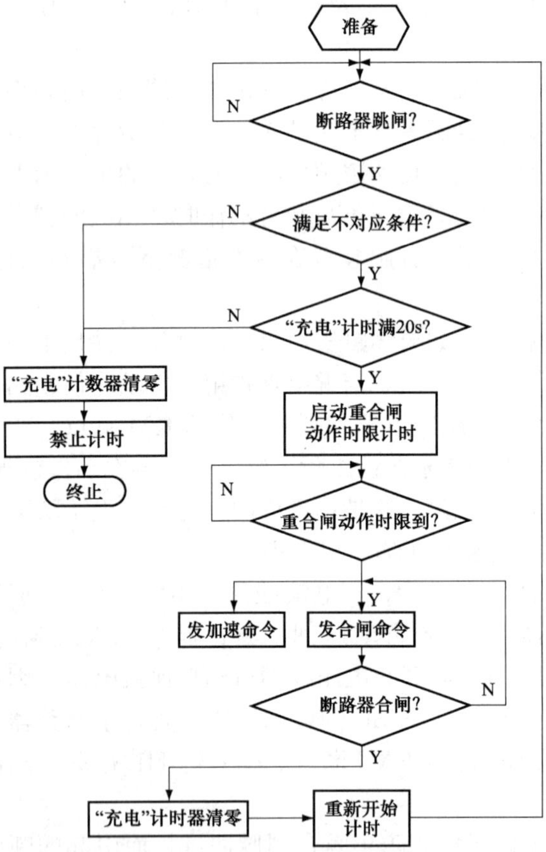

图 2-4 三相一次自动重合闸程序框图

（一）重合闸的启动方式

重合闸的启动有两种方式：控制开关与断路器位置不对应启动和保护启动。

1. 控制开关与断路器位置不对应启动方式

重合闸的位置不对应启动就是断路器控制开关 SA 处“合闸后”状态、断路器处跳闸状态，两者位置不对应启动重合闸。

用位置不对应启动重合闸的方式，线路发生故障保护将断路器跳开后，出现控制开关与断路器位置不对应，从而启动重合闸；如果由于某种原因，例如工作人员误碰断路器操动机构、断路器操动机构失灵、断路器控制回路存在问题以及保护装置出口继电器的触点因撞击振动而闭合等，致使断路器发生“偷跳”（此时线路没有故障存在），则位置不对应同样能启动重合闸。可见，位置不对应启动重合闸可以纠正各种原因引起的断路器“偷跳”。断路器“偷跳”时，保护因线路没有故障处于不动作状态，保护不能启动重合闸。

这种位置不对应启动重合闸的方式简单可靠，在各级电网的重合闸中有着良好的运行效果，是所有自动重合闸启动的基本方式，对提高供电可靠性和系统的稳定性具有重要意义。为判断断路器是否处于跳闸状态，需要应用到断路器的辅助触点和跳闸位置继电器。因此，当发生断路器辅助触点接触不良、跳闸位置继电器异常以及触点粘牢等情况时，位置不对应启动重合闸失效，显然是这一启动方式的缺点。

为克服位置不对应启动重合闸的这一缺点，在断路器跳闸位置继电器每相动作条件中还增加了线路相应相无电流条件的检查，进一步确认并提高了启动重合闸的可靠性。

如果是采用遥控跳闸、合闸，只需将遥控命令与断路器的位置比较即可实现不对应启动。另外，目前许多变电站不再使用控制开关操作断路器，这时可将相应的操作开关或按钮

的位置与断路器的位置比较，也可实现不对应启动。总之，只要符合不对应启动的基本原理即可。

2. 保护启动方式

目前大多数线路的自动重合闸装置，在保护动作发出跳闸命令后，重合闸才发合闸命令，因此自动重合闸应支持保护跳闸命令的启动方式。

保护启动重合闸，就是用线路保护跳闸出口触点来启动重合闸。对于保护启动方式，重合闸启动的条件是：保护动作，且断路器已跳闸。因为是采用跳闸出口触点来启动重合闸，保护启动重合闸可纠正继电保护误动作引起的误跳闸，但不能纠正断路器的“偷跳”。

在常规式重合闸回路中，一般只采用不对应启动方式来启动重合闸，而在微机保护测控装置中，常兼用两种启动方式（注意：在有些保护装置中这两种方式不能同时投入，只能经控制字选择一种启动方式）。图 2-4 中仅画出了不对应启动方式的启动过程。

当微机保护测控装置检测到断路器跳闸时，先判断是否符合不对应启动条件，即检测控制开关是否在合位。如果控制开关在分位，那么就不满足不对应条件（控制开关在跳闸位置，断路器也在跳闸位置，它们的位置对应），程序将“充电”计数器计时清零，并退出运行。如果没有手动跳闸信号，那么说明不对应条件满足（控制开关在合位，而断路器在跳闸位置，它们的位置不对应），程序开始检测重合闸是否准备就绪，即“充电”计数器计时是否满 20s。如果“充电”计数器计时不满 20s，程序将“充电”计数器清零，并禁止重合；如果计时满 20s，则立即启动重合闸动作时限计时。

（二）重合闸充电

线路发生故障时，ARC 装置动作一次，表示断路器进行了一次“跳闸→合闸”过程。为保证断路器切断能力的恢复，断路器进入第二次“跳闸→合闸”过程须有足够的时间，否则切断能力会下降。为此，ARC 装置动作后需经一定间隔时间（也可称 ARC 装置复归时间）才能投入，一般这一间隔时间取 15～25s。另外，线路上发生永久性故障时，ARC 装置动作后，也应经一定时间后 ARC 装置才能动作，以免 ARC 多次动作。

为满足上述两方面的要求，重合闸充电时间取 15～25s。在非数字式重合闸中（如图 2-3 所示的常规式重合闸），利用电容器放电获得一次重合闸脉冲。电容器具有充电慢、放电快的特点，因此该电容器充电到能使 ARC 装置动作的充电时间应为 15～25s。在数字式重合闸中（软件实现的重合闸），模拟电容器充电是一个计数器，计数器计数相当于电容器充电，计数器清零相当于电容器放电。

重合闸的充电条件是：

（1）重合闸投入运行处正常工作状态，说明保护装置未启动。

（2）在重合闸未启动情况下，三相断路器处合闸状态，断路器跳闸位置继电器未动作。断路器处合闸状态，说明控制开关处于“合闸后”状态，断路器跳闸位置继电器未动作。

（3）在重合闸未启动情况下，断路器正常状态下的气压或油压正常。这说明断路器可以进行跳合闸，允许充电。

（4）没有闭锁重合闸的输入信号。

（5）在重合闸未启动情况下，没有 TV 断线失压信号。当 TV 断线失压时，保护装置工作不正常，重合闸装置对无压、同期的检定也会发生错误。在这种情况下，装置内部输出闭锁重合闸的信号，实现闭锁，不允许充电。

（三）重合闸的计时

重合闸启动后，并不立即发合闸命令，而是当重合闸动作时限的延时结束后才发合闸命令。在发合闸命令的同时，还要发加速保护的命令。

当断路器合闸后，重合闸“充电”计数器重新开始计时。如果是线路发生瞬时性故障引起跳闸或断路器误跳闸，重合命令发出后，重合成功，重合闸“充电”计数器重新从零开始计时，经20s后计时结束，准备下一次动作。如果是线路永久性故障引起的跳闸，则断路器会被线路保护再次跳开，程序将循环执行。当程序开始检测重合闸是否准备就绪时，由于重合闸“充电”计数器的计时未满20s（这是由于在断路器重合闸后，重合闸“充电”计数器是从零重新开始计时的，虽然经线路保护动作时间和断路器跳闸时间，但由于保护已被重合闸加速，它们的动作时间总和很短，故“充电”计数器计时不足20s），程序将“充电”计数器清零，并禁止重合。

（四）自动重合闸的闭锁

在某些情况下，断路器跳闸后不允许自动重合，因此，应将重合闸装置闭锁。重合闸闭锁就是将重合闸“充电”计数器瞬间清零。闭锁重合闸主要有以下功能：

（1）当手动操作合闸时，如果合到的是故障线路，保护会立刻动作将断路器跳闸，此时重合闸不允许启动。程序开始检测重合闸是否准备就绪时，由于重合闸“充电”计数器的计时未满20s（这是由于在断路器合闸后，重合闸“充电”计数器是从零重新开始计时的，虽然经线路保护动作时间和断路器跳闸时间，但因保护已被手动合闸加速，所以它们的动作时间总和很短，故“充电”计数器计时不足20s），程序将“充电”计数器清零，并禁止重合。

（2）手动跳闸或通过遥控装置将断路器跳闸时，应闭锁重合闸。

（3）当断路器失灵保护动作跳闸，或母线保护动作跳闸未使用母线重合闸、按频率自动减负荷动作跳闸、低电压保护动作跳闸、过负荷保护动作跳闸等情况时，均应闭锁重合闸。

（4）断路器液压（或气压）操动机构的液（气）压降低到不允许合闸的程度，或断路器弹簧操动机构的弹簧未储能。

（5）断路器控制回路断线时。

（6）当选择检无压或检同期工作时，检测到母线TV、线路侧TV二次回路断线失压，使检无压、检同期失去了正确性时，应闭锁重合闸。

（7）检线路无压或检同期不成功时。

（8）重合闸停用。

（9）重合闸发出重合脉冲的同时，闭锁重合闸。

三、软件实现的三相一次自动重合闸工作原理

图2-5所示为单电源三相一次自动重合闸的逻辑框图。图中D1、D2、D6为与门，D4、D5为或门，D3、D7为延时门（延时动作，瞬时返回），SW1、SW2与SW3是选择开关。SW1合，投自动重合闸；SW2、SW3可选择其一闭合，其中SW2闭合代表重合闸选用不对应启动方式，SW3闭合代表重合闸选用保护启动方式。

（一）自动重合闸输入量的定义

输入量1：“1”代表控制开关处于合闸位置，“0”代表控制开关处于其他位置；

输入量2、7：“1”代表断路器处于合闸位置，“0”代表断路器处于分闸位置；

输入量3：“1”代表保护已启动，“0”代表保护未启动；

输入量4："1"代表有保护闭锁信号，"0"代表无闭锁信号；

输入量5："1"代表断路器出现故障，"0"代表断路器允许进行自动重合闸，

输入量6："1"代表有手动跳闸信号，"0"代表无手动跳闸信号；

输入量8："1"代表保护动作，"0"代表未动作。

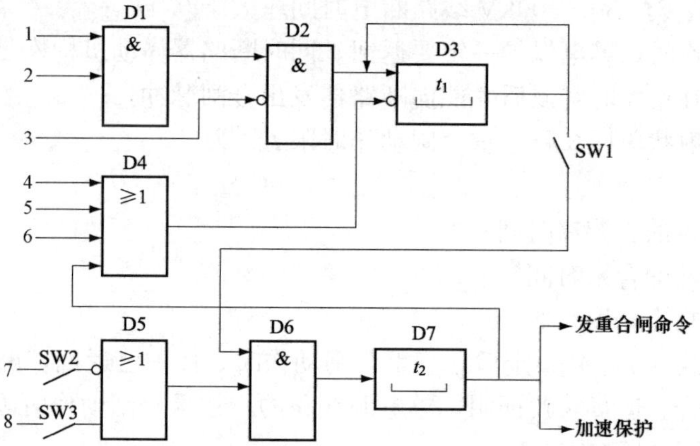

图2-5　单电源三相一次自动重合闸的逻辑框图

1—控制开关位置；2—断路器位置；3—保护启动；4—其他保护闭锁；5—断路器闭锁；6—手动跳闸；7—断路器位置；8—保护动作

（二）自动重合闸动作原理

（1）线路正常运行时，控制开关处于合闸位置，断路器处于合闸位置，控制开关位置与断路器位置对应，此时输入量1、2为"1"，输入量3、4、5、6为"0"，与门Dl、D2输出为"1"，或门D4输出为"0"，D3经t_1延时（整定为20～25s）后导通输出"1"并自保持，D3经SW1将信号送给D6，重合闸处在准备工作状态。

（2）线路发生瞬时性故障时，继电保护动作，断路器跳闸，控制开关位置与断路器位置出现不对应。设此时选择的是SW2合，SW3开，7输入"0"，经SW2使D5通，D5输出"1"，D6输出"1"，经D7的t_2延时（整定为0.5～1s）后，发重合闸命令；同时启动D4，解除D3的自保持。由于是瞬时性故障，重合成功，控制开关位置与断路器位置恢复到对应状态。1、2输入为"l"，经t_1延时，使D3自保持，准备好下次动作。

（3）线路发生持续故障时，重合闸过程同线路发生瞬时性故障时的过程。但在重合闸后故障并未消失，保护第二次动作，在D3没有通（无法自保持）之前"否"掉D2及D2不通，D3无法通；保证了只重合闸一次。保护第一次动作时也"否"掉了D2，但D3已自保持，使重合闸信号仍能经过SW1送到D6。

（4）需要闭锁重合闸的信号（如其他保护闭锁信、断路器闭锁、手动跳闸等），开通D4，"否"掉D3，就不会重合闸了。

四、单侧电源线路三相自动重合闸的整定

（一）重合闸动作时限的整定

重合闸的动作时限是指从断路器主触头断开故障到断路器收到合闸脉冲的时间（在常规式重合闸中指KT1的延时）。为了尽可能缩短停电时间，重合闸的动作时限原则上应越短越好。但考虑到如下两方面的原因，重合闸的动作又必须带一定的时延。

（1）断路器跳闸后，故障点的电弧熄灭以及周围介质绝缘强度的恢复需要一定的时间，必须在这个时间以后进行重合才有可能成功；否则，即使在瞬时性故障情况下，重合闸也不成功，所以故障点必须有足够的断电时间。当采用三相重合闸时，对 6～10kV 线路，故障点的断电时间应大于 0.1s，对 35～66kV 线路断电时间应大于 0.2s，对 110～220kV 线路断电时间应大于 0.3s，对 330～500kV 线路断电时间应大于 0.4s。

（2）重合闸动作时，继电保护一定要返回，同时断路器操动机构恢复原状，准备好再次动作。重合闸必须在这段时间以后才能向断路器发出合闸脉冲。

对于单电源辐射状单回线路，重合闸动作时限 t_{op}^{ARC} 为

$$t_{op}^{ARC} = t_{dis} + t_{on} + \Delta t \tag{2-1}$$

式中 t_{dis}——故障点的去游离时间；

t_{on}——断路器的合闸时间；

Δt——时间裕度，取 0.3～0.4s。

一般来说，按式（2-1）整定后，当重合闸动作时，保护已返回，断路器的操动机构等也已准备好可以重合。运行实践证明，单电源线路的三相重合闸动作时限一般取 0.8～1s。

（二）重合闸复归时间的整定

重合闸复归时间就是从一次重合结束到下一次允许重合之间所需的最短间隔时间（在常规式重合闸中即电容 C 上电压从零充到 KM 电压线圈动作电压所需的时间）。复归时间的整定需考虑以下两个方面因素。

（1）保证当重合到永久性故障，由最长时限段的保护切除故障时，断路器不会再次重合。考虑到最严重情况下，断路器辅助触点可能先于主触头切换，提前的时间为断路器的合闸时间。于是重合闸的复归时间 t_{re}^{ARC} 为

$$t_{re}^{ARC} = t_{op.max} + t_{on} + t_{op}^{ARC} + t_{off} + \Delta t \tag{2-2}$$

式中 $t_{op.max}$——保护最长动作时限；

t_{on}——断路器的合闸时间；

t_{op}^{ARC}——重合闸的动作时限；

t_{off}——断路器的跳闸时间；

Δt——时间裕度。

（2）保证断路器切断能力的恢复。当重合闸动作成功后，复归时间不小于断路器第二个“跳闸→合闸”间的间隔时间。

重合闸复归时间一般取 15～25s 即可满足以上要求。

思考与练习

1. 三相一次自动重合闸采用什么启动方式？试分析该启动方式的优缺点。
2. 图 2-3 中，为什么 KM 要带自保持？
3. 图 2-3 中，当线路发生永久性故障时，如何保证装置只重合一次？
4. 如图 2-3 所示的重合闸装置中，是如何防止断路器“跳跃”的？说明其防跳过程。
5. 输电线路重合闸有哪些闭锁条件？
6. 试分析用软件实现的三相一次自动重合闸工作原理。

7. 单侧电源线路三相自动重合闸的参数如何整定？

8. 重合闸充电有何条件？为何重合闸充电时间一般需要在 15s 以上？

情境 3　双电源线路的自动重合闸

知 识 目 标

◇ 掌握双电源线路的三相自动重合闸装置的概念。

◇ 掌握常见的几种双电源线路的三相重合闸装置的特点。

◇ 掌握无压检定和同期检定的三相自动重合闸的原理。

能 力 目 标

◆ 能够熟练分析几种常见的双电源线路三相重合闸装置的区别。

◆ 能分析检无压和检同期的三相重合闸装置的工作原理。

双电源线路是指两个或两个以上电源间的联络线。在双电源线路上实现重合闸的特点是要考虑断路器跳闸后，电力系统可能分列为两个独立部分，有可能进入非同期运行状态。因此除需满足前述基本要求外，还必须考虑以下两个问题。

（1）时间的配合问题。当双侧电源线路发生故障时，两侧的继电保护装置可能以不同的时限动作于两侧的断路器，即两侧的断路器可能不同时跳闸，因此，只有在后跳闸的断路器断开后，故障点才能断电而去游离。为使重合闸成功，应保证线路两侧断路器均已跳闸，故障点电弧熄灭且绝缘强度已恢复的条件下进行自动重合闸，即应保证故障点有足够的断电时间。

（2）同期问题。当线路发生故障，两侧断路器跳开之后，线路两侧电源线路电动势之间夹角摆开，有可能失去同步。后合闸一侧的断路器在进行重合闸时，应考虑是否同期，以及是否允许非同期合闸的问题。

因此，在双侧电源线路上，应根据电网的接线方式和具体的运行情况，采取不同的重合闸方式。

双电源线路的重合闸方式很多，但可归纳为如下两类：一类是检定同期重合闸，如检定无压和检定同期的三相一次重合闸及检查平行线路有电流的重合闸等；另一类是不检定同期的重合闸，如非同期重合闸、快速重合闸、解列重合闸及自同期重合闸等。下面介绍其中几种重合闸方式。

一、三相快速自动重合闸

所谓三相快速自动重合闸，就是当线路发生故障时，继电保护很快使线路两侧断路器跳闸，并紧接着进行重合，从而保证两侧断路器断开和重合的整个循环时间为 0.5～0.6s。在这样短的时间内，两侧电源电动势间摆开角度不大，所以系统不会失步。即使重合的两侧电源电动势间摆开角度稍大，因重合周期短，重合后也会很快拉入同期。因为这种重合闸方式具有快速、不失步的特点，所以是提高电网并列运行稳定性和供电可靠性的有效措施之一。

在输电线路上采用三相快速自动重合闸应具备下列条件：

（1）线路两侧都装设有能瞬时切除故障的保护装置，如高频保护、纵联差动保护等。

（2）线路两侧都装有可以进行快速重合闸的断路器，如快速空气断路器等。

（3）在两侧断路器进行重合的瞬间，通过设备的冲击电流周期分量 I_{imp} 不得超过以下规定值：

对于汽轮发电机 $$\frac{I_{\text{imp}}}{I_{\text{N}}}\leqslant\frac{0.65}{X''_{\text{d}}}$$

对于有直、横轴阻尼绕组的水轮发电机 $$\frac{I_{\text{imp}}}{I_{\text{N}}}\leqslant\frac{0.6}{X''_{\text{d}}}$$

对于无阻尼绕组或阻尼绕组不全的水轮发电机 $$\frac{I_{\text{imp}}}{I_{\text{N}}}\leqslant\frac{0.6}{X'_{\text{d}}}$$

对于同步调相机 $$\frac{I_{\text{imp}}}{I_{\text{N}}}\leqslant\frac{0.84}{X''_{\text{d}}}$$

对于电力变压器 $$\frac{I_{\text{imp}}}{I_{\text{N}}}\leqslant\frac{1}{u_{\text{k}}\%}$$

式中 I_{N}——同步发电机或电力变压器的额定电流；

X''_{d}——同步发电机直轴次暂态电抗标幺值；

X'_{d}——同步发电机直轴暂态电抗标幺值；

$u_{\text{k}}\%$——电力变压器的短路电压标幺值。

（4）重合时两侧电动势来不及摆开到危及系统稳定的角度，能保持系统稳定，恢复正常运行。

由此可见，在具备快速重合闸的条件下，能否采用快速重合闸取决于重合瞬间通过设备的冲击电流值和重合后的实际效果。当然，当线路上的瞬时保护停用时，应闭锁重合闸。

二、非同期自动重合闸

非同期自动重合闸就是当线路两侧断路器因故障被断开以后，不管两侧电源是否同步都进行重合，合闸后由系统将两侧电源拉入同步。显然，采用这种方式重合时，电气设备可能受到较大的电流冲击，也可能引起系统振荡。应考虑其不良影响，并采取相应的补救措施。因此，采用非同期自动重合闸的条件为：

（1）非同期重合闸时产生的实际可能最大冲击电流按相角差 φ 为 180°计算，应不超过规定的允许值。

（2）避免在大容量发电机组附近采用非同期重合闸，其目的是防止机组轴系扭伤，影响机组的使用寿命。

（3）非同期重合闸后，拉入同期的过程是一种振荡状态，各点电压出现不同程度的波动，应注意减小其对重要负荷的影响。

（4）应设法避免非同期重合闸的振荡过程，以及断路器三相触头不同时闭合所引起的保护误动作问题。

非同期自动重合闸通常有按顺序投入线路两侧断路器和不按顺序投入线路两侧断路器两种方式。

（1）按顺序投入线路两侧断路器的方式是预先规定两侧断路器的合闸顺序，先重合侧采用单电源线路重合闸方式，后重合侧采用检定线路有电压的自动重合闸方式。这种方式的最大优点是，永久性故障情况下后重合侧不会重合，避免了再一次给系统带来冲击。其缺点是，后重合侧重合时，要确认先重合侧已重合，即必须在线路有电压情况下进行，因而整个重合闸时间较长，线路恢复供电的时间也较长；另外，在线路侧必须装设电压互感器或电压抽取装置，增加了设备投资。

(2) 不按顺序投入线路两侧断路器的方式是两侧均采用单电源线路重合闸方式。这种方式的优点是接线简单，不需装设线路电压互感器，系统恢复并列运行快，从而提高了供电可靠性；缺点是永久性故障时线路两侧均要重合一次，会给系统带来两次冲击。

我国110kV以上的输电线路，非同期自动重合闸一般采用不按顺序投入线路两侧断路器的方式。

三、无电压检定和同期检定的三相自动重合闸

无电压检定和同期检定的三相自动重合闸就是当线路两侧断路器跳闸后，先重合侧检定线路无电压而重合，后重合侧检定同期后再进行重合。前者常被称为无压侧，后者常被称为同期侧。因为这种重合闸方式不会产生危及电气设备安全的冲击电流，也不会引起系统振荡，所以在没有条件或不允许采用三相快速重合闸、非同期自动重合闸的双电源联络线上，可以采用这种重合闸方式。采用这种重合闸方式时，线路两侧均需装设电压互感器或电压抽取装置。检无压和检同期三相一次重合闸工作流程图如图2-6所示。

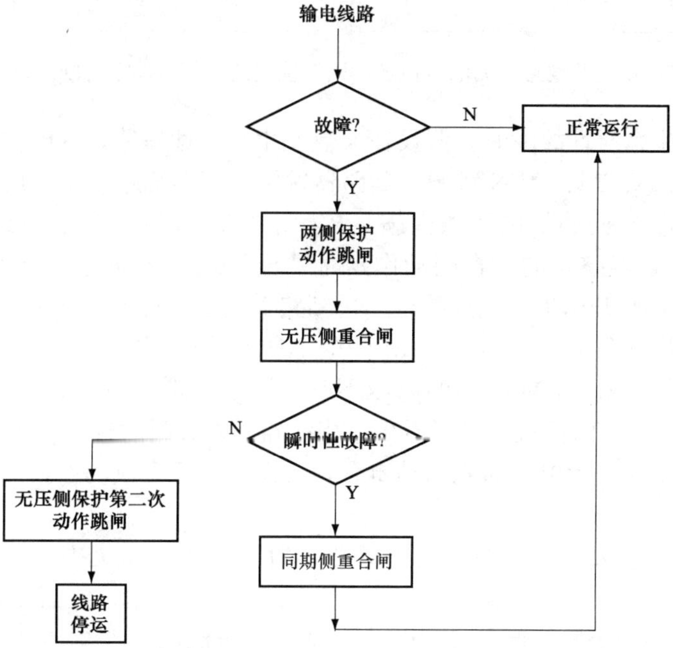

图2-6 检无压和检同期三相一次重合闸工作流程图

1. 工作原理

图2-7所示为双电源线路上无电压检定和同期检定的三相自动重合闸原理示意图。这里采用逻辑图来说明线路保护测控单元中无电压检定和同期检定重合闸程序的工作原理。图中假设M侧为同期侧，N侧为无电压侧，两侧同期检定及无电压检定均由两侧线路保护测控装置的控制字进行投、退。同期侧同期检定投入（4处投入），而无电压检定退出（3处退

出)；无压侧则将同期检定和无压检定同时投入（1、2处均投入）。

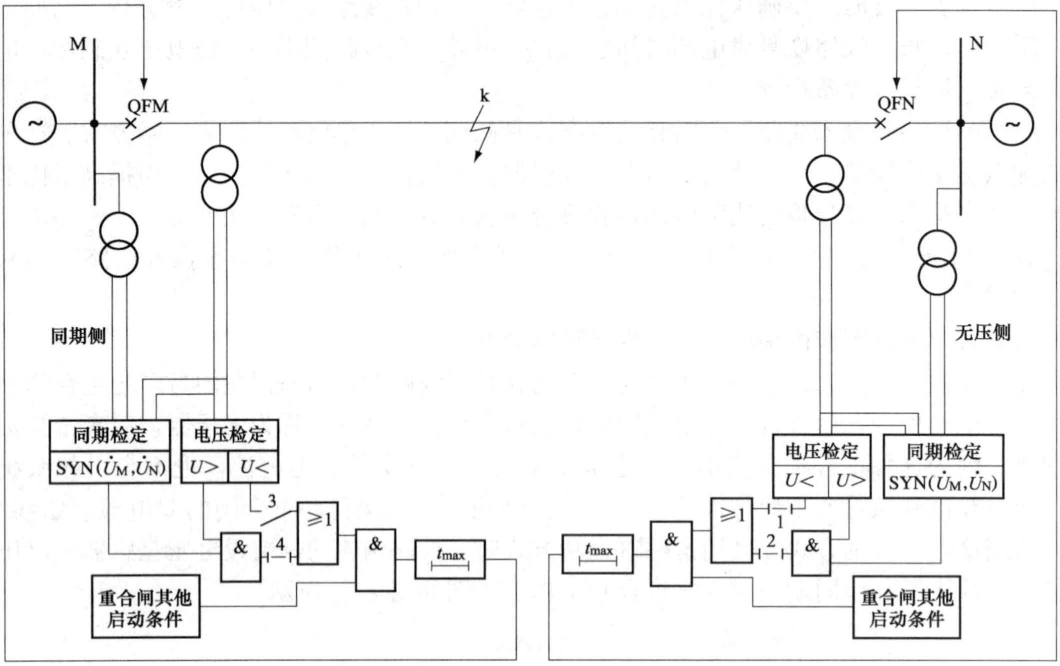

图2-7 双电源线路上无电压检定和同期检定的三相自动重合闸原理示意图

（1）线路上发生瞬时性故障时。假设在k点发生瞬时性短路，这时由两侧的继电保护装置动作，两侧断路器QFM、QFN跳闸。断路器跳闸后，因线路侧无电压，所以线路两侧均不满足同期条件，而N侧的低电压条件满足。如果此时N侧重合闸的其他启动条件满足，即可启动该侧ARC，经整定的重合闸动作延时t_{op}^{ARC}后断路器QFN合闸。QFN合闸后，M侧线路上有电压，M侧开始进行同期检定。待断路器QFM两侧的电压符合同期条件时，且该侧重合闸的其他启动条件满足时启动M侧的ARC，经整定的时间t_{op}^{ARC}后，断路器QFM合闸，恢复同期运行。若QFM两侧的电压不符合同期要求，M侧的ARC不会启动重合，断路器QFM不能重合。由该过程可以看出，当线路因发生瞬时性故障而跳开两侧的断路器后，总是无压侧检定线路无电压而先启动重合，待无压侧重合成功后，同期侧检定线路两侧电压满足同期条件而重合的。

（2）线路上发生永久性故障时。两侧断路器跳闸以后，由无电压侧断路器QFN先重合，由于是永久性故障，立即由无压侧的后加速保护装置动作，使断路器QFN再次跳闸，而同步侧断路器QFM始终不能合闸。由此可见，无压侧的断路器将连续两次切断短路电流，所以在一定时期内它切断短路电流的次数要比检定同期一侧的断路器多。为了使两侧断路器的工作条件接近相同，可以利用对线路两侧的重合闸启动方式定期轮换，即在两侧均装设低电压继电器和同期检查继电器，利用连接片定期更换两侧重合闸启动方式，即在一段时间内将M侧改为无电压侧，N侧改为同期侧。

（3）由于误碰或继电保护装置误动作造成断路器跳闸时。若这种情况发生在同步侧，借助同期条件检测启动重合闸，断路器QFM能自动合上，恢复同期运行。若这种情况发生在无压侧，因线路侧有电压存在，不会满足低电压启动条件，如果不设置同期条件检测启动重合闸，断路器 QFN 无法自动合闸。为此，在无压侧必须设置同期条件检测，保证在这种情况下也能自动合闸，恢复同期运行。

此外，同期侧的无压检查连接片是不能投入工作的，只有切换为无电压侧时，无电压检查才能投入工作；否则两侧无电压检查继电器均动作，启动重合闸，将造成非同期合闸的严重后果。

2. 检定同期的工作原理

在设置无电压检定和同期检定的三相自动重合闸的线路上，为了限制同期检定合闸的断路器闭合瞬间在系统中产生的冲击电流，同时为了避免在该断路器闭合后系统产生振荡，必须限制断路器闭合瞬间线路两侧电压的幅值差、相角差和频率差。这种重合方式中的同期条件检定就是检定断路器闭合瞬间线路两侧电压之间的幅值差、相角差和频率差是否都在允许的范围内。当这三个条件同时得到满足时，才说明满足同期条件，此时才允许重合闸将断路器合上。否则，当三个条件中有一个得不到满足，就不允许重合闸将断路器合上。

（1）无电压检定和同期检定的逻辑原理图。在数字式 ARC 中，几乎所有的无电压检定和同期检定的逻辑原理图都是相同的。如图 2-8 所示，输入的信号有 ARC 启动信号、ARC 充电完成的信号；U_L 为线路电压低值启动信号，U_H 为线路电压高值启动信号；SYN(φ) 为同期检定元件。当有平行双回线路时，还可输入另一平行线电流，“有流”表示线路两侧电源间还存在电气上的联系。

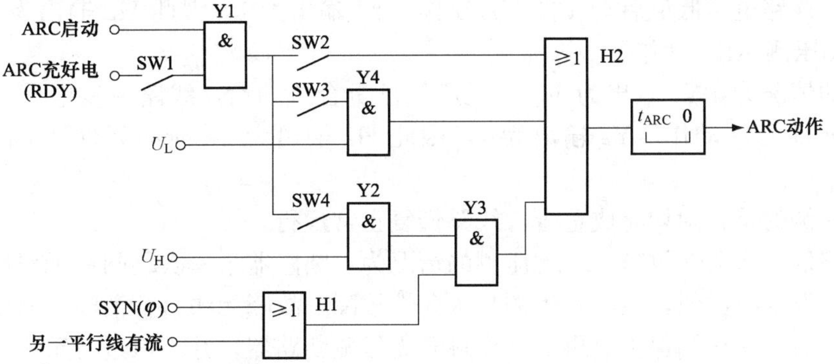

图 2-8 无电压检定和同期检定的逻辑原理图

U_L—线路电压低值启动信号；U_H—线路电压高值启动信号

SW1～SW4 为 ARC 的功能选择开关，由定值输入时写入，置“1”（相当于图 2-8 中相应选择开关接通）或置“0”的意义为：

SW1 置“1”表示 ARC 投入，置“0”表示 ARC 退出。

SW2 置“1”表示 ARC 既不检同期也不检无压就可重合，即不检定重合；置“0”表示要进行检定再重合。

SW3 置“1”表示 ARC 检线路无压重合，置“0”表示检线路无压功能退出。

SW4 置“1”表示 ARC 检同期重合，置“0”表示同期检定功能退出。

通过控制字的设定，ARC 可得到不同的功能。

在双侧电源单回线路上，若线路两侧的 SW1＝“1”、SW2＝“1”、SW3＝“0”、SW4＝“0”，则构成了不检定重合闸。当两侧电动势相角差较小（重合闸动作时间 t_{ARC} 较短）时重合，即为三相快速重合闸；当两侧电动势相角差较大时重合，即为非同期重合闸。三相快速重合闸、非同期重合闸的使用是有一定条件的，实际使用中并不能保证重合后同期成功。在单侧电源线路的电源侧，置SW1＝“1”、SW2＝“1”、SW3＝“0”、SW4＝“0”（线路侧无TV），就构成了单侧电源线路的三相自动重合闸。

（2）同期检定的工作情况。在图2-7中，两侧的重合闸功能控制字见表2-1。

表2-1 线路两侧ARC控制字

控制字名称	SW1	SW2	SW3	SW4
M侧（同期检定）	1	0	0	1
N侧（无压检定）	1	0	1	1

同期检定ARC，是在ARC动作合上断路器后，两侧系统很快进入同期运行状态。其同期条件为两侧频差在设定值内、两侧电压差在设定值内以及两侧电压间相角差φ在设定值内时，ARC发出合闸脉冲。

在装设无压检定和同期检定三相自动重合闸的线路上，当：

（1）线路正常运行时，无压侧和同期侧的ARC均不启动，Y1输出为0，因此Y4、Y5输出为0，Y3输出为0，因SW2置0，所以H2输出为0，ARC不会动作。

（2）线路发生瞬时性故障时，无压侧的情况为：ARC启动且已充好电，Y1输出为1，线路已失压，线路电压低值启动元件UL动作，Y4输出为1，因此H2输出为1，延时元件经t_{ARC}后，无压侧ARC动作。

同期侧的情况为：Y1输出为1，当无压侧已重合成功后，线路恢复电压，因此线路电压高值启动元件UH动作，Y2输出为1，因此H2输出为1，延时元件经t_{ARC}后，同期侧ARC动作。

因此，两侧的重合闸均完成重合，线路恢复正常运行。

（3）线路发生永久性故障时，无压侧的情况为：断路器第一次跳闸后无压侧的重合过程同瞬时性故障发生时类似，但因发生的是永久性故障，故障无法自行消除，所以当无压侧第一次完成重合后，无压侧保护会再次动作跳开无压侧断路器，并不再进行重合。

同期侧的情况为：故障发生时，Y1输出为1，但因对侧一直未能合闸成功，故线路无压，线路电压低值启动元件UL动作，但因SW3置0，故Y4无输出，线路电压高值启动元件UH不动作，Y2无输出，Y3也无输出，因此H2无输出，同期侧ARC不重合。

3. 检无压和检同期三相自动重合闸的整定

（1）重合闸动作时限的整定。对于双电源的线路，重合闸动作时限除考虑单侧电源线路重合闸的因素外，还应考虑两侧保护不同时切除故障使故障点断电时刻延迟的情况（对于分支线路，还应考虑对侧和分支侧断路器相继跳闸的情况下，故障点仍有足够的断电去游离时间）。对于线路MN来说，假设M侧为先跳闸侧，则M侧的重合闸动作时限$t_{op.M}^{ARC}$为

$$t_{op.M}^{ARC}=(t_{op.N.max}+t_{off.N})-(t_{op.M.min}+t_{off.M})+t_{dis}-t_{on.M}+\Delta t \tag{2-3}$$

式中 $t_{op.N.max}$——线路N侧（对侧）主保护最大动作时限；

$t_{op.M.min}$——线路M侧（本侧）主保护最小动作时限；

$t_{off.M}$——线路M侧断路器跳闸时间；

$t_{off.N}$——线路N侧断路器跳闸时间；

$t_{on.M}$——线路 M 侧断路器合闸时间；

t_{dis}——故障点去游离时间，在三相重合闸的线路上，最短的断电时间；

Δt——时间裕度，取 0.5～0.6s。

（2）重合闸复归时间的整定。与单侧电源线路的三相自动重合闸相同，复归时间一般取 15～25s 即可满足要求。

（3）检线路侧无压的动作电压 U_{opL}。在检无压和检同步三相自动重合闸中，检线路侧无压先三相重合。检定线路侧无电压的动作电压 U_{opL} 为

$$U_{opL} = 50\% U_N$$

式中　U_N——线路的额定电压。

当三相跳闸后线路侧电压低于 U_{opL} 值，即判线路无压。

（4）检线路侧有压的动作电压 U_{opH}。在检无压和检同步三相自动重合闸中，检线路无压侧重合成功后，检同步侧检定线路有电压的动作电压 U_{opH} 为

$$U_{opH} = 80\% U_N$$

当三相跳闸后线路侧电压高于 U_{opH} 值，即判无压侧已三相重合成功，该侧进入检同步程序。

（5）检同步的动作角 δ_{set}。δ_{set} 应满足可能出现的最不利运行方式下，小电源侧发电机的冲击电流不超过允许值。发电机的冲击电流周期分量 I_{imp} 不得超过如下数值：

汽轮发电机　$$\frac{I_{imp}}{I_N} \leqslant \frac{0.65}{X''_d}$$

有阻尼绕组的水轮发电机　$$\frac{I_{imp}}{I_N} \leqslant \frac{0.6}{X''_d}$$

无阻尼绕组的水轮发电机　$$\frac{I_{imp}}{I_N} \leqslant \frac{0.6}{X'_d}$$

同步调相机　$$\frac{I_{imp}}{I_N} \leqslant \frac{0.84}{X''_d}$$

电力变压器　$$\frac{I_{imp}}{I_N} \leqslant \frac{1}{u_k\%}$$

式中　I_N——同步发电机或电力变压器的额定电流；

X''_d——同步发电机直轴次暂态电抗标幺值；

X'_d——同步发电机直轴暂态电抗标幺值；

$u_k\%$——电力变压器的短路电压标幺值。

通常输电线路取 δ_{set} 为 30°左右。

（6）后加速延时解除时间值。后加速延时解除时间值是指从合闸命令（重合闸、手动或遥控合闸）发出，即加速保护开始到加速保护命令解除为止，其间加速持续的时间。该时间应保证当自动重合或手动、遥控合闸于永久性故障上时，被加速的保护来得及采取动作切除故障。所以该时间应大于被加速的保护动作时间和断路器的跳闸时间之和，即

$$t_{ac} \geqslant t_p + t_{off}$$

式中　t_p——被加速保护的动作时间；

t_{off}——断路器的跳闸时间。

一般 t_{ac} 整定为 0.3～0.4s。

(7) 微机保护有关定值整定的说明。在进行微机保护的定值整定时要注意，微机保护中有两种定值，分别是开关型定值和数值型定值。它们都被存储在电可擦除的存储器（EEPROM）中，供程序在执行过程中检查、调用，也可由技术人员进行修改。因为开关型定值经常以二进制的形式被存储在存储器的一个或多个字节中，所以又称为控制字，它们中每一位二进制数或每几位二进制数的组合，用于控制某一种或几种保护及其他功能的投入、退出，如与重合闸有关的检同期和检无压的控制、重合闸启动方式的控制等。另外，有一些控制字用于保护出口的控制，因具有传统保护屏上的保护连接片的功能，又被称为软连接片，如投入或退出重合闸用的重合闸软连接片。数值型定值指的是保护动作的整定值，如上述重合闸的动作时限、重合闸的复归时间、后加速延时解除时间以及双电源重合闸的低电压动作值、重合同期角度等。

四、解列自动重合闸

解列自动重合闸适用于正常时由主系统向地区小电源输送功率的情况，双电源单回线上采用解列重合闸示意图如图 2-9 所示。

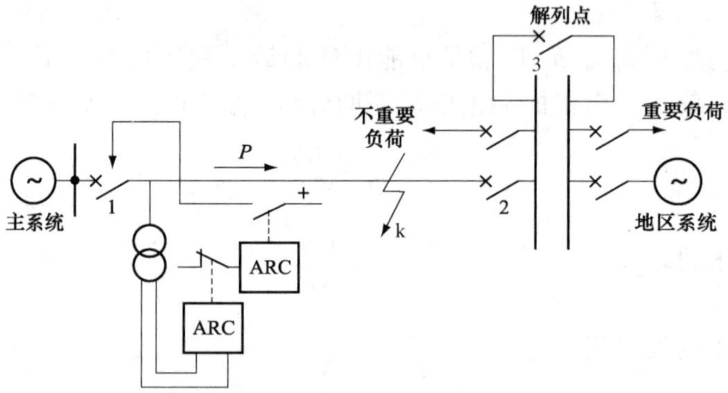

图 2-9　双电源单回线上采用解列重合闸示意图

当输电线路 k 点发生故障时，主系统侧的继电保护动作使主系统侧断路器 1 跳闸，地区系统侧的继电保护动作使解列点断路器 3 跳闸，而不跳地区系统侧的断路器 2。解列点断路器 3 跳闸后，主系统侧的重合闸装置检定线路无电压而重合，如果重合成功，再在解列点进行同步并列，恢复正常运行。如果是永久性故障，则主系统侧继电保护再次动作断路器 1 跳闸。

地区系统与主系统解列后，其容量与所带的重要负荷基本平衡，保证了对地区重要负荷的连续供电。如果发生永久性故障，地区不重要负荷将被迫中断供电。

由以上分析可知，如何选择解列点，尽量使地区系统的容量与其所带的重要负荷接近平衡，这是选用解列重合闸所必须考虑的问题之一。

解列重合闸一般应用在双电源单回线且不能采用非同步重合闸的情况。

五、检定另一回线电流的自动重合闸

在没有其他旁路联系的双电源双回线路上，有一回线路因故障断开后，只要另一回线路继续运行，两侧电源仍然是同步的。因此，只要检定另一回线路有电流就相当于检定两侧电源同步，因此可以进行重合闸。双回线中检定另一回线路有电流的自动重合闸示意图如图 2-10 所示。

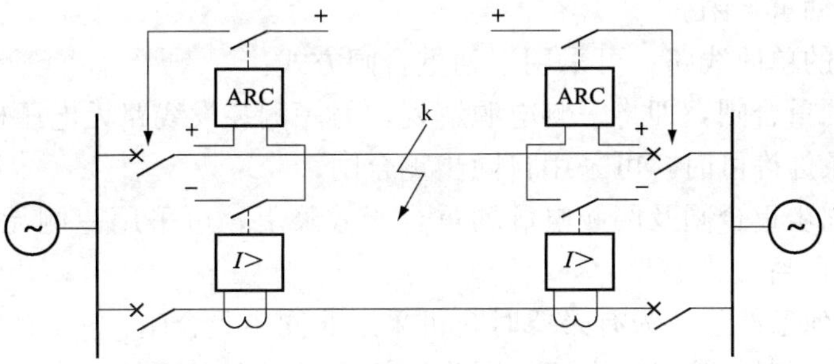

图 2-10　双回线中检定另一回线路有电流的自动重合闸示意图

六、自同步重合闸

对水电站可以使用自同步重合闸，其基本工作原理示意图如图 2-11 所示。在正常运行方式下，水电站向系统输送功率，如果在线路上 k 点发生故障，系统侧的保护动作使线路断路器 1 跳闸，水电站侧的保护动作跳发电机断路器 3 和灭磁开关，不跳线路断路器 2。然后，系统侧重合闸检定线路无电压而重合，若重合成功，则水电站侧以自同步方式与系统并列，恢复正常运行。若重合不成功，则系统侧保护再次跳开线路断路器 1，水电站侧停机。

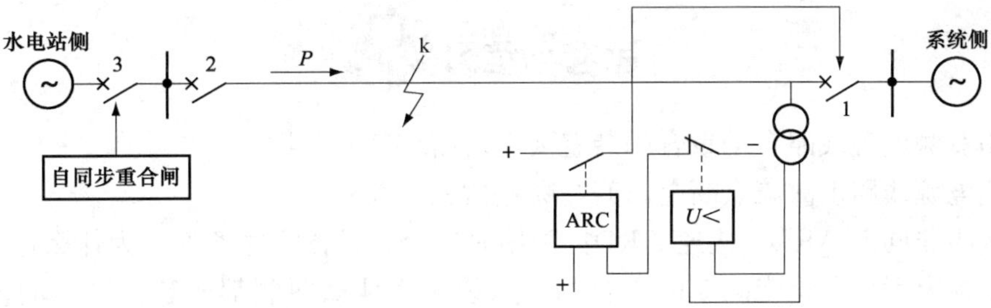

图 2-11　水电站采用自同步重合闸示意图

如果水电站有地区负荷，并且有两台以上的机组时，为了保证对地区负荷的供电，应考虑一部分机组带地区负荷与系统解列运行，另一部分机组实行自同步重合闸。

自同步重合闸装置和水轮发电机组的自启动装置一起工作。

七、双电源线路自动重合闸的选用原则

以上讨论了双电源线路上三相自动重合闸的几种工作方式。根据电网的接线方式和运行情况，对 110kV 及以下双侧电源线路的自动重合闸方式，选用原则如下：

（1）并列运行的发电厂或电力系统之间，具有四条及以上联系的线路或三条紧密联系的线路，可采用不检查同步的三相自动重合闸。

（2）并列运行的发电厂或电力系统之间具有两条联系（同杆架设双回线除外）的线路或三条联系不紧密的线路，可采用下列重合闸方式：

1）当非同步重合闸的最大冲击电流超过允许值时，可采用同步检定和无电压检定的三相重合闸。

2）当非同步重合闸的最大冲击电流不超过允许值时，可采用不检查同步的三相重合闸；当出现单回线运行的情况时，可将重合闸停用。

3）没有其他联系的并列运行双回线路，当不能采用非同步重合闸时，可采用检查另一回线路有电流的自动重合闸。

（3）双侧电源的单回线路，可采用下列重合闸方式：

1）可采用解列重合闸，即将一侧电源解列，另一侧装设线路无电压检定的重合闸；

2）当水电厂条件许可时，可采用自同步重合闸；

3）为避免非同步重合闸及两侧电源均重合于故障上，可采用一侧无电压检定，另一侧采用同步检定的重合闸。

（4）当符合下列条件且认为有必要时，可采用非同步重合闸：

1）非同步重合闸时，流过发电机、同步调相机或电力变压器的冲击电流不超过规定值。

2）在非同步重合闸所产生的振荡过程中，对重要负荷的影响较小，或者可以采取措施减小其影响（如尽量使电动机在电压恢复后能自动启动，使同步发电机失步后实现再同步等）时；重合后，电力系统可以迅速恢复同步运行时。

（5）根据电力系统运行的需要，在110kV电网某些重要的线路上，也可装设综合重合闸。对于220～500kV线路，应根据电网结构和线路的特点（如电网联系的紧密程度、电力系统稳定的要求、线路的长短及负荷的大小和重要程度等），在满足上述（1）～（3）中有关装设三相重合闸的规定时，可采用三相重合闸，否则装设综合重合闸。

思考与练习

1. 采用双侧电源线路自动重合闸装置要考虑哪些特殊问题？

2. 双侧电源线路上故障点断电时间与哪些因素有关？

3. 什么叫非同期ARD，快速ARD？采用时应分别具备哪些条件？为什么？

4. 对于检定无压和检定同期的重合闸，试说明为什么两侧都要装设同样的设备？为什么无压侧要将同期检定和无压检定同时投入？

5. 在检无压和检同期三相自动重合闸中，当处于下列情况时会出现什么问题？

（1）线路两侧检无压均投入。

（2）线路两侧仅一侧检同期投入。

（3）线路两侧均不投检无压。

6. 在检无压和检同期三相自动重合闸中，在重合闸启动时一侧电源突然消失，试分析重合闸的动作过程，并说明结果。

7. 检无压和检同期三相自动重合闸的各参数如何整定？

8. 什么是解列重合闸？应用有何条件？其优点是什么？

情境4　自动重合闸与继电保护的配合

知识目标

◇ 掌握重合闸前加速保护和后加速保护的概念。

◇ 掌握重合闸前加速保护和后加速保护的工作原理。

能力目标

◆ 能够熟练分析前加速保护和后加速保护的区别。

◆ 能熟练地对重合闸前加速保护和后加速保护动作原理进行分析。

自动重合闸与继电保护配合，可加快切除故障，提高供电可靠性，对保持系统暂态稳定有利，有时在保证供电可靠性的同时还可简化继电保护装置。自动重合闸与继电保护的配合，主要有重合闸前加速保护和重合闸后加速保护。

一、重合闸前加速保护

1. 工作原理

重合闸前加速保护一般用于单侧电源辐射形电网中，重合闸仅装在靠近线路的电源一侧。重合闸前加速就是当线路上（包括邻线及以外的线路）发生故障时，靠近电源侧的线路保护首先瞬时无选择性动作跳闸，而后借助 ARC 来纠正这种非选择性动作。当重合于故障上时，无选择性的保护自动解除，保护按各段线路原有选择性要求动作。

图 2-12 所示为重合闸前加速保护示意图。单电源供电的辐射形网络中，QF1、QF2、QF3 上均安装了按阶梯形时限特性配合整定的过电流保护，QF1 上的过电流保护动作时限 t_1 最长。为实现前加速保护，在 QF1 上还装设了能保护到线路 CD 的电流速断保护以及 ARC（ARC 含在保护装置中）。若在线路 AB、BC 或 CD 上发生故障（见图 2-12 中 k1 点），则 QF1 上的电流速断保护首先动作将 QF1 断开（ARC 动作前加速了保护），然后 ARC 动作将 QF1 合上，并同时将无选择性的电流速断保护闭锁。如果故障为瞬时性的，则重合成功，恢复供电；如故障为永久性的，则各段线路保护有选择性地动作，切除故障。也就是，k1 点故障，CD 段线路保护跳开 QF3；BC 线故障，BC 段线路保护跳开 QF2；AB 线故障，AB 段线路保护跳开 QF1。为使无选择性的电流速断保护范围不致延伸太长，动作电流要躲过变压器低压侧短路故障（见图 2-12 中 k2 点）流过 QF1 的短路电流。

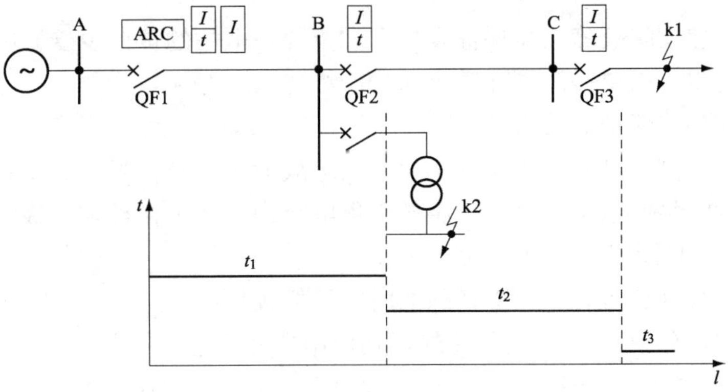

图 2-12　重合闸前加速保护示意图

如图 2-13 所示为重合闸前加速保护功能逻辑框图。图中，KAZ 为被加速的零序电流继电器，KA 是被加速的电流继电器，KTW 为断路器跳闸位置继电器（KTW＝“0”表示断路器已合上），RDY＝“1”表示重合闸已充好电，SW1 为投零序电流保护加速的控制字，SW2 为投电流保护加速的控制字，SW3 为投前加速保护的控制字。控制字为“1”，相应功能投入；控制字为“0”，相应功能退出。手动合闸且断路器已合上时，加速保护的时间为400ms，当手动合闸于故障线路时，保护加速可立即跳闸。当SW3=“1”时，实现重合闸前加速保护，重合闸动作后，RDY立即变为“0”，前加速保护自动退出（SW3=“0”时，前加速保护退出，重合闸后加速保护投入）。为防止断路器三相触头不同时接通产生零序电流引起零序电流保护加速段误动，可增加延时t_1以避免产生零序电流，可取t_1=100ms；同样，取t_2=100ms以避免合闸时线路电容充电电流的影响。

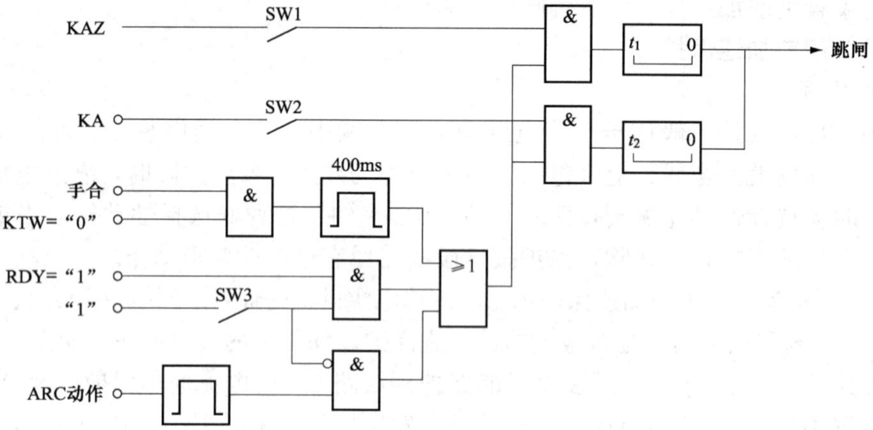

图2-13 重合闸前加速保护功能逻辑框图

2. 优缺点

采用重合闸前加速保护的优点是：

（1）能快速切除线路上的瞬时性故障；

（2）由于能快速切除瞬时性故障，故障点发展成永久性故障的可能性小，从而提高了重合闸的成功率；

（3）由于能快速切除故障，能保证发电厂和重要变电站的负荷少受影响；

（4）使用设备少，简单经济（在数字保护中该优点不存在）。

采用重合闸前加速保护的缺点是：

（1）靠近电源一侧断路器工作条件恶化，切除故障次数与合闸次数多；

（2）当ARC拒动或QF1拒合时，将扩大停电范围，甚至在最末一级线路上的故障，也能造成除A母线用户外其他所有用户的停电；

（3）重合于永久性故障时，故障切除的时间可能较长；

（4）在重合闸过程中除A母线负荷外，其他用户都要暂时停电。

重合闸前加速保护主要用于35kV以下、由发电厂或重要变电站引出的不太重要的直配线上。

二、重合闸后加速保护

1. 工作原理

如图2-14所示为重合闸后加速保护的示意图。当采用自动重合闸后加速保护的配合方式时，在线路各段上都装设了有选择性的保护和自动重合闸。当线路上发生故障时，各段线路保护首先按有选择性的方式动作跳闸。当ARC动作重合于永久性故障上时，则利用重合闸的动作信号启动加速该线路的保护，瞬时切除故障。这与第一次切除故障是否带有时限无关。

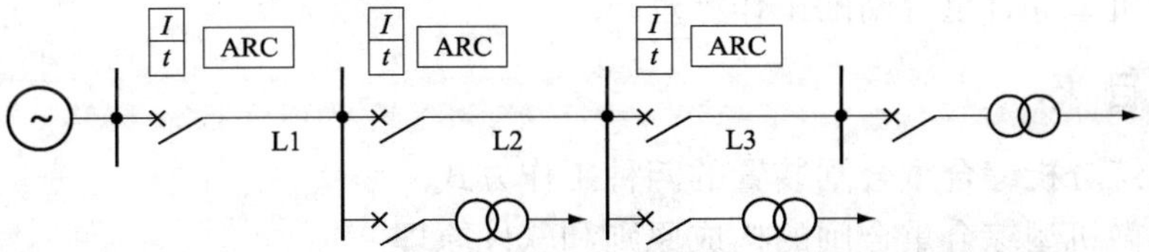

图 2-14　重合闸后加速保护示意图

被加速的保护对线路末端故障应有足够的灵敏度，加速保护实际是把带延时的保护动作时限变为 0s，Ⅱ段或Ⅲ段保护都可被加速。这样对全线的永久性短路故障，ARC 动作后均可快速切除。被加速的保护动作值不变，只是动作时限缩短了。加速的保护可以是电流保护的第Ⅱ段、零序电流保护第Ⅱ段（或第Ⅲ段）、接地距离第Ⅱ段（或第Ⅲ段）、相间距离第Ⅱ段（或第Ⅲ段），或者在数字式保护中加速定值单独整定的零序电流加速段、电流加速段。

为了适应高压电网加速保护的要求，在手动合闸时，应利用手动合闸的信号加速相关保护，以便手动合闸于故障线路时加速切除故障。

当图 2-13 中的 SW3 置“0”时，重合闸后加速保护就投入了（加速的保护如上所述），ARC 一动作，就将被加速的保护投入。

2. 优缺点

采用重合闸后加速保护的优点是：

（1）故障首次切除保证了选择性，不会扩大停电范围，这在高压电网中显得特别重要；

（2）重合于永久性故障线路时，仍能快速、有选择性地将故障切除；

（3）应用不受网络结构和负荷条件的限制。

采用重合闸后加速保护的缺点是：

（1）首次故障的切除可能带有时限；但对装有纵联保护的线路上发生的故障，两侧保护均可瞬时动作跳闸，并不存在这一问题；

（2）每条线路的断路器上都应设 ARC，与前加速保护相比就较复杂一些（对数字式保护来说并不增加多大的复杂性）。

自动重合闸后加速保护广泛用于 35kV 以上的电力系统中。

思考与练习

1. 什么是重合闸前加速？有何优缺点？
2. 什么是重合闸后加速？有何优缺点？
3. 请分别说明重合闸前加速和后加速的应用范围。
4. 试说明加快切除短路故障为何能提高系统的暂态稳定性。

情境 5　微机型综合自动重合闸

知识目标

◇ 掌握综合重合闸的工作流程图。

◇ 掌握微机型综合重合闸的工作原理。

能 力 目 标

◆ 能够熟练分析综合重合闸装置的四种工作方式。

◆ 能分析微机型综合重合闸的构成原则和软件原理。

前面所介绍的自动重合闸都是三相的，即不论输电线路发生单相接地还是相间短路，继电保护动作都使断路器三相一起断开，自动重合闸装置再将三相断路器一起合闸。

但是，根据运行经验，在110kV以上的大接地电流系统的高压架空线上，有70%以上的短路故障是单相接地短路。特别是220kV及以上电压等级的架空线路，由于线间距离大，发生相间故障的机会减少，而单相接地故障的几率较多，高达90%。而且，在高压输电线路的故障中，绝大部分故障都是瞬时性单相接地故障。因此，若线路上装设有可分相操作的三个单相断路器，当发生单相接地故障时，只断开故障相断路器，然后进行重合闸，让未发生故障的两相持续运行。这样，不仅可以大大提高供电的可靠性和系统并列运行的稳定性，还可以减少转换性故障的发生，这种方式的重合闸就是单相自动重合闸。

在设计输电线路重合闸装置时，应将单相重合闸和三相重合闸综合在一起考虑，即当发生单相接地故障时，采用单相重合闸方式；当发生相间短路时，采用三相重合闸方式。综合这两种重合方式的装置称为综合重合闸装置，其广泛应用于220kV及以上电压等级的大接地电流系统中。综合重合闸装置的工作流程框图如图2-15所示。

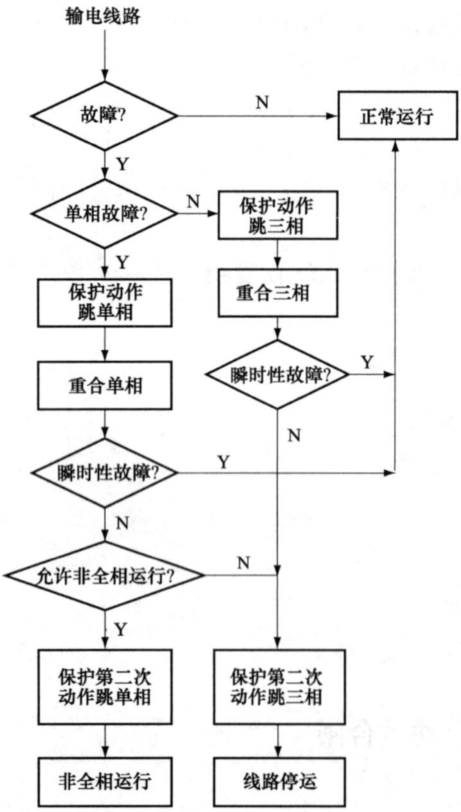

图2-15 综合重合闸装置工作流程框图

综合重合闸装置利用切换开关的切换，一般可以实现以下四种重合闸方式。

（1）单相重合闸方式。线路上发生单相故障时，只跳故障相，然后进行单相重合；当重合到永久性单相故障，系统又不允许长期非全相运行时，保护再次动作跳开三相并不再进行重合。当线路发生相间故障时，保护动作跳开三相后不进行自动重合。

（2）三相重合闸方式。线路上发生任何形式故障时，均实行三相自动重合闸；当重合到永久性故障时，断开三相并不再进行重合。

（3）综合重合闸方式。线路上发生单相接地故障时，只跳开故障相，实行单相自动重合闸；当重合到永久性单相故障时，若不允许长期非全相运行，则应断开三相并不再进行自动重合。当线路上发生相间短路故障时，跳开三相断路器，实行三相自动重合闸；当重合到永久性相间故障时，断开三相并不再进行自动重合。

（4）停用方式。线路上发生任何形式的故障时，保护动作均跳开三相不进行重合，此方式也称为直跳方式。

由于使用综合重合闸方式时，线路会出现非全相运行的情况，因此会带来相应的问题，所以并非所有的超高压线路都采用综合重合闸方式。一般选用简单的三相重合闸方式能满足电力系统实际需要的，应优先使用三相重合闸方式。在220kV及以上电压的单回联络线，两侧电源之间相互联系薄弱的线路，或当电网发生单相接地故障时使用三相重合闸不能保证系统稳定的线路，通常采用单相重合闸或综合重合闸方式。当系统允许使用三相重合闸、但使用单相重合闸对系统或恢复供电有较好效果时，可采用综合重合闸方式。微机保护的重合闸方式的选用是根据系统调度的命令执行的，重合闸可以采用以上四种方式中任何一种。

一、微机型综合重合闸装置工作原理

（一）一次重合闸的实现及微机模拟方法

常规的重合闸为了防止两次重合，都用一个电容器构成一次合闸脉冲元件。电容器有15s左右的充电时间，对于微机型重合闸装置并没有设置这样的充电电容器，但可以用软件计数器模拟这种一次合闸脉冲元件。在采样中断服务程序里每中断一次，计数器加1，以此模拟充电延时。为方便起见，程序流程图仍用“充电”和“放电”来描述这个“计数器”的计数和清零，用综合插件面板的LED指示预充电是否已满。如果未充满电的情况下线路发生相间故障，综合重合闸装置做“放电”处理，就不再重合；如果此时线路发生单相故障，为防止单跳后长期非全相运行，综合重合闸装置也做“放电”处理，并且发出“三跳”令。重合闸在重合一次后迅速“放电”，如果重合至永久性故障线路保护再次跳闸时，因来不及“充满”电而不能进行第二次重合。

（二）综合重合闸需要考虑的特殊问题

综合重合闸与一般的三相重合闸相比，只是多了一个单相重合闸性能。因此，综合重合闸需要考虑的特殊问题是由单相重合闸方式引起的，主要有以下几个方面。

1. 需要设置故障类型判别元件

当采用阻抗选相元件时，若线路发生两相相间短路，选相元件可能不正确动作，而此时系统的特点是不存在零序分量。因此，当保护动作而系统又无零序分量时应实现三相跳闸。所以需装设判断是接地故障还是相间故障的故障类型判别元件。

在我国，故障类型判别元件一般由零序电压继电器或零序电流继电器构成。当线路发生相间故障时，零序电流、电压继电器不动，由保护动作（可不经选相元件）直接跳三相断路器；当发生接地故障时，零序电流、电压继电器动作，保护经选相元件判断是单相接地还是两相接地后，再决定跳单相还是三相断路器。继电保护、故障选相元件以及故障判别元件配合工作的原理框图如图2-16所示。

2. 需要设置故障选相元件

在单相重合闸中，要求当线路发生单相接地短路时，保护动作只跳开故障相断路器。但一般的继电保护只能判断故障是发生在保护区内还是保护区外，不能判断故障的相别。因此，为了实现单相重合闸，应设有选择故障相的元件，即选相元件。对选相元件的基本要求是，首先应保证选择性，即选相元件与继电保护相配合只跳开发生故障的那一相，而接于另外两相的选相元件不应动作；其次，当故障相线路末端发生单相接地短路时，接于该相上的选相元件应保证足够的灵敏度。

根据电网接线和运行的特点，常用的选相元件有以下几种：

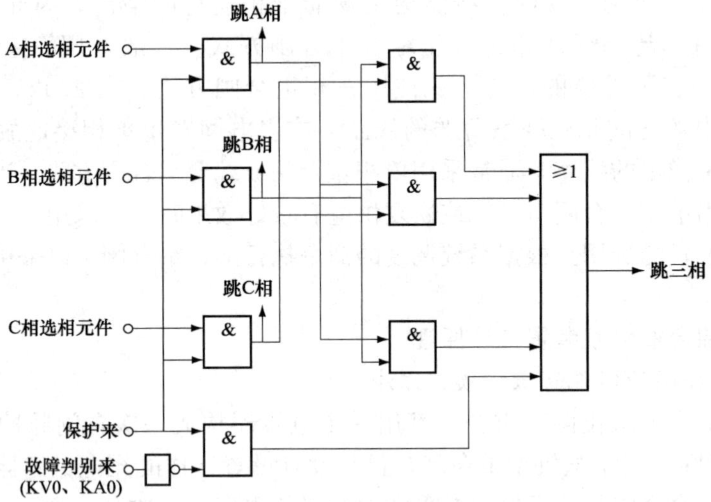

图 2-16 继电保护、故障选相元件以及故障判别元件配合工作的原理框图

（1）相电流选相元件。传统的综合重合闸装置，在每相上各装设一个过电流继电器，当线路发生接地短路时，故障相电流增大，使该相上的过电流继电器动作，从而构成相电流选相元件。这种选相元件适于装在线路的电源端，其动作电流按躲过最大负荷电流整定，对于线路末端短路电流不大的中长线路则不能采用。由于相电流选相元件受系统运行方式的影响较大，故一般不作为独立的选相元件，仅作为消除阻抗选相元件出口短路死区的辅助选相元件。微机型综合重合闸装置由采集三相电流来监视实现。

（2）相电压选相元件。传统的综合重合闸装置，在每相上各装设一个低电压继电器，利用故障时故障相电压降低来构成选相元件。其动作电压按小于正常运行及非全相运行时可能出现的最低电压来整定，适于装设在小电源或单侧电源线路的受电侧。由于低电压选相元件在长期运行中触点易抖动，可靠性较差，因而不能单独作为选相元件使用，而只作为辅助选相元件。微机型装置由采集三相电压来监视实现。

（3）阻抗选相元件。阻抗选相元件采用带零序电流补偿的接线，即三个低阻抗继电器接入的电压、电流分别为 $\dot{U}_A$、$\dot{I}_A+K3\dot{I}_0$，$\dot{U}_B$、$\dot{I}_B+K3\dot{I}_0$，$\dot{U}_C$、$\dot{I}_C+K3\dot{I}_0$。其中，$\dot{U}_A$、$\dot{U}_B$、$\dot{U}_C$为保护安装处母线的相电压；$\dot{I}_A$、$\dot{I}_B$、$\dot{I}_C$为被保护线路由母线流向线路的相电流；$3\dot{I}_0$为相应的零序电流。

零序电流补偿系数的计算式为

$$K=\frac{Z_0-Z_1}{3Z_1}$$

式中 Z_0——零序阻抗；

Z_1——正序阻抗。

阻抗继电器的测量阻抗与短路点到保护安装处之间的正序阻抗成正比，正确地反映了故障点的距离。因而，阻抗选相元件较以上两种选相元件更灵敏、更有选择性，在复杂电网中得到了广泛的应用。

（4）相电流差突变量选相元件。相电流差突变量选相元件是根据两相电流之差构成的三

个选相元件，其动作情况满足一定的逻辑关系。三个继电器所反应的电流分别为

$$\begin{cases} \mathrm{d}\dot{I}_{AB} = \mathrm{d}(\dot{I}_A - \dot{I}_B) \\ \mathrm{d}\dot{I}_{BC} = \mathrm{d}(\dot{I}_B - \dot{I}_C) \\ \mathrm{d}\dot{I}_{CA} = \mathrm{d}(\dot{I}_C - \dot{I}_A) \end{cases} \tag{2-4}$$

由式（2-4）可以看出，发生单相接地短路时，只有两非故障相电流之差不突变，该选相元件不动作。而在其他短路故障下，三个选相元件都动作，其动作情况见表2-2。因此，当三个选相元件都动作时，表明发生了多相故障，其动作后跳开三相断路器；两个选相元件动作时，表示发生了单相接地短路。采用图2-17所示的逻辑框图，即可选出故障相。

在微机综合重合闸装置中，常兼用相电流差突变量选相和阻抗选相两种方式，互相取长补短。阻抗选相元件一般不会误动，但在单相经大电阻接地时可能拒动；而相电流差突变量选相元件灵敏度高，不会在大过渡电阻时拒动，但它仅在故障刚发生时能可靠动作，在单相重合闸过程中可能由于连锁切机切负荷或其他操作而误动作。因此，在刚启动时采用相电流差突变量原理选相，选出故障相后相电流差突变量选相元件退出工作，以后若故障发展成相间故障则依赖阻抗元件选相。现在的微机保护装置一般都有独立的选相功能，因此综合重合闸有时也可不单独设置选相元件。

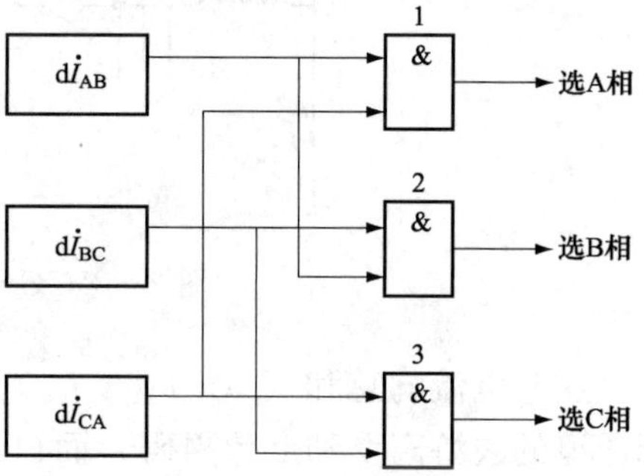

图2-17　用相电流差突变量参量组成选相元件的逻辑框图

表2-2　各种类型故障下相电流差突变量选相元件动作情况

故障类型	故障相别	选相元件		
		$\mathrm{d}\dot{I}_{AB}$	$\mathrm{d}\dot{I}_{BC}$	$\mathrm{d}\dot{I}_{CA}$
单相接地	A	+	−	+
	B	+	+	−
	C	−	+	+
两相短路或两相接地短路	AB	+	+	+
	BC	+	+	+
	CA	+	+	+
三相短路	ABC	+	+	+

注　“+”表示选相元件动作；“−”表示选相元件不动作。

3. 应考虑潜供电流对单相重合闸的影响

当发生单相接地故障时，保护将故障相两侧断路器跳开后，由于非故障相与断开相之间存在静电（通过电容）和电磁（通过互感）的联系，如图2-18所示，C相单相接地时虽然短路电流已被切断，但在故障点的弧光通道中，仍然流有如下电流：

（1）非故障相A通过A、C间的电容C_{AC}供给的电流i_{CA}；

（2）非故障相B通过B、C间的电容C_{BC}供给的电流i_{CB}；

（3）继续运行的两相中，由于流过负荷电流$\dot{I}_{LA}$和$\dot{I}_{LB}$而在C相中产生互感电动势$\dot{E}_M$，此电动势通过故障点和该相对地电容C_0而产生的电流i_M。

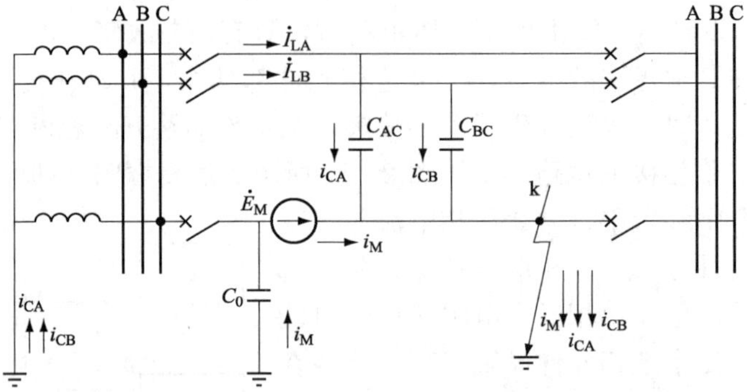

图2-18 C相单相接地时，潜供电流的示意图

这些电流的总和（$i_M+i_{CA}+i_{CB}$）称为潜供电流。由于潜供电流的影响，将使短路点弧光通道的去游离受到严重阻碍，而自动重合闸只有在故障点电弧熄灭且绝缘强度恢复以后才有可能重合成功，因此，单相重合闸的时间还必须考虑潜供电流的影响。潜供电流的持续时间与很多因素有关，通常由实测来确定熄弧时间，以便正确地整定单相重合闸的时间。

4. 应考虑非全相运行对继电保护及其他方面的影响

在单相重合闸的过程中，线路处于非全相运行的状态，此时会出现负序和零序分量的电流和电压，使继电保护的性能变坏，因而需要对保护采取必要的措施。

（1）零序电流保护。长线路处于非全相运行时，线路的$3\dot{I}_0$可达正常负荷电流的40%，因此，凡整定值躲不开该值的零序电流保护需退出工作，当线路转入全相运行后，应适当延时才能投入工作。在非全相运行期间，还应将本线路的零序Ⅲ段保护缩短一个时间差，以防止本线路ARC不正常时造成相邻线路零序电流保护误动作。

（2）距离保护。非全相运行期间，当系统有摇摆时，相间距离保护存在误动作的可能。对于接地距离保护，当使用线路电压互感器时，也存在误动的可能，故实际运行的距离保护在非全相运行时均被闭锁退出工作。

（3）方向纵联保护。输电线路方向纵联保护中，其方向元件通常有零序方向元件、阻抗方向元件、突变量方向元件（工频变化量方向元件、正序突变量方向元件、相间电压突变量和相电流差突变量构成的方向元件等）。

线路转入非全相运行，当采用母线侧TV时，线路两侧的零序方向元件处动作状态，相当于非故障相上又发生了短路故障；当采用线路侧TV时，虽然两侧的零序方向元件不可能同时动作，但当非故障相上发生接地故障时，并不能保证线路两侧的零序方向元件一定动作，即在这种情况下零序方向纵联保护有发生拒动的可能。基于上述原因，在非全相运行期间，零序方向纵联保护退出工作。

在非全相运行期间，非故障相上的Ⅱ段距离（接地、相间）保护得到了加速。因此，在非全相运行期间，距离方向纵联保护没有投入的必要，同样是退出工作。

线路转入非全相运行，即使系统发生振荡，非故障相上的工频变化量方向元件、非故障相上的相间电压突变量和相电流差突变量构成的方向元件不会误动作；同时非故障相上发生短路故障时，能正确判断故障方向。因此，非故障相上的工频变化量方向纵联保护、非故障相上的故障分量方向纵联保护在非全相运行期间是投入工作的。

（4）分相电流纵差动保护。无论是光纤分相电流纵差动保护，还是微波分相电流纵差动保护，在原理上是不受非全相运行及系统振荡的影响的。因此，非全相运行期间分相电流纵差动保护是投入工作的。

5. 长期非全相运行时应考虑的问题

根据系统运行的需要，在单相重合闸不成功后，线路需转入长期非全相运行时，应考虑下列问题：

（1）长期出现负序电流将引起发电机的附加发热；

（2）长期出现负序和零序电流，对电网继电保护的影响；

（3）长期出现零序电流对通信线路的干扰。

（三）综合重合闸构成的原则及要求

综合自动重合闸构成除需要满足一般三相一次重合闸的原则要求外，还需要满足以下几项原则要求。

1. 综合重合闸的启动方式

综合重合闸一般有两种启动方式，即由保护启动和由断路器位置不对应启动。微机保护装置内的各保护是直接去驱动操作三跳和单跳继电器出口动作的，因此微机保护装置的综合重合闸启动是利用各 CPU 启动开出的电源，依靠三跳固定继电器和单跳固定继电器的触点闭合经光电隔离后，接入综合的三跳和单跳启动重合闸的开入端，装置内部自己构成保护启动重合闸回路。为了保证重合闸动作的正确性，还设置有断路器三跳和单跳位置开入端，这是断路器位置不对应方式启动。采用断路器位置不对应的启动方式，还可以在单相轻载偷跳时完成重合闸功能。所谓单相轻载偷跳是指选相为单相故障，而故障相又无电流，显然这是空载时误碰或其他原因使单相断路器误跳闸，这时可以在收到断路器位置不对应开入信号后启动重合闸。

综合重合闸启动时，无论是单跳、三跳保护启动，还是断路器位置不对应方式启动，都要对单跳、三跳或断路器位置不对应确认后方能启动重合闸。确认的方法是经过一个计数器，循环计数累计 20 次才被确认，其本质仍然是延时确认。

2. 三相重合闸的同期方式

在三相重合闸循环计数确认过程中，设置同期检定，在不满足同期条件时“放电”，即清零计数器，重合闸就不会被启动。同期方式可通过控制字选择，有以下几种方式：

（1）非同期重合。不检查同期，也不检查电压。

（2）检同期。要求线路侧必须有电压且母线与线路电压之差小于同期电压整定值。

（3）检无压。线路电压低于无电压整定值或线路有电压且与母线电压同期，后者是为了检无压侧断路器偷跳时能进行重合闸。

3. 应具有分相跳闸回路

单相故障时，通过该回路保护动作信号经选相元件切除故障相断路器；相间故障时，则分相跳闸回路可以作为三相跳闸回路的后备。

4. 应有分相后加速回路

在非全相运行过程中，因一部分保护被闭锁，故有的保护性能变差。为能尽快切除永久性故障，应设置分相后加速，将非全相运行中被闭锁的保护重新投入。实现分相后加速，主要的问题之一是如何正确判断线路是否恢复了全相运行。一般采用分相固定的方式，对故障相用整定值躲开空载线路电容电流的相电流元件，区别有无故障和是否恢复全相运行。

另外，分相后加速应有适当的延时，以躲过由非全相转入全相运行的暂态过程，并保证非全相运行中误动保护来得及返回，也有利于躲开三相重合闸时断路器三相不同时合闸所产生的暂态电流的影响。

在微机型线路成套保护装置中，相关保护在接到重合闸动作信号后，自动执行后加速程序。

5. 应具有故障判别及三相跳闸回路

重合闸除应具有故障判别回路，以判别接地与相间故障外，还应具有相间故障时相对独立的三相跳闸回路。下列情况下，均应接通三相跳闸回路，即跳开三相断路器：①发生转换性故障，非全相运行中健全相又发生故障；②单相接地时选相元件或分相跳闸元件拒动；③不使用重合闸、手动合闸于故障线路；④操作断路器的液（气）压降到不允许重合闸的压力时。

在分相跳闸以外增设三相跳闸回路，发生多相故障时可使两者互为备用，以提高可靠性。

6. 应具有适应不同性能保护的接入回路

在综合重合闸中，除应具有选相能力的保护（如相电流速断）外，其他各种保护皆应经过综合重合闸才能使断路器跳闸。不同性能的保护可分别从 N、M、P、Q、R 五个端子引入。

（1）N 端子：接本线路非全相运行时不会误动作的保护。

（2）M 端子：接本线路非全相运行时会误动，而相邻线路非全相运行时不会误动的保护。

（3）P 端子：接相邻线路非全相运行时会误动作的保护。

（4）Q 端子：接三相跳闸并允许进行一次重合闸的保护。

（5）R 端子：接动作后直接跳三相断路器且不进行重合闸的保护。

7. 应适应断路器性能的要求

高压断路器动作循环，从设计、制造及试验各环节都是按“跳经 0.3s 合、跳经 180s 合、跳”的循环考虑的。在线路故障中，如果断路器跳闸与重合闸的动作循环间隔时间缩短，必将影响断路器的断流容量，甚至可能损坏断路器。如果线路第一次发生单相故障，故障相跳闸后转入非全相运行，在给该故障相断路器发出合闸脉冲前，非故障相又发生故障，有可能使第二次发生故障的那相断路器刚一跳闸，没有适当间隔时间就立即合闸，除了导致重合不成功外，严重的是高压断路器出现“跳经 0s 合、跳”的特殊动作循环，甚至断路器在接到跳闸命令的同时又接到合闸命令。这种现象可能造成有些高压少油断路器断流容量大大降低，而使有些空气断路器出现既合不上又跳不开的现象。考虑到非全相运行期间非故障相发生故障的可能性是存在的（概率约为 1%），为防止上述情况的发生，综合重合闸的动作时间应从最后一次切除故障开始计时。

此外，对空气断路器或液压传动断路器，当气压或液压降低到不允许重合断路器的程度时，则应闭锁重合闸。在重合闸过程中，如果气压或液压降低到允许值以下，则应能保证重合闸动作的完成。

8. 应有相关回路能输出保护和安全自动装置的信号

（略）

9. 其他问题

(1) 除了为实现分相后加速而设置的分相识别相电流元件外，还需设置可作辅助电流保护（相电流速断）或辅助选相的相电流元件。

(2) 对应阻抗选相方式，应有选相元件的独立工作回路。若经计算，选相元件在非全相运行期间不误动作时，可使其独立工作，承担健全相再发生故障时的基本保护。

(3) 也应配备无压检定和同步检定回路，以实现无压检定和同步检定的三相重合闸方式。

二、微机型综合重合闸装置的硬件和软件

综合重合闸经历了由传统的整流型、晶体管型、集成电路型到先进的微机型的发展过程。传统综合重合闸装置的元件和接线都比较复杂，试验工作量大，调试和维护都非常不便。而微机保护与原有的继电保护的主要区别在于：原有保护是使输入的电流、电压信号（模拟量）直接进行比较和运算处理，使模拟量与装置中给定的机械量或电气量（如门槛电压）进行比较，而微机保护则由于计算机只能做数字运算或逻辑运算。因而，首先要求将以模拟量输入的电流、电压瞬时值变换为离散的数字量后再送至 CPU，按规定的算法和程序进行运算，且将运算结果随时与给定的数字量进行比较，最后做出是否跳闸的判断。

由于计算机技术本身的优势，微机型保护装置具有以下突出的特点：

(1) 利用计算机良好的记忆存储能力，可以方便地获取故障分量，并保持较长时间且有着较高的准确性。而在模拟式保护装置中，其记忆功能主要是靠电感、电容元件的“惯性”来实现存储，而这些“惯性存储”是随时间衰减的。

(2) 利用计算机强大的运算能力，可将自动控制理论方面的一些成果引入继电保护，如自适应控制、随机控制以及模糊控制等。应用这些理论，可使继电保护的动作特性得到根本上的改进，可按系统运行状态自动改变整定值和特性，这在模拟式保护中是难以办到的。

(3) 有可存取的存储器，并且装置本身有自检能力。

微机型综合重合闸装置通常是线路成套微机保护的一个组成部分，它与各种线路保护配合完成各种事故处理，因其具有显著优点得到了广泛应用。

(一) 微机型综合重合闸装置的硬件说明

微机型综合重合闸装置作为线路成套微机保护的组成部分，采用了通用的硬件构成，只要改变程序就可得到不同的原理和特性，因而可以很灵活地适应电力系统情况的变化。现以 WXH-11 型微机线路保护装置为例进行简要说明。

1. 应用范围

适用于 110～500kV 各级高压、超高压输电系统，作为线路的成套保护。

2. 主要特点

(1) 采用多个 8031 单片机并行工作的方式。

(2) 四个 CPU 插件中任一个损坏不影响其他三种保护正常工作，防止了一般性的硬件损坏而闭锁整套保护。

(3) 装置采用了电压—频率变换原理（VFC）构成模数变换器，它具有工作稳定、抗干扰能力强等特点。

(4) 采用高频、距离、零序电流三种保护的启动继电器三取二方式，至少有两种保护插件的启动元件动作才开放跳闸出口回路，有效地防止了硬件损坏造成的保护装置误动作。

(5) 采用先进可靠的表面贴装和多层印制板技术。

3. 主要功能

WXH-11配置了四个硬件完全相同的保护（CPU）插件，分别完成高频保护、距离保护、零序电流保护以及综合重合闸等功能。另外还配置了一块接口插件（MONITOR），完成对各保护（CPU）插件的巡检、人机对话及与系统微机联机等功能。全装置共有15个插件，其连接图如图2-19所示。综合重合闸模块包括重合闸和外部保护选相跳闸部分，经光电隔离可实现综合重合闸、单相重合闸、三相重合闸或停用重合闸方式的选择。外部保护选相跳闸有N、M、P三种端子。

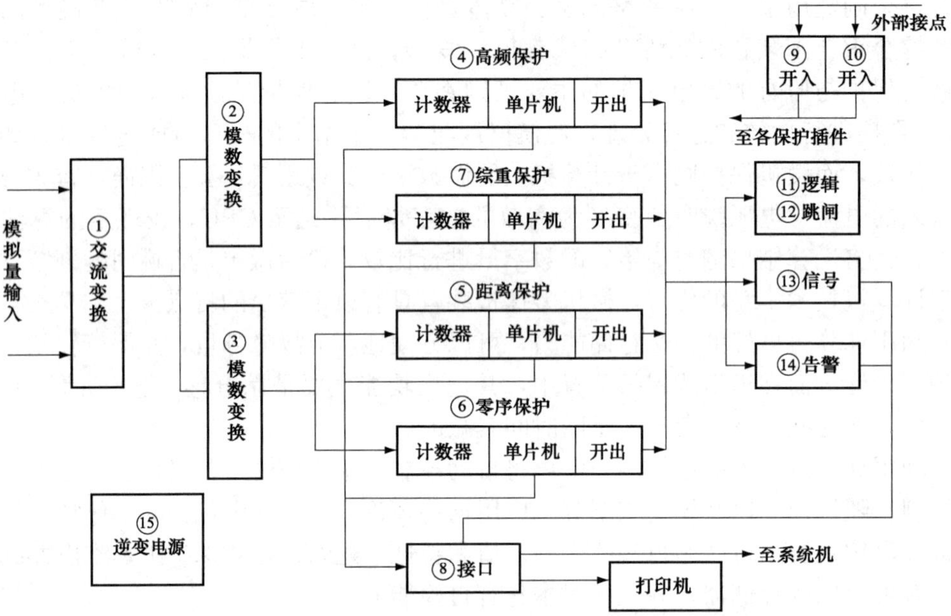

图2-19 WXH-11中综合重合闸与插件之间的连接图

（二）综合重合闸的定值清单及控制字

表2-3中第10项是在采用检同期方式时使用的。在检同期时，要求线路侧必须有电压且和母线电压之差小于该项定值。第11项是在采用检无压方式时使用的，此时要求线路电压低于该项定值。

表2-3 综合重合闸的定值清单及控制字

序号	名称	说明
1	IBL	电流比例系数
2	VBL	电压比例系数
3	KG	控制字
4	IQD	相电流差突变量启动元件电流整定值
5	IWI	无电流判别元件定值
6	KX	电抗补偿系数
7	KR	电阻补偿系数
8	RDZ	阻抗元件电阻分量定值
9	XDZ	阻抗元件电抗分量定值
10	VDQ	检同期差电压定值

续表

序号	名称	说明
11	VL	检无电压定值
12	TL3	三相重合闸长时间定值
13	TS3	三相重合闸短时间定值
14	TL1	单相重合闸长时间定值
15	TS1	单相重合闸短时间定值

综合重合闸的控制字各位含义见表2-4。

表2-4 综合重合闸的控制字各位含义

位	作用（置“1”有效）
15	投入电流求和自检功能
14	投入不重合发三跳令功能（充电不满接通三跳）
13	三重方式时三相短路不重合
12	三重方式时相间短路不重合
11	置“1”时取母线的线电压检同期，否则取相电压检同期
10	同期电压取 U_C 或 U_{CA}
9	同期电压取 U_B 或 U_{BC}
8	同期电压取 U_A 或 U_{AB}
7	置“1”投入同期或无压鉴定；置“0”非同期重合
6	置“1”检同期；置“0”检无压
5	备用
4	投入N点保护
3	投入M点保护
2	投入P点保护
1	电流采样值显示小数点后取2位
0	启动后自动提供采样值报告

（三）综合重合闸的软件概述

综合重合闸程序与其他保护一样，分为主程序（初始化和自检）、采样中断服务程序、故障处理程序三部分。在主程序中只有初始化和自检循环程序，而无专用自检程序，因为它既不需要静稳定条件下破坏检测元件，也没有设TV断线、零序辅助启动元件等，当然就没有必要设置专门自检这些元件运行状态的程序。故障处理程序中仅有的阻抗选相元件，用于其他不能独立选相的保护经本装置综合重选相跳闸。故障初始重合闸启动由相电流突变量选相元件在采样中断服务程序中完成。综合重合闸的程序最主要部分就是采样中断服务程序，这部分程序中以检查重合闸的重合条件为主。

1. 采样中断服务程序的原理说明

综合重合闸采样中断服务程序流程框图如图2-20所示，主要检测重合闸的四个重合条件。

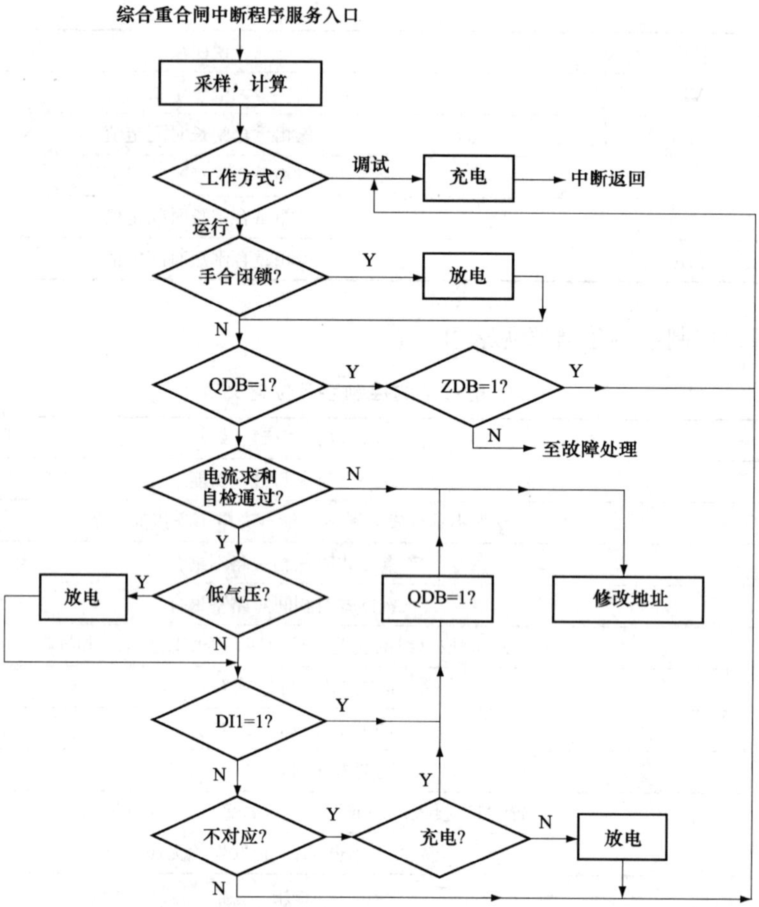

图 2-20　综合重合闸装置采样中断服务程序流程框图

(1) 常规运行检测。在进入采样中断服务程序后即进行采样计算，接着就进行常规运行检测。常规运行检测包括调试或运行、综合重合闸运行或停用、“充电”准备好三个方面的检测。

(2) 电流求和自检。程序中采用的是标志位控制程序流程，QDB=1 和 ZDB=1 为初始状态时标志位，用以暂时退出突变量启动元件，求和自检及启动重合闸各流程，以防止在采样存储不足的采样值前出现不希望的动作。在采样存储了足够的采样值后，主程序中 QDB=0、ZDB=0 开始正常运行，并投入电流求和自检、低气压闭锁重合闸及空变量启动元件 DI1。QDB=1、ZDB=0 是启动重合闸状态。

(3) 断路器低气压检测。在手合或闭锁重合开入量输入及检测到低气压时，经延时确认后“放电”，禁止重合。电流求和自检在重合闸启动程序之前，如果电流求和自检出错，则重合闸启动的程序流程被旁路，重合闸就不可能启动。

(4) 相电流差突变量元件动作，断路器位置不对应开入的检测。在相电流差突变量元件动作或断路器不对应开入时，均置标志位 QDB=1，重合闸闭锁解除，重合启动。如果断路器在轻载时（电流小于无流定值）偷跳，相电流差突变量元件是不可能启动的，这时可以在收到断路器位置不对应开入信号后启动重合闸。为防止重合闸启动不成功，在断路器位置不对应开入信号长期存在时可能多次启动重合闸，要求只能在充电计数器“充电满”条件下投入。

2. 故障处理程序原理说明

综合重合闸装置软件的故障处理程序主要分为三个部分，即三跳重合闸、单跳重合闸和不对应启动重合闸，其程序流程框图如图 2-21 所示。

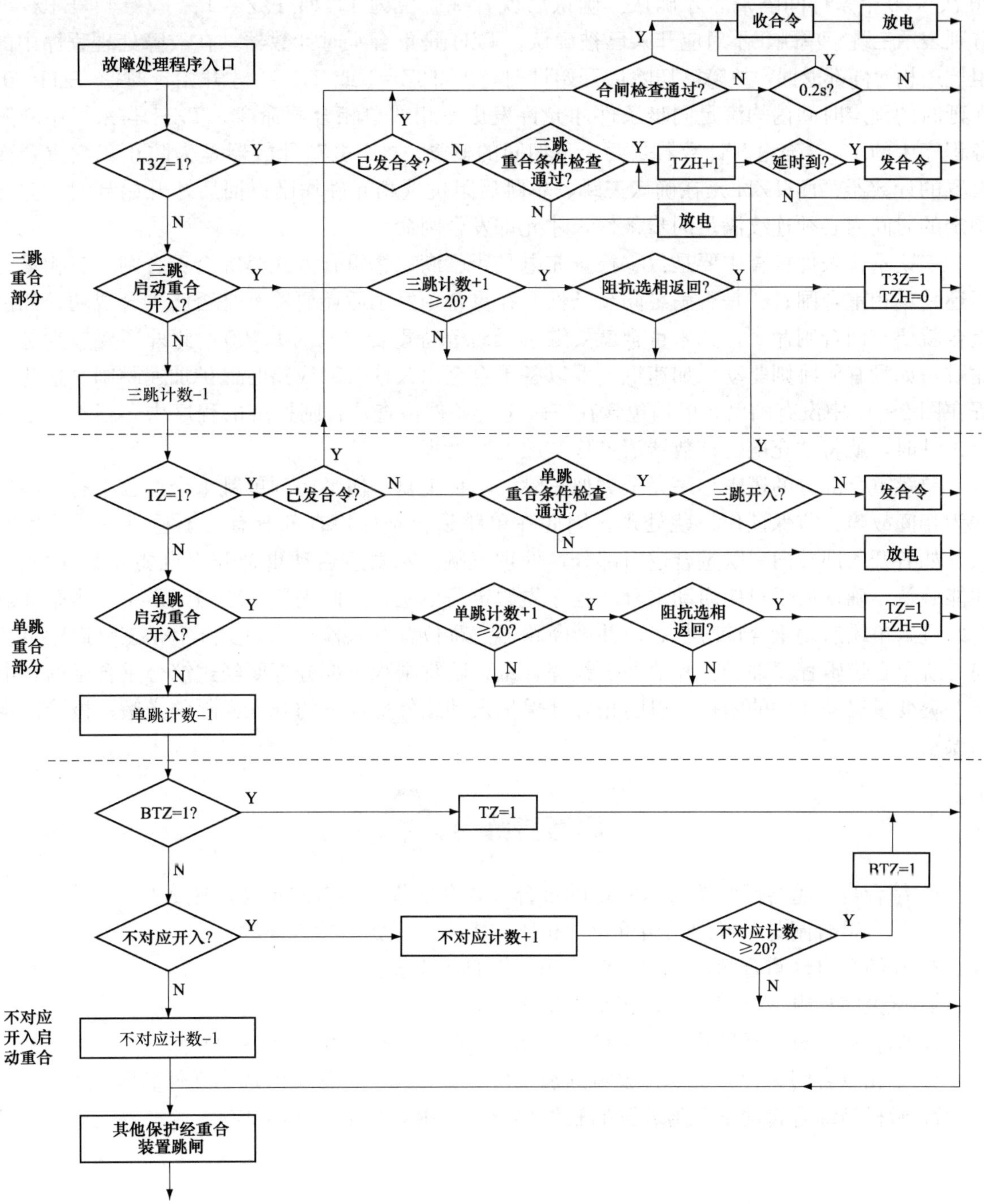

图 2-21　综合重合闸软件的故障处理流程框图

程序流程次序是三跳重合在先，单跳重合在后，以便在发展性故障过程中发单重命令前如出现保护三跳时，可以立即停止单重计时，并在三跳完成后重新按三重要求计时。

在故障处理程序中，有四个计数器，即三跳计数器、单跳计数器、不对应开入计数器及重合延时计数器。前三个是为确认三跳或单跳及不对应开入而设置的延时计数器，在累计20次（20个采样间隔）后才确认。确认后就置标志位为1，如T3Z=1、TZ=1、BTZ=1分别表示三跳、单跳、不对应开入已被确认。TZH是重合延时计数器，在故障处理程序中的阻抗选相元件都返回，故障已切除后开始计时，即T3Z=1或TZ=1才开始计时使TZH=0。在延时的预定时间内均满足同步条件才允许发出三相或单相合闸命令。TZH与采样中断服务程序中的15s“充电”计数器是两个不相同的概念。“充电”计数器是为防止二次重合而设置的计数器；而TZH是在确认三跳、单跳后阻抗选相元件均已返回后才开始计时，并在预定的时间内必须连续满足同步条件，才允许发合闸命令。

三跳重合条件检查主要是：①检查充电是否已满；②重合方式是综合重合闸、三相重合闸还是单相重合闸；③是否满足同步条件。在重合令发出后还要检查是否已重合成功，如已重合就要收回合闸命令，如未重合就要继续延时等待重合（延时0.2s）；此外还要检查是否偷跳，如没有偷跳则驱动后加速继电器以备重合至永久性故障线路时保护加速跳闸。这些过程在图2-21中没有画出，但均包含在三跳重合条件检查及合闸检查的程序中。当不满足重合条件时，就将“充电”计数器清零作“放电”处理。

单跳重合部分的逻辑程序完全类似三跳，不再重复。但考虑到单跳重合过程中有可能发展为相间故障，应保证作三跳处理，因此在单跳重合条件检查部分有必要检查三跳位置开入，如有开入即转向三跳重合逻辑部分，处理三跳。不对应启动重合开入也要经20次累计才能确认，确认后不对应启动重合。程序先假定是单跳，因此先置TZ=1，从下一个采样点开始进入单跳启动重合计时状态，并由断路器三跳位置开入检查，如实际上是三跳启动再转向三跳重合逻辑程序部分。其他保护经综合重合闸跳闸程序部分都要经过综合重合闸的相电流差突变量启动元件的闭锁，以防止外部保护误动或外部保护的开入光隔的光敏三极管击穿而误动。

思考与练习

1. 综合自动重合闸装置可以实现的重合方式有哪些，各自的定义是什么？
2. 综合重合闸与一般的三相重合闸相比，需多考虑哪些特殊问题？
3. 在综合自动重合闸装置中，对选相元件有何要求？
4. 试说明相电流差突变量选相基本工作原理。
5. 综合自动重合闸装置中，保护引入端子有哪些？分别引入哪些保护？
6. 单相重合闸为什么要设置故障判别元件和选相元件？常用的选相元件有哪几种？
7. 微机型综合自动重合闸装置的软件部分主要由哪几个程序组成？

模块3 微机型自动并列装置

模块描述

本模块主要介绍自动并列装置在电力系统中的重要作用和基本类型；与同期并列相关的基本概念；准同期并列操作的并列条件分析；微机型自动并列装置的功能和组成，各模块的基本工作原理。

情境1 并列操作的作用与方法

知识目标

◇ 掌握并列操作的概念。
◇ 掌握自动并列装置在电力系统中的重要作用。
◇ 掌握各种并列操作方法的特点以及应用场合。

能力目标

◆ 能够熟练地对各种并列方法进行分类和识别。

一、并列操作的作用

并列运行的同步发电机，其转子以相同的电角速度旋转，每个发电机转子的相对电角速度都在允许的极限值以内，称为同步运行。一般来说，发电机在没有并入电力系统前，与系统中的其他发电机是不同步的。

电力系统中的负荷是随机变化的，为保证电能质量，并满足安全、经济运行的要求，需经常将发电机投入或退出运行。一台待投入系统的空载发电机经过必要的调节，在满足并列运行的条件下经断路器操作与系统并列，这样的操作过程称为并列操作。在某些情况下，还要求将已解列为两部分运行的系统进行并列，同样也必须满足并列运行条件才能进行断路器操作。这种操作也是并列操作，其基本原理与发电机并列相同，但调节方法比较复杂，且实现的具体方式有一定的差别。

图3-1所示为发电机与系统并列操作示意图。同步发电机的并列操作是较为频繁且重要的操作，不但正常运行时需要它，在系统发生某些事故时，也常常要求将备用发电机组迅速投入电力系统运行，从而恢复整个系统的安全供电。在发电机并列瞬间，往往伴随有冲击电流和冲击功率，这些冲击将使系统电压瞬间下降。如果并列操作不当，冲击电流过大，还可能引起机组大轴发生机械损伤，或者引起机组绕组等电气损伤。特别是随着电力系统容量的不断增大，同步发电机的单机容量也越来越大，大型机组不恰当的并

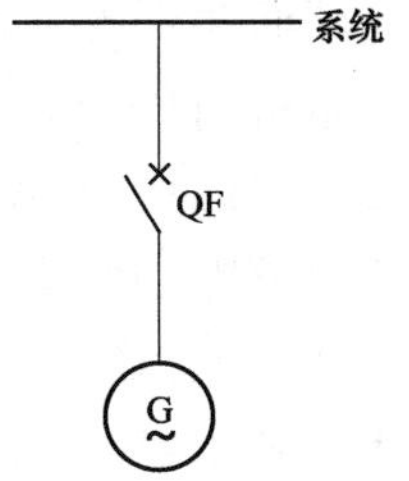

图3-1 发电机与系统并列操作示意图

列操作将导致更加严重的后果。因此，对同步发电机的并列操作进行研究，提高并列操作的准确性和可靠性，对于系统的可靠运行具有重要的现实意义。

为了避免因并列操作不当而影响电力系统的安全运行，同步发电机组并列时应遵循如下的原则：

（1）发电机组并列瞬间，冲击电流应尽可能小，其瞬时最大值不应超过允许值，一般为1～2倍的额定电流；

（2）发电机组并入电力系统后，应能迅速进入同步运行状态，其暂态过程要短，以减小对电力系统的扰动。

二、同步发电机并列操作的方法

在电力系统中，并列操作的方法主要有准同期并列和自同期并列两种。

1. 准同期并列

先给待并列发电机加励磁，使发电机建立起电压，调整发电机的电压和频率，当与系统电压和频率接近时，选择合适的时机，在发电机电压与系统电压之间的相角差接近0°时合上并列断路器，将发电机并入电力系统。

按自动化程度不同，准同期并列可分为三种操作方式。

（1）手动准同期。发电机的频率调整、电压调整以及合闸操作都是由运行人员手动进行，即同期检定继电器，允许相位差δ不超过整定值的合闸操作，用以防止由于运维人员误发合闸脉冲所造成的非同期合闸。

（2）半自动准同期。发电机电压及频率的调整由手动进行，并列装置能自动地检查同期条件，并选择适当的时机发出合闸脉冲。

（3）自动准同期。并列装置能自动地调整频率，至于电压的调整，有些装置能自动地进行，也有一些装置没有设专门的电压自动调节回路，需要靠发电机的自动调节励磁装置或由运行人员手动进行调整。当同期条件满足后，装置能选择合适的时机自动地发出合闸脉冲。

相关规程规定，当采用准同期方式时，一般应装设自动准同期装置和手动准同期装置，并均应带有非同期合闸闭锁装置。对6MW及以下发电机，可只设带有非同期合闸闭锁的手动准同期装置。目前，准同期并列方式已成为电力系统中主要的并列方式。

准同期并列的优点是：并列时产生的冲击电流较小，不会使系统电压降低，并列后容易拉入同步，因而在系统中被广泛使用。

2. 自同期并列

自同期并列操作是将未加励磁电流的发电机的转速升到接近额定转速，再投入断路器，然后立即合上励磁开关供给发电机励磁电流，随即将发电机拉入同步。

自同期并列方式的主要优点是操作简单、速度快，在系统发生故障、频率波动较大时，发电机组仍能并列操作并迅速投入电力系统运行，可避免故障扩大，有利于处理系统事故。但应用自同期并列方式时，因为发电机未加励磁，没有建立起定子电压，即发电机的感应电动势E为零，在投入瞬间，相当于系统经过很小的发电机次暂态电抗短路，合闸瞬间发电机定子吸收大量无功功率，所以合闸时的冲击电流较大，导致合闸瞬间系统电压下降较多。

由于同期并列操作是经常进行的，为了避免由于多次使用自同期产生的累积效应而造成发电机绝缘缺陷，应对自同期使用做一定的限制。因此，GB 14285—2006《继电保护和安全自动装置技术规程》规定："在正常运行情况下，同步发电机的并列应采用准同期方式；在故障情况下，水轮发电机可以采用自同期方式"。

但是，因为发电机母线电压瞬时下降对其他用电设备的正常工作将产生影响，且自同期并列方式不能用于两个系统之间的并列操作，所以自同期并列方法现已很少采用。本章只对准同期并列方法做介绍，不再讨论自同期并列方法。

三、发电厂的同步点

在发电厂内，凡可以进行并列操作的断路器，都称为电厂的同步点。通常发电机的出口断路器都是同步点，发电机—变压器组用高压侧断路器作为同步点，双绕组变压器用低压侧断路器作为同步点，母联断路器、旁路断路器都应设为同步点。图 3 - 2 所示为发电厂主接线图，其中标"＊"的断路器均为同步点。

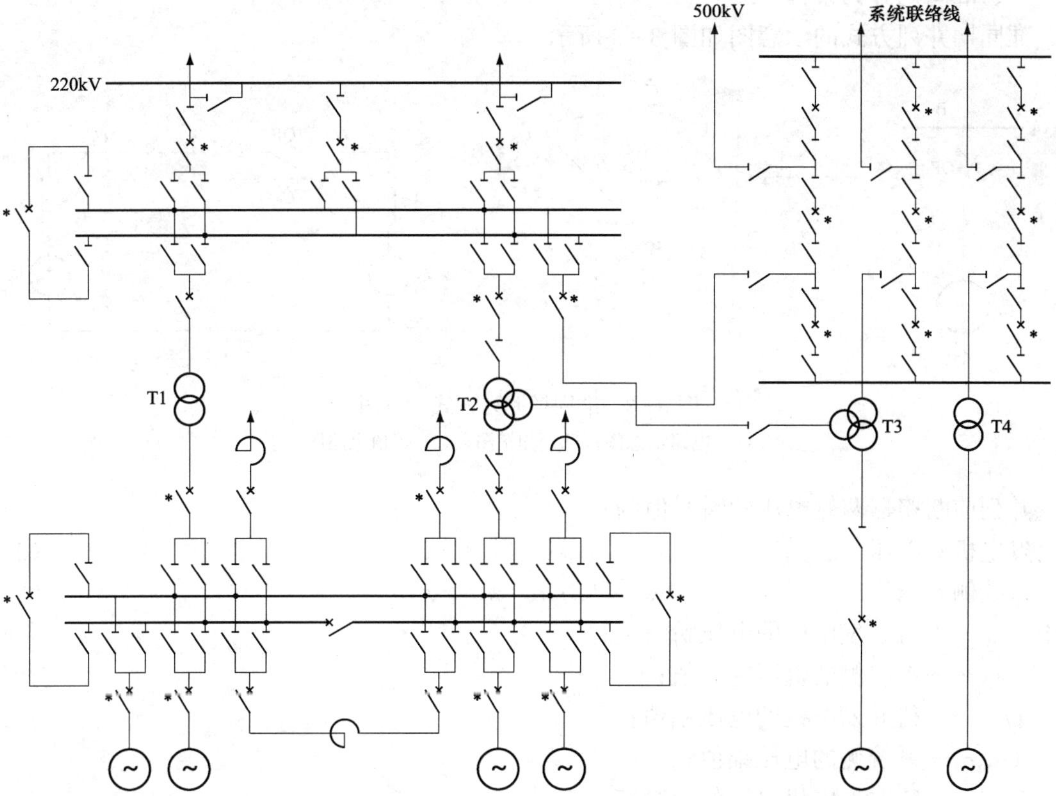

图 3 - 2　发电厂主接线图

同步点的设置要考虑系统、发电厂、变电站在各种运行方式下操作的灵活方便，也应具体考虑并列操作过程中调节的可行性。

思考与练习

1. 什么是并列操作？
2. 并列的方法有哪两种？如何定义？各有何特点？
3. 什么是同步点？

情境 2 准同期并列条件

知识目标

◇ 掌握准同期并列的条件。
◇ 掌握偏离并列条件对并列操作的影响。

能力目标

◆ 能够熟练分析准同期并列的条件对并列操作的影响。

一、准同期并列条件

准同期并列方式的示意图如图 3-3 所示。

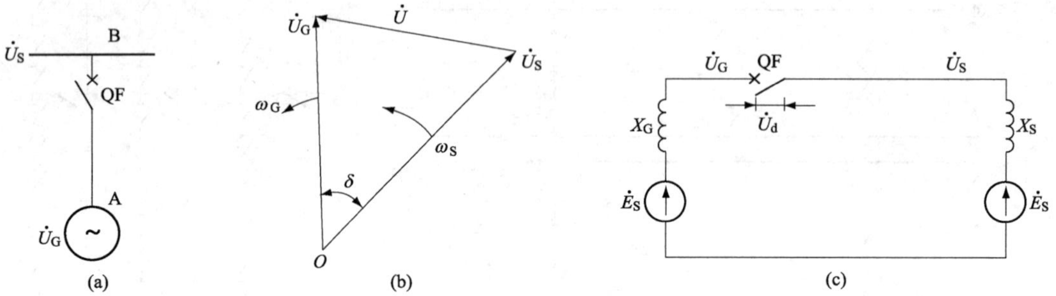

图 3-3 准同期并列方式示意图
(a) 电路示意图；(b) 相量图；(c) 等值电路图

并列前断路器两侧电压的瞬时值为

发电机侧电压 $u_G=U_{Gm}\sin(\omega_G t+\varphi_{0G})$ (3-1)

系统侧电压 $u_S=U_{Sm}\sin(\omega_S t+\varphi_{0S})$ (3-2)

式中 u_G——待并发电机的电压瞬时值；
u_S——系统侧的电压瞬时值；
U_{Gm}——待并发电机的电压幅值；
U_{Sm}——系统侧的电压幅值；
ω_G——待并发电机电压的角频率；
ω_S——系统侧电压的角频率；
φ_{0G}——待并发电机电压的初相角；
φ_{0S}——系统侧电压的初相角。

合闸瞬间产生的冲击电流为

$$\dot{I}_{imp}=\frac{\dot{U}_G-\dot{U}_S}{jX''_d}=\frac{\dot{U}_d}{jX''_d}$$

式中 X''_d——发电机直轴次暂态电抗。

$\dot{U}_d$ 为脉动电压，为发电机电压 $\dot{U}_G$ 与系统电压 $\dot{U}_S$ 之差。

由图 3-3 可见，理想情况下，在并列断路器主触头闭合瞬间，若使冲击电流为零，断路器两侧的电压相量应完全重合，因此并列条件应为：

(1) 发电机电压和系统的电压相序必须相同；

(2) 发电机电压和系统电压的幅值相同，即 $U_{Gm}=U_{Sm}$；

(3) 发电机电压和系统电压的频率相同，即 $\omega_G=\omega_S$；

(4) 发电机电压和系统电压的相位相同，即相角差 $\delta=0$。

实际上，条件 (1) 在发电机并列前已经满足，所以并列操作时主要控制和检测后三个条件。后三个条件必须同时满足，如有任何一个条件不满足，都有可能产生很大的冲击电流，甚至引起发电机的强烈振荡。

二、准同期条件对并列操作的影响

同步发电机在并入系统的过程中，如果待并发电机实现理想的并列操作，这时并列合闸的冲击电流等于零，并且并列后发电机 G 与系统立即进入同步运行，不发生任何扰动现象。但是，实际进行并列操作时，发电机组的调节系统并不能完全按理想并列条件调节，总存在一定的差值，但差值应在允许的范围内。并列合闸时只要冲击电流较小，不危及电气设备，合闸后发电机组能迅速拉入同期运行，对待并发电机和系统运行的影响较小，就不致引起任何不良后果。因此，并列操作中并列的实际条件允许偏离理想条件，其偏离的允许范围则需要经过分析确定。下面分析三个并列条件的偏差及其影响。

1. 电压幅值差的影响

若发电机电压的频率、相位和系统侧电压的频率、相位相同，仅电压的幅值不相同，即 $\omega_G=\omega_S$，$\delta=0$，$U_G\neq U_S$，如图 3-4 所示。由于断路器两侧存在脉动电压 $\dot{U}_d$ 为

$$\dot{U}_d=\dot{U}_G-\dot{U}_S$$

合闸瞬间会产生冲击电流，冲击电流的有效值为

$$I_{imp}=\frac{|U_G-U_S|}{X''_d} \tag{3-3}$$

冲击电流的相量图如图 3-4 所示。

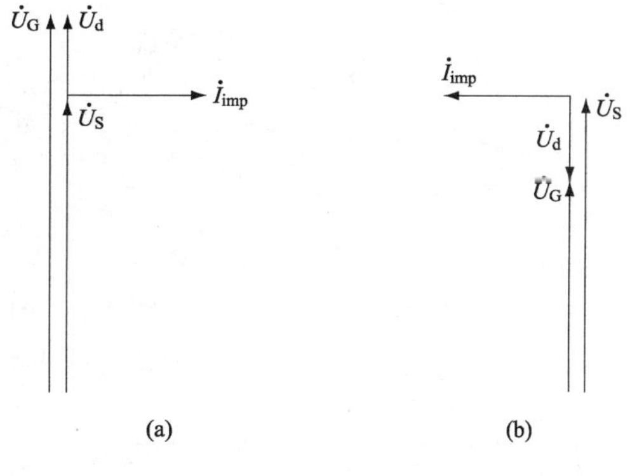

图 3-4　$\dot{U}_G$ 和 $\dot{U}_S$ 幅值不等时的相量图

(a) $U_G>U_S$；(b) $U_G<U_S$

当 $U_G>U_S$ 时，$\dot{I}_{imp}$ 滞后 $\dot{U}_G 90°$，$\dot{I}_{imp}$ 为感性电流，对发电机起去磁作用，发电机并列后立即发出感性无功功率；当 $U_G<U_S$ 时，$\dot{I}_{imp}$ 超前 $\dot{U}_G 90°$，$\dot{I}_{imp}$ 为容性电流，对发电机起助磁作用，发电机并列后立即发出容性无功功率（吸收感性无功功率）。

可见，冲击电流在数值上与压差 $|U_G-U_S|$ 成正比。为防止冲击电流过大时危及定子绕组，应限制压差大小。一般情况下压差限制在额定电压的 10%以下，可取 5%左右。

2. 相角差的影响

发电机电压的频率、电压的幅值和系统侧电压的频率、电压的幅值相同，仅相位不相同，即 $\omega_G=\omega_S$，$U_G=U_S$，$\delta\neq 0$，如图 3-5 所示。由于此时发电机为空载运行，电动势即为端电压，且与系统侧电压幅值相等，则产生冲击电流的有效值为

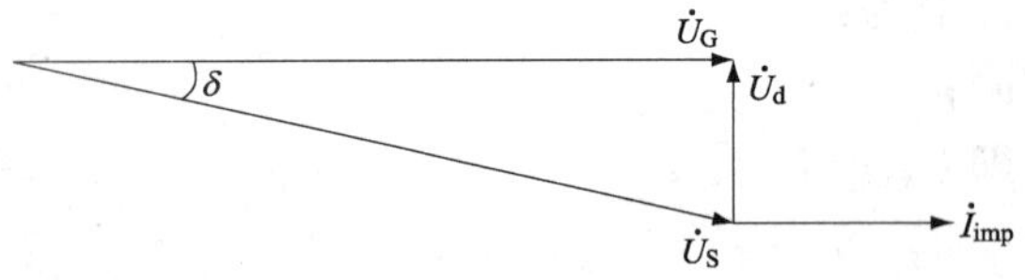

图 3-5 $\delta\neq0$ 时的相量图

$$I_{imp}=\frac{2E''_q}{X''_q+X_S}\sin\frac{\delta}{2} \tag{3-4}$$

式中 X''_q——发电机交轴次暂态电抗；

E''_q——发电机交轴次暂态电动势。

由式（3-4）可见，并列时相角差 δ（0°～180°）越大，产生的冲击电流越大。当 δ 较小时，这种冲击电流主要为有功电流分量，说明合闸后发电机与电网间立刻交换有功功率，发电机突然发生的功率输出，使机组转轴受到突然冲击，这对机组和电网运行都是不利的。当 $\delta=180°$时，冲击电流达到最大值，如果在此时误合闸，极大的冲击电流可能毁坏发电机。为了保证机组的安全运行，应将有功冲击电流限制在较小数值。为使发电机并列时不产生过大的冲击电流，应在 δ 接近于 0 时合闸。通常并列操作的允许合闸相角差不超过 10°，对于 200MW 及以上机组，合闸相角差为 2°～4°。

当并列时，发电机和系统电压之间既存在幅值差，又存在相角差，这时所产生的冲击电流可综合以上两种典型情况进行分析。

3. 频率差的影响

当待并发电机的电压与系统电压之间电压幅值相等，频率不等，即 $U_G=U_S$，$\omega_G\neq\omega_S$，发电机电压与系统电压及电压差的相量图如图 3-6（a）所示。系统电压、发电机电压及脉动电压的波形图如图 3-6（b）所示。

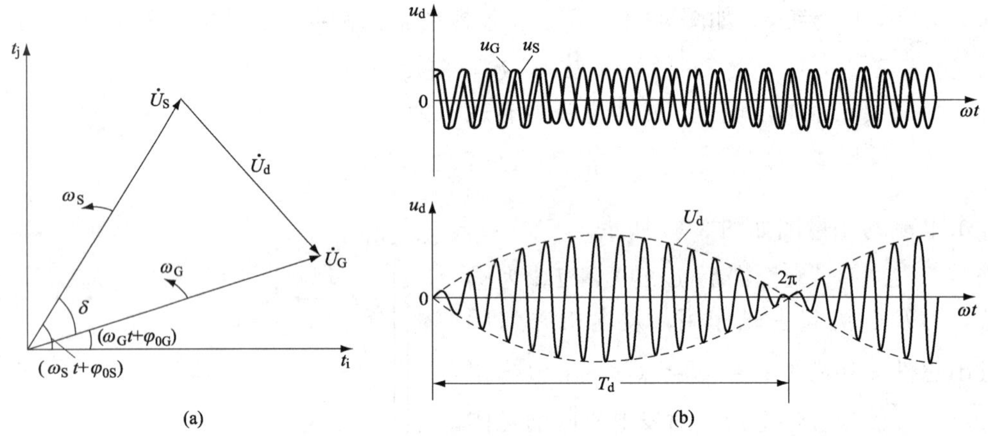

图 3-6 准同期时频率条件分析

（a）相量图；（b）脉动电压

脉动电压 $\dot{U}_d$ 的瞬时值表达式为

$$u_d=u_G-u_S=U_{Gm}\sin(\omega_G t+\varphi_{0G})-U_{Sm}\sin(\omega_S t+\varphi_{0S}) \tag{3-5}$$

为简化分析，设 $\varphi_{0G}=\varphi_{0S}=0$，$U_{Gm}=U_{Sm}=U_m$，则

$$u_d=U_m\sin\omega_G t-U_m\sin\omega_S t=2U_m\sin\left(\frac{\omega_G-\omega_S}{2}t\right)\cos\left(\frac{\omega_G+\omega_S}{2}t\right) \tag{3-6}$$

若定义 $U_d=2U_m\sin\left(\frac{\omega_G-\omega_S}{2}t\right)$ 为脉动电压的幅值，则

$$u_d = U_d \cos\left(\frac{\omega_G + \omega_S}{2}t\right) \tag{3-7}$$

即，u_d 波形可以看成是幅值为 U_d、频率接近于工频的交流电压。断路器两侧电压的频率差 $\omega_d = \omega_G - \omega_S$ 称为滑差角频率，简称滑差。则两电压相量间的相角差为

$$\delta = \omega_d t \tag{3-8}$$

于是，脉动电压的幅值可表示为

$$U_d = 2U_m \sin\frac{\omega_d}{2}t = 2U_m \sin\frac{\delta}{2} \tag{3-9}$$

由图 3-6 可见，当发电机频率与系统频率不等时，发电机和系统电压相量将以各自的角速度旋转，若以系统电压相量 $\dot{U}_S$ 为参考量，则待并发电机电压相量 $\dot{U}_G$ 将以 ω_d 的角速度相对 $\dot{U}_S$ 旋转。当 $\omega_G > \omega_S$ 时，$\omega_d > 0$，发电机电压相量 $\dot{U}_G$ 将绕 $\dot{U}_S$ 逆时针旋转；当 $\omega_G < \omega_S$ 时，$\omega_d < 0$，发电机电压相量 $\dot{U}_G$ 将绕 $\dot{U}_S$ 顺时针旋转；当发电机频率与系统电压频率相等时，$\omega_G = \omega_S$，发电机电压相量 $\dot{U}_G$ 与 $\dot{U}_S$ 相对静止。

当发电机电压相量 $\dot{U}_G$ 绕 $\dot{U}_S$ 旋转时，相角差 δ 相应地在 0°～360°范围内周期变化，脉动电压也相应地周期变化。滑差角速度与滑差频率间有下列关系

$$\omega_d = 2\pi f_d \tag{3-10}$$

其中，$f_d = f_G - f_S$。所以脉动电压周期，即滑差周期为

$$T_d = \frac{2\pi}{|\omega_d|} = \frac{1}{|f_d|} \tag{3-11}$$

滑差周期 T_d 的长短反映了待并发电机和系统间的频差大小。T_d 短表示频差大；反之，T_d 长表示频差小。当滑差角频率用标幺值 ω_{d*} 表示时，有

$$\omega_{d*} = \frac{2\pi f_d}{2\pi f_N} = \frac{\omega_d}{2\pi f_N} \tag{3-12}$$

式中　f_N——工频额定频率。

滑差周期 T_d、滑差频率 f_d、滑差角频率 ω_d 都可用来表示待并发电机与系统间频率相差的程度。并列合闸时的相角差 δ 与对断路器发出合闸命令的时刻有关。如果发出合闸命令的时刻不恰当，就有可能在相角差较大时合闸，从而引起较大的冲击电流。此外，如果在频率差较大时并列，频率较高的一方在合闸瞬间会将多余的动能传递给频率低的一方，即使合闸时 δ 不大，当传递能量过大时，待并发电机需要经历一个暂态过程才能拉入同步运行，严重时甚至导致失步。所以，从并列后迅速进入同步运行的角度出发，应控制并列瞬间的频率差，一般控制在 0.25Hz 以内。

三、分析结论

由以上分析可知，在同期并列时，频率差、电压差和相角差都是直接影响发电机运行、寿命及系统稳定的因素。同期操作或研制自动准同期装置一定要遵循前述条件。只有三个并列条件都满足时，才不会产生冲击电流，不会危及系统的安全稳定。但是在实际操作中，同时满足三个理想并列条件不太可能，只要并列时引起的冲击电流在允许范围内，不会危及系统安全，上述三个条件允许有一定的偏差，但偏差必须严格控制在一定范围内。

准同步并列的实际条件一般规定为：

(1) 待并发电机电压幅值与系统电压幅值应接近相等，误差不应超过±(5%～10%) 的

额定电压。

（2）待并发电机频率与系统频率应接近相等，误差不应超过±（0.2%～0.5%）的额定频率。

（3）并列断路器触头应在发电机电压与系统电压相角差接近零时刚好接通。合闸瞬间相角差一般不应超过±10°。

事实上在准同期并网的三个条件中，电压差和频率差不像人们想象的那样是伤害发电机的重要原因，真正伤害发电机的是相角差。在两电源间存在着电压差和频率差的情况下，并网会造成无功功率和有功功率的冲击，也就是说在断路器合上的那一瞬间，电压高的那一侧向电压低的那一侧输送一定数值的无功功率，频率高的那一侧向频率低的那一侧输送一定数值的有功功率。但在发电机空载的情况下，即使存在较大的电压差和较大的频率差，其所对应的无功功率和有功功率也是有限的，不会伤害发电机。因为发电机在正常运行中本来就能承受较大的负荷波动，如线路的故障跳闸或线路的重合闸都是较大的负荷波动。

但是，在具有相角差的情况下并网的后果就完全不同了。相角差是指发电机的转子直轴（d 轴）和定子三相电流合成的同步旋转磁场磁轴之间的角差。在断路器合闸的一瞬间，系统电压施加在发电机定子上，由其产生并由三相电流合成的以角速度 ω_S 旋转的旋转磁场将产生一个电磁转矩，强迫发电机转子轴系（发电机转子、原动机转子、励磁机转子等的合成体）的磁轴与其取向一致，若同步时角度较大时，对转子轴系绕组及机械体系的伤害是巨大的，会导致绕组线棒变形松脱、出现转子一点或多点接地，联轴器螺栓扭曲、主轴出现裂纹等现象。因此，在准同期并列时，严格控制相角差 δ 是并列条件中最重要的一环。

思考与练习

1. 什么是滑差？什么是滑差周期？

2. 什么是脉动电压？频差、压差变化时，脉动电压波形如何变化？脉动电压波形与相角差 δ 有何关系？

3. 同步发电机准同期并列的理想条件是什么？

4. 准同期并列的实际条件是什么？实际条件如果不满足，会有什么后果？

5. 试分析说明发电机准同期并列时，压差、相角差产生的冲击电流的不同之处。

6. 同步发电机准同期并列时，若 δ 角过大或频差过大分别有何影响？

情境 3 自动准同期装置的基本组成

知识目标

◇ 掌握自动准同期装置的基本功能。

◇ 掌握自动准同期装置的组成单元及各自的任务。

能力目标

◆ 能够熟练分析自动准同期装置各组成单元的检测过程。

一、自动准同期装置的功能

在满足并列条件的情况下，采用准同期并列方法将待并发电机组投入电力系统运行，前面提到只要控制得当就可使冲击电流很小且对电力系统扰动甚微，因此准同期并列是电力系统运行中的主要并列方式。

自动准同期装置（ASA）是专用的自动装置，其构成原理图如图 3－7 所示。它能自动监视电压差、频率差及选择理想的时间发出合闸脉冲，使断路器在零相角差时合闸；同时设有自动调节电压和频率单元，在压差和频差不合格时发出控制脉冲。频差不满足要求时，自动调节原动机的转速，减小或增加频率，即通过控制原动机的调速器（DEH）实现。压差不满足要求时，自动调节发电机的电压使电压接近系统的电压，即通过控制发电机励磁调节装置（AER）来实现，自动准同期装置（ASA）具有均压控制、均频控制和合闸控制的全部功能，将待并发电机和运行系统的 TV 二次电压接入自动装置后，由它实现监视、调节并发出合闸脉冲，完成同期操作的全过程。

二、自动准同期装置的组成

图 3－7 为典型自动准同期装置构成原理图。由图可见，自动准同期装置主要由频率差控制单元、电压差控制单元、合闸信号控制单元和电源组成。

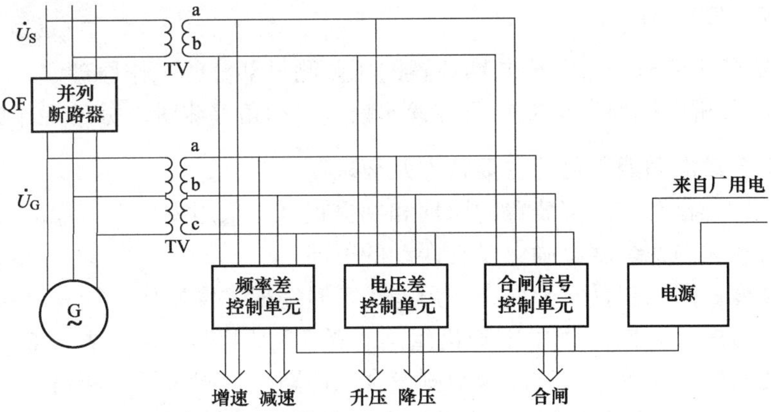

图 3－7　典型自动准同期装置构成原理图

（1）频率差控制单元。任务是自动检测 $\dot{U}_G$与 $\dot{U}_S$间的滑差角速度 ω_d，且自动调节发电机转速，使发电机的频率接近于系统频率。

（2）电压差控制单元。任务是自动检测 $\dot{U}_G$与 $\dot{U}_S$间的电压差，且自动调节发电机电压 U_G，使它与 U_S 间的电压差值小于规定允许值，促使并列条件的形成。

（3）合闸信号控制单元。任务是检查并列条件，当待并机组的频率和电压都满足并列条件时，选择合适的时间发出合闸信号，使并列断路器 QF 的主触头接通时，相角差 δ 接近于 0 或控制在允许范围以内。在准同期并列操作中，合闸信号控制单元是准同期并列装置的核心部件，其控制原则是当频率和电压都满足并列条件时，在 $\dot{U}_G$与 $\dot{U}_S$要重合之前发出合闸信号。两电压相量重合之前的信号称为提前量信号。

按提前量的不同，准同期并列装置的原理可分为恒定越前相角和恒定越前时间两种。恒定越前相角并列装置采用并列点两侧电压相量重合之前的一个角度 δ_{dq}发出合闸脉冲。恒定越前时间并列装置则采用重合点之前的一个时间 t_{dq} 发出合闸脉冲。前者只有在一特定频差时才能实现零相角差并网，而后者却可保证在任何频率差时都能在零相角差实现并网。因此，恒定越前时间并列装置应用得非常广泛。

思考与练习

1. 自动准同期装置的基本功能是什么？
2. 自动准同期装置由哪几个部分构成？各部分的作用是什么？

情境 4　微机型自动准同期装置工作原理

知识目标

◇ 掌握微机型自动准同期装置的主要特点及要求。
◇ 掌握微机型自动准同期装置的硬件结构和软件原理。

能力目标

◆ 能够熟练分析微机型自动准同期装置的压差测量部分的工作原理。
◆ 能够熟练分析微机型自动准同期装置的频差、相角差测量部分的工作原理。

一、微机型自动准同期装置的主要特点及要求

（1）高可靠性。自动准同期装置的原理和判据正确，采用先进、可靠的微机装置。在软件及硬件上具备很大的冗余度，确保没有误动的可能。

（2）高准确度。同期装置应确保在相角差为零时完成并网操作。捕获零相角差需要有严格的数学模型，考虑到并网过程中影响机组运行的各种因素，如气温、气压、水头（水电站）变化及调速器的扰动等。同时能自动测量合闸回路的合闸时间（断路器的合闸时间及中间继电器的时间之和）。装置的高准确度是发电机及系统安全的保证。

（3）高速度。同期装置的并网速度关系到系统的运行稳定性及电能质量，还关系到电厂的运行经济性。并列操作是基于系统的需求，尽快接入发电机有利于系统的功率平衡。同时尽快完成并网操作将节约可观的空载能耗。

提高同期并网的速度有两个途径：①以优化的控制算法确保同期装置能既快速又平稳地将发电机的电压和频率调整到给定值；②以精确的预测算法确保在电压差和频率差满足定值要求后，能捕捉到第一次出现的零相角差时机将发电机平滑地并入电网。

（4）能融入分布式控制系统（DCS）。同期装置应是 DCS 的一个智能终端，通过与上位机的通信完成开机过程的全程自动化。上位机也需获得同期装置的静态定值、动态参数及并网过程状况的信息。

（5）操作简单、方便，有清晰的人机界面。同期装置的面板应能提供运行人员在并网过程中所需的全部信息，如重要定值、电压差、频率差及相差的动态显示等。这些信息也可通过现场总线传送到上位机，制造商应提供装置的通信协议。

（6）二次线设计简单清晰。同期装置接入 TV 二次电压、断路器操动机构合闸线圈、汽

轮机调速装置DEH、励磁调节装置AER等回路的接线应正确明晰。

(7) 调试方便。装置调试简单，引出线方便，电压差、频率差、相角、合闸时间的整定在面板上进行，应具有明显的标识。

(8) 有较长时间的运行实践经验。同期装置必须对发电厂和变电站负绝对责任，因此产品的业绩及历史至关重要。目前，国内研制的微机型自动准同期装置有SID-2系列、MAS型自动准同期装置、MFC2051-1型、WX型、W2Q-3型准同期装置等。

二、微机型自动准同期装置的结构及工作原理

(一) 微机型自动准同期装置的结构

系统并网可分为差频并网和同频并网两种模式。差频并网要求在同期点断路器两侧的电压差和频率差满足整定值的情况下，捕捉到第一次出现零相角差时，完成断路器合闸。同频并网是同期点断路器两侧为同一系统，具有相同的频率，但存在电压差和相角差（功角），检测相角差小于整定角度且电压差满足要求时，控制断路器合闸微机型自动准同期装置具有实现差频并网和同频并网的两种功能，先判断并网方式然后再处理，故其适用于发电厂和变电站的全部并列点断路器可能出现的运行情况。

微机型自动准同期装置的形式较多，但其功能及装置原理是相似的。图3-8所示为微机型自动准同期装置结构示意图，其结构可划分为八部分：

(1) 由微处理器、输入/输出接口构成的CPU系统；

(2) 压差测鉴别部分；

(3) 频差、相角差鉴别部分；

(4) 输入电路（开关量输入、键盘）；

(5) 输出电路（显示部件、继电器组）；

(6) 装置电源；

(7) 通信部分；

(8) 试验装置。

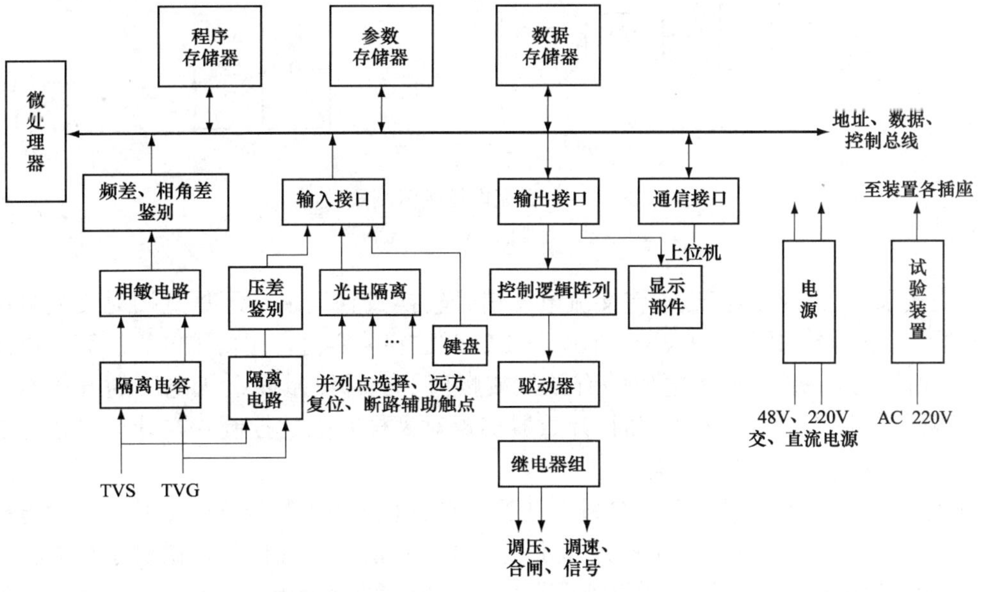

图3-8　微机型自动准同期装置结构示意图

（二）各部分工作原理

1. 微处理器

CPU系统主要由单片机、存储器及相应的输入、输出接口电路构成。同期装置的运行程序放在程序存储器（只读存储器EPROM）中；同期参数整定值（如断路器合闸时间、频率差和电压差并列的允许值、滑差角加速度计算系数、频率和电压控制调节的脉冲宽度等）为了既能固定存储，又便于设置值和整定值的修改，可存放在参数存储器（电可擦存储器EEPROM）中。装置运行过程中的采样数据、计算中间结果及最终结果存放在数据存储器（静态随机存储器RAM）中。输入、输出接口电路为可编程并行接口，用以采集并列点选择信号、远方复位信号、断路器辅助触点信号、键盘信号、压差越限信号等开关量，并控制输出继电器实现调压、调速、合闸、报警等功能。

2. 电压差鉴别部分

在发电机的同期并列过程中，如果电压差不满足要求，则自动准同期装置应能自动检测压差方向，发电机电压与系统电压进行幅值比较。当发电机电压高时，应发出降压脉冲；当系统电压高时，应发出升压脉冲。使发电机电压自动跟踪系统电压，从而尽快使电压差进入设定范围，以缩短发电机同期并列的时间。

自动准同期装置发调压脉冲时，脉冲宽度应与电压差成正比，比例系数可设定，或者直接设定脉冲宽度。调压脉冲周期也可以设定或者固定调压周期。

（1）交流电压幅值测量。交流电压幅值的测量有电量变送器法和交流采样法两种方法。

1）电量变送器法。将交流电压信号转换成直流电压，输出的直流量与其交流输入电量成比例，经A/D转换接口电路进入主机，其原理图如图3-9（a）所示。CPU读得的数值直接反映了U_G和U_S的有效值。这种方法简单、容易实现，也可保证足够的准确度，但变送器将交流电量转换成直流量时往往需要滤波，还要对滤波电路做相应的设计。

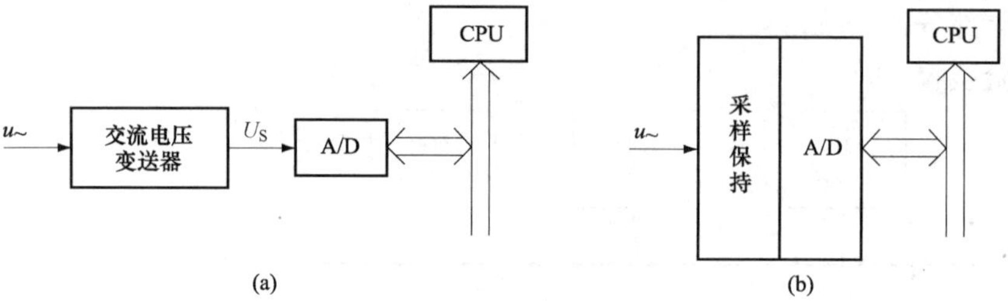

图3-9　交流电压幅值测量

（a）电量变送器法；（b）交流采样法

2）交流采样法。不需变送器将交流电压信号转换成直流量，而是直接对交流电压信号进行采样，其原理图如图3-9（b）所示。CPU对这些采样值，用傅里叶算法算出电压信号的实部和虚部，进一步可求得电压的有效值或幅值。这种测量发电机电压的方法不仅硬件少，时间常数也较小，由可编程定时/计数器实现对采样间隔的控制。在计算机运算能力允许的条件下交流采样是可取的方案。

（2）电压差的大小检测和方向控制。电压差鉴别电路用以从外部输入装置的两电压互感器（TVS及TVG）二次侧提取电压差超出整定值的数值及极性信号。微机系统能将交流电压u转变为直流电压U，其输出的直流电压大小与输入的交流电压成正比。利用上述的交流电压幅值测量方法，可获得发电机电压和系统电压的有效值或幅值，CPU 从 A/D 转换接口读取的数字电压量 D_G、D_S 分别表示 U_G、U_S 的有效值。设机组并列时，允许电压差设定的阈值为 ΔU_{set}，则：

1）当 $|D_S-D_G|>\Delta U_{set}$ 时，不允许合闸信号输出。

2）当 $|D_S-D_G|\leqslant\Delta U_{set}$ 时，允许合闸信号输出。

3）当 $D_S>D_G$ 时，并行口输出升压信号，输出调节信号的宽度与其差值成比例；反之，当 $D_S<D_G$ 时，则发出降压信号。

（3）关于调压脉冲。发电机在同期并列过程中，电压差越限时应及时发出调压脉冲，使发电机电压跟踪系统电压，以最快的速度调整电压差进入设定范围。其中，当电压差越限并且发电机电压高于系统电压时，应发降压脉冲；当电压差越限并且发电机电压低于系统电压时，应发升压脉冲。

调压脉冲宽度应与电压差成正比，或直接设置脉冲宽度。调压周期可设定在一定范围（如 3～8s），或者设定为一定值。

自动准同期装置输出的调压脉冲，作用于发电机的自动调节励磁装置（AER），改变励磁电压，达到调节发电机电压的目的。事实上，自动准同期装置输出的调压脉冲，改变的是自动调节励磁装置的目标电压。发电机同期并列过程中的调压系统是一个闭环负反馈自动调节系统，被调量是发电机电压，目标电压是系统电压。

图 3-10 所示为电压调节程序示意框图。调压脉冲经输出电路通过继电器触点输出，作用于发电机的自动调节励磁装置，改变自动调节励磁装置的目标电压，通过自动调节励磁装置的调节，使电压差快速进入设定范围。

当同期对象为机组型时，电压差可设定－4V＜电压差＜4V，或者－5V＜电压差＜5V；当同期对象为线路型时，因电压不受同期装置控制，电压值变化可能较大，电压差设定相对较大，如－7V＜电压差＜7V，或者－9V＜电压差＜9V；在这种情况下压差设定过小，会闭锁同期装置，使线路同期难以成功。

在显示屏上可查看定值情况以及定值是否有变化；在同期过程中，显示屏上可显示同期实时信息，如同期电压值、频率值、相角差等实时信息；发出告警时，显示屏上显示告警的具体信息；同期成功或失败，均在显示屏上显示具体内容。此外，显示屏上还显示同期成功时并列断路器的实际合闸时间。

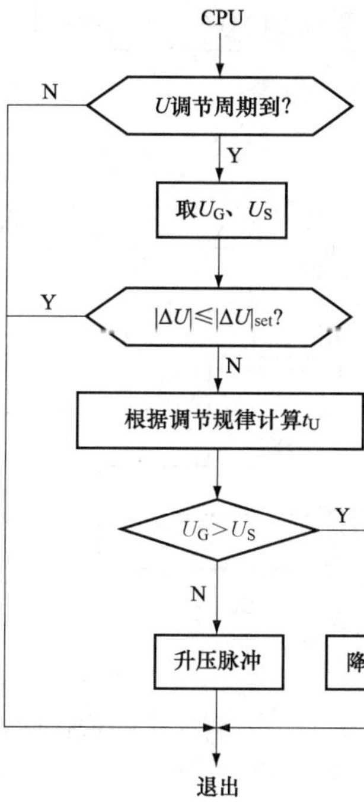

图 3-10　电压调节程序示意框图

3. 频率差、相角差测量部分

（1）频率差大小及频差方向测量。在发电机的同期并列过程中，若频率差不满足要求，则自动准同期装置应能自动检测频率差方向，检测出发电机频率高还是系统频率高。当发电机频率高时，应发出减速脉冲；当系统频率高时，应发出增速脉冲。要求发电机频率自动跟踪系统频率，尽快使频差进入设定范围，以缩短发电机同期并列的时间。

自动准同期装置发调速脉冲时，脉冲宽度应与频差成正比，比例系数可设定，或者直接设定脉冲宽度；调速脉冲的周期也可以设定。这样可适应不同机组的调速器特性。在同期并列过程中，当出现频差过小的情况时，自动准同期装置应自动发出增速脉冲，以缩短同期并列的时间。

1）频率的测量。频率差、相角差鉴别电路用以从外界输入装置的两侧 TV 二次电压中提取与相角差有关的量，进而实现对准同期三要素中频差及相角差的检查，以确定是否符合同步条件。此外，电压差和频率差的测量还作为机组电压进行升压或降压调整，以及调速器进行加速或减速控制的依据。

来自并列点断路器两侧 TVS 及 TVG 的二次电压经过隔离电路隔离后，通过相敏电路将正弦波转换为相同周期的矩形波，通过对矩形波电压的过零点检测，即可从频率差、相角差鉴别电路中获取计算待并发电机侧及运行系统侧频率 f_G、f_S 的信息，进而就不难获得滑差频率 f_d、滑差角频率 ω_d。这些值可以在每一个工频信号周期获取一个，在随机存储器中始终保留一个时段。

数字电路测量频率的基本方法是测量交流信号波形的周期 T，图 3-11 为其原理框图和波形分析。将交流电压正弦信号转换成方波，经二次分频后，它的半波时间即为交流电压的周期 T。利用正半周高电平作为可编程定时/计数器开始计数的控制信号，到下降沿即停止计数并作为中断请求信号。由 CPU 读取其中的计数值 N，并使计数器复位，以便为下一个周期计数做好准备。

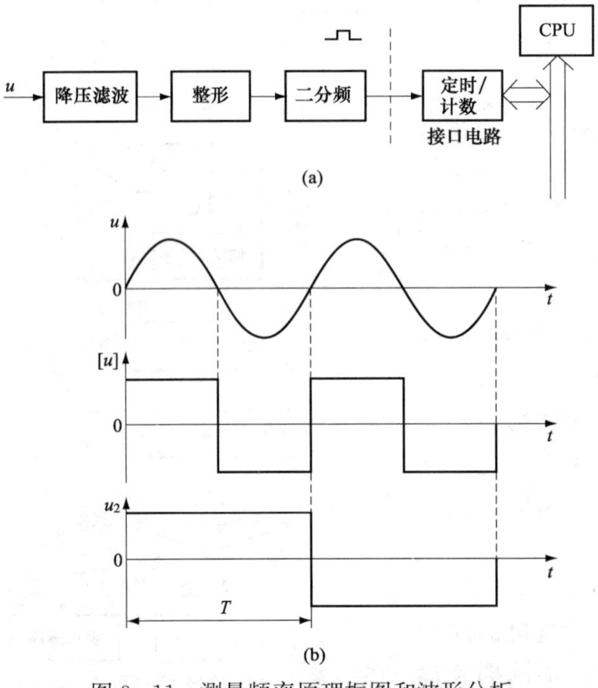

图 3-11 测量频率原理框图和波形分析

（a）测量频率框图；（b）频率测量波形分析

[u] —方波信号

设可编程定时/计数器的计时脉冲频率为 f_c，则交流电压的周期 $T=\frac{1}{f_c}N$。交流电压频率为

$$f=\frac{f_c}{N} \qquad (3-13)$$

2）频差的大小检测。发电机电压和系统电压分别由可编程定时/计数器计数，主机读取计数脉冲值 N_G 和 N_S。由式（3-13）求得 f_G 和 f_S。将频率差的绝对值与设定的允许频率偏差阈值 Δf_{set} 比较，作出判断：

当 $|f_G-f_S|\leqslant\Delta f_{set}$ 时，说明频率差已经满足要求；

当 $|f_G-f_S|\geqslant\Delta f_{set}$ 时，说明频率差不满足要求，从而检查出频率差的大小。

3）频率差的方向测量。频率差方向指的是发电机频率高于还是低于系统频率，从而可确定调速脉冲性质。若自动准同期装置测量频率差由软件实现时，根据式（3-13）可方便测量出频率差方向。

当 $f_G > f_S$ 时，判发电机频率高于系统频率；

当 $f_G = f_S$ 时，判发电机频率与系统频率相等；

当 $f_G < f_S$ 时，判发电机频率低于系统频率。

4）关于调速脉冲。发电机在同期并列过程中，频率差越限就应发出调速脉冲，使发电机频率跟踪系统频率，以最快的速度使频率差进入设定范围。当频率差越限并且发电机频率低于系统频率时，应发增速脉冲；当频率差越限并且发电机频率高于系统频率时，应发减速脉冲。

调速脉冲宽度应与频差成正比，或根据发电机调速系统特性直接设置脉冲宽度。调速周期可设定在一定范围（如 2～5s），或者为一定值。

自动准同期装置在发电机同期并列过程中对发电机进行调频时，不断测量发电机的频率，并与系统频率比较，然后形成调速脉冲，通过调速器改变进汽量（水轮机组为进水量），实现对发电机频率的调整。实际上，整个调频系统是一个闭环负反馈自动调节系统，被调量为发电机频率 f_G，目标频率为系统频率 f_S，如图 3-12 所示。

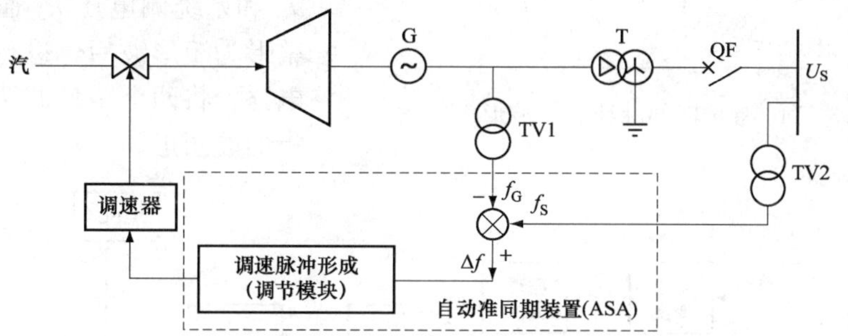

图 3-12　自动准同期装置构成的闭环反馈自动调频系统

图 3-13 所示为频率调节程序示意框图。由图可知，只有在频率差不满足要求的情况下才对发电机进行调频；当频率差满足要求，但频率差甚小（如 0.05Hz）时，发出增速脉冲。

调速脉冲经输出电路通过继电器触点作用于调速回路实现调速。按发电机频率 f_G 高于或低于系统频率 f_S 来输出减速或增速信号。选择相角差 δ 为 0～180°发调速脉冲，调节量按与频率差值 Δf_d 成正比例调节。

（2）相角差测量和合闸命令的发出。发电机在同期并列中，自动准同期装置应在导前同期点（即 $\dot{U}_G$与 $\dot{U}_S$的同相点）t_{dq} 发出导前时间脉冲 $U_{dq.t}$。t_{dq} 等于并列断路器总合闸时间，这样才能保证同期电压同相时刻并列断路器主触头正好接通。当电压差或频率差或两者均不满足要求时，导

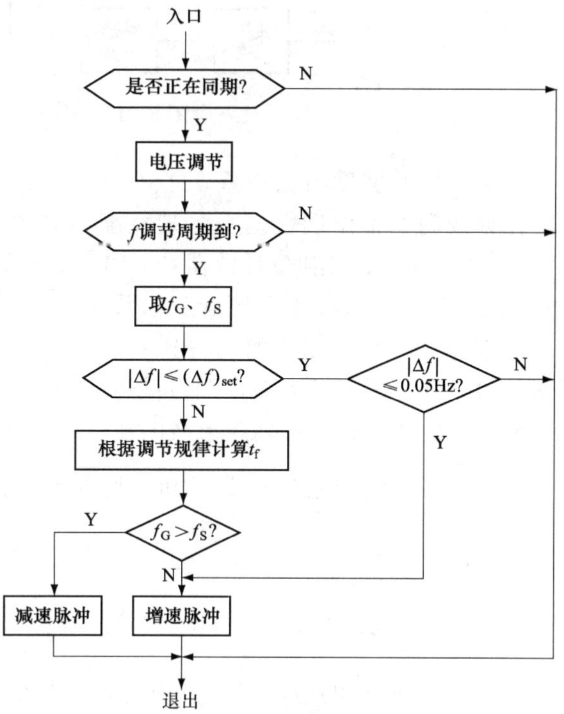

图 3-13　频率调节程序示意框图

前时间脉冲被闭锁；当电压差、频率差均满足要求时，导前时间脉冲输出，即自动准同期装置发出合闸脉冲命令。

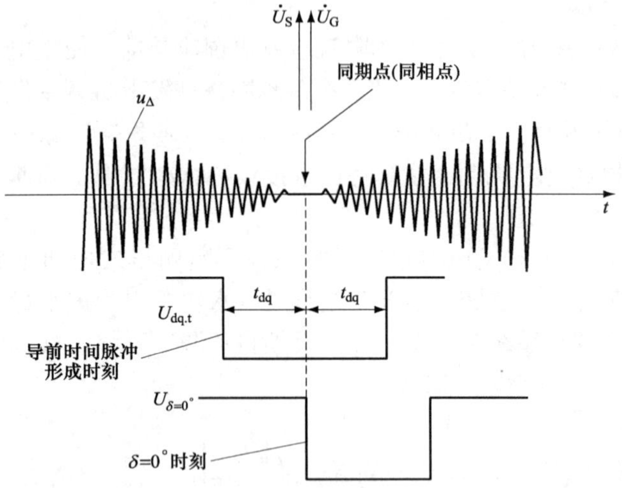

图 3-14 导前时间脉冲 $U_{dq.t}$ 波形

如图 3-14 所示为导前时间脉冲 $U_{dq.t}$ 的波形，为使并列断路器可靠合闸，通常导前时间脉冲在同步点后 t_{dq} 结束。合闸脉冲命令经开关量输出电路，通过继电器触点输出。

1）同期电压间的相角差测量。导前时间脉冲是通过测量同期电压间的相角差变化实现的，因而需测量同期电压间的相角差。

如图 3-15 所示，发电机侧电压 u_G 和系统侧电压 u_S 通过电压变换和整形为矩形波后，进行异或门的相敏电路，将两个矩形波图形合成为一个矩形波图形。

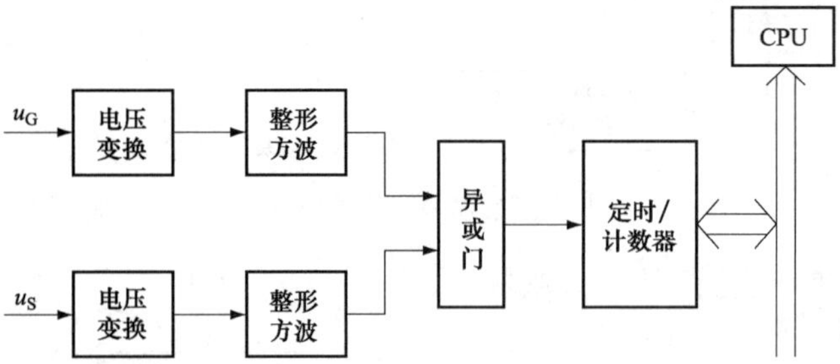

图 3-15 相角差 δ 的测量框图

该矩形波的宽度与相角差 δ 之间有一定的对应关系。u_G 和 u_S 的两个方波加至异或门后，在异或门的输出端也是一系列宽度不等的矩形波，波形如图 3-16 所示，表示了相角差 δ 的变化。借助于定时/计数器和 CPU 可读取矩形波宽度的大小，求得两电压间的相角差 δ 的变化轨迹。为了叙述方便起见，设系统频率为额定值 50Hz，待并发电机的频率低于 50Hz。从电压互感器二次侧来的电压 u_G、u_S 的波形如图 3-16（a）所示，经削波限幅后得到图 3-16（b）所示的方波，两方波进行异或运算就得到图 3-16（c）中的一系列宽度不等的矩形波。显然，这一系列矩形波的宽度 τ_i 与相角差 δ_i 相对应。

系统电压方波的宽度 τ_S 为已知，且等于 $\frac{1}{2}T_S$（或 180°）因此 δ_i 的计算式为

$$\delta_i=\begin{cases}\dfrac{\tau_i}{\tau_S}\pi & (\tau_i\geqslant\tau_{i-1},0<\delta\leqslant\pi,\text{矩形波逐渐变宽})\\ \left(2\pi-\dfrac{\tau_i}{\tau_S}\pi\right)=\left(2-\dfrac{\tau_i}{\tau_S}\right)\pi & (\tau_i<\tau_{i-1},\pi<\delta\leqslant 2\pi,\text{矩形波逐渐变窄})\end{cases}$$

上式中 τ_S 和 τ_i 的值，CPU 可从定时/计数器读入求得。如每一工频周期（约 20ms）进行一次计算，主机可记录 δ_i 的轨迹。

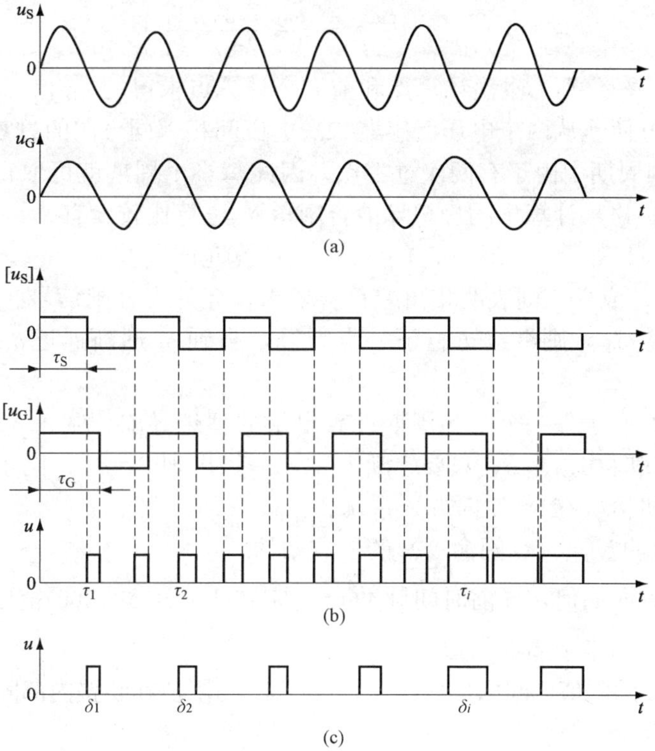

图 3 - 16　相角差 δ 测量波形分析

（a）原始波形；（b）削波限幅后的方波；（c）矩形波

$[u_S]$、$[u_G]$ —u_S、u_G 整形后的方波信号

已知时段 Δt、始末滑差角频率 ω_D 的差值 $\Delta\omega_D$，可以计算得到 ω_D 的一阶导数$\frac{\Delta\omega_D}{\Delta t}$，即$\frac{d\omega_D}{dt}$。同样，已知时段 Δt、始末$\frac{\Delta d\omega_D}{dt}$的差值，可以计算得到 ω_D 的二阶导数$\frac{d^2\omega_D}{dt^2}$。这样就为计算理想导前合闸角 δ_{dq}创造了条件。由此可得

$$\begin{cases} t_{dq} = t_{on.QF} + t_C \\ \omega_D = \dfrac{\Delta\delta_i}{\Delta t} = \dfrac{\delta_i - \delta_{i-1}}{2\tau_S} \\ \delta_{dq} = \omega_D t_{dq} + \dfrac{1}{2}\dfrac{d\omega_D}{dt}t_{dq}^2 + \dfrac{1}{6}\dfrac{d^2\omega_D}{dt^2}t_{dq}^3 \end{cases} \tag{3 - 14}$$

式中　ω_D——计算点的滑差角频率；

δ_i，δ_{i-1}——分别为本计算点和上一计算点的相角差值；

τ_S——两计算点之间的时间，即为系统电压周期 T_S；

t_{dq}——微处理器发出合闸信号到断路器主触头闭合时需经历的时间；

$t_{on.QF}$——断路器主触头闭合需要的时间；

t_C——装置出口继电器的动作时间。

在实际中，由于两相邻计算点间的 ω_D 变化很小，因此 $\Delta\omega_D$ 一般可经若干计算点后才计算一次，所以有

$$\frac{d\omega_D}{dt} \approx \frac{\Delta\omega_D}{\Delta t} = \frac{\omega_{Di} - \omega_{D(i-n)}}{2\tau_S n} \tag{3-15}$$

式中 ω_{Di}，$\omega_{D(i-n)}$——分别为本次计算点和前 n 个计算点求得的 ω_D 值。

同样，也可以方便地从两个电压互感器二次电压间相邻同方向的过零点找到两电压的相角差 δ，在一个工频周期中由于有两次过零点，因此每半个周期就可取得一个实时的相角差值 δ。该值与式（3-14）计算出的理想导前合闸角 δ_{dq}进行比较，有

$$|(2\pi - \delta_i) - \delta_{dq}| \leqslant 计算允许误差 \tag{3-16}$$

如果式（3-16）成立，则表明相角差符合要求，允许发合闸信号。如果式（3-16）不成立，且（$2\pi-\delta_i$）$>\delta_{dq}$，则继续进行下一点计算，直到 δ_i 逐渐逼近 δ_{dq}，符合式（3-16）为止。

在实际装置中，有了每一个工频周期计算出来的理想导前合闸角 δ_{dq}，又有了每半个工频周期测量出来的实时相角差 δ，只要不断搜索，一旦出现 $\delta=\delta_{dq}$，同步装置即可发出合闸命令，使待并发电机恰好在 $\delta=0°$时并入系统。

2）导前时间脉冲 $U_{dq.t}$（合闸命令）的形成条件。

（a）不论频差方向如何，导前时间脉冲 $U_{dq.t}$应在 $180°<\delta<360°$范围内形成，即在 $\dot{U}_G$ 与 $\dot{U}_S$ 相量即将重合的半个周期内形成。

（b）在相角差 δ 的限值区间内形成，即 $\delta\leqslant\delta_{set}$（$\delta_{set}$角限值在装置内部固定，如 $\delta_{set}=10°$）。

（c）压差满足要求。

（d）频差满足要求。

形成的导前时间脉冲 $U_{dq.t}$就是同期并列时的合闸脉冲命令。

3）断路器合闸时间测量。并列断路器总的合闸时间是自动准同期装置设置的一个重要参数，因此必须正确测量并列断路器总的合闸时间。

并列断路器在停电检修状态下测量总的合闸时间比较容易。若要带电测量并列断路器总的合闸时间，则可采用如下的方法：采用自动准同期装置发合闸脉冲时开始计时、并列断路器辅助触点闭合时停止计时的方法，同样可测量到并列断路器总的合闸时间。这种测量方法要求断路器主触头与辅助触点之间要同步，时差不能太大；此外，辅助触点要通过电缆引入自动准同期装置。

4. 输入电路

按发电机并列条件，输入电路分别从发电机和系统母线电压互感器二次侧的交流电压信号中，提取电压幅值、频率和相角差三种信息，作为并列操作的依据。

同期电压输入电路由电压形成和同期电压变换组成。同期电压经隔离、变换及有关抗干扰回路变换成较低的适合工作的电压；再经整形电路、A/D 变换电路，将同期电压的幅值、相位变换成数字量，供 CPU 系统识别，并判断同期条件。自动准同期装置的输入信号除并列点两侧的 TV 二次电压外，还要输入如下信号：

（1）并列点选择信号。自动准同期装置不论是单机型还是多机型同期装置，其参数存储器中都要预先存放好各台发电机的同期参数整定值，如导前时间、允许频差、均频控制系数、均压控制系数等。在确定即将执行并网的并列点后，首先要通过控制台上每个并列点的同期开关（或由上位机控制的相应继电器），从同期装置的并列点选择输入端送入一个开关量信号，这样同期装置接入后（或复位后）即会调出相应的整定值，进行并网条件检测。装

置可供多台发电机并网共用，但每次只能为一台发电机服务。如同时给同期装置的并列点选择输入端送上一个以上的开关量信号时，装置会给出并列点大于或等于2的出错信号。

（2）断路器辅助触点信号。并列点断路器辅助触点是用来实时测量断路器合闸时间（含中间继电器动作时间）的，同期装置的导前时间整定值越是接近断路器的实际合闸时间，并网时的相角差就越小。这也正是为什么要实测断路器合闸时间的理由。在同期装置发出合闸命令的同时，即启动内部的一个毫秒计时器，直到装置回收到断路器辅助触点的变位信号后停止计时，这个计时值即为断路器合闸时间。应该指出，断路器主触头的动作不一定和辅助触点同期，因此，这种测量合闸时间的方法是存在误差的。弥补的办法是，由录波器在并网时通过记录的脉振电压及同期装置合闸继电器触点动作的波形图，得到断路器的精确合闸时间，与由辅助触点测出的合闸时间的差值在软件上进行修正；也可通过同步瞬间并列点两侧电压的突变这一信息精确计算出断路器合闸的时间。

（3）远方复位信号。“复位”是使微机从头再执行程序的一项操作。同期装置在自检或工作过程中如果出现硬件、软件问题或受干扰都可能导致出错或死机。此时，可通过按一下装置面板上的复位按钮或设在控制台上的远方复位按钮使装置复位，复位后装置可能又正常工作了，也可能仍旧显示出错或死机。前者说明装置受短暂的干扰，而本身无故障；后者则说明装置有故障应实施检查。

“复位”的另一个作用是，在同期装置处在经常带电工作方式时，如果要其再启动，则需进行一次“复位”操作。因同期装置在上次完成并网后，程序进入循环显示断路器合闸的状态，直到接到一次复位命令后才又重新开始新一轮的并网操作。

（4）面板的按键及拨码开关信号。同期装置面板上装有若干按键和开关，这些开关、按键信号也是开关量形式的输入量。与前述输入开关量不同，它们不是由装置对外的插座输入，而是由装置面板直接输入到并列输入接口电路，分别实现均压功能、同期点选择、参数整定、频率显示以及外接信号源等功能。

（5）定值输入及显示。自动准同期装置每个同期对象的定值输入可通过面板上的按键实现，或者通过面板上的专用串口由手提电脑输入实现。前者可通过按键修改定值，后者通过按键不能修改定值，只能查看定值，可防止其他工作人员修改定值。定值一经输入不受装置掉电的影响。显示屏除可以显示每个同期对象的定值参数外，还可显示同期过程中的实时信息、装置告警时的具体内容、每次同期时的同期信息等。

每个同期对象的定值输入有以下内容：

1）同期对象类型。确定是机组型还是线路型。

2）导前时间。导前时间等于同期装置发合闸脉冲命令到并列断路器主触头闭合的时间。

3）频差。如设定$-0.2\text{Hz}<$频率差$<0.2\text{Hz}$。

4）系统侧电压。需设置的内容如下：

（a）系统侧电压上限值，如115V；

（b）系统侧电压下限值，如80V；

（c）系统侧频率上限值，如51Hz；

（d）系统侧频率下限值，如49Hz。

应当指出，由于系统侧电压设置了下限值，在同期过程中一旦出现电压互感器二次回路断线，则同期装置测到的系统侧电压必低于80V，同期装置立即闭锁，发出告警信号并在显示屏上显示“系统侧电压过低”的信息。

5）待并侧电压。需设置的内容如下：

（a）待并侧电压上限值，如 110V；

（b）待并侧电压下限值，如 80V；

（c）待并侧频率上限值，如 50.5Hz；

（d）待并侧频率下限值，如 49Hz。

同样，在同期过程中发生待并侧电压互感器二次回路断线，装置动作行为与系统侧电压互感器二次回路断线时相同。

5. 输出电路

微机自动准同期装置的输出电路分为四类：

（1）控制类：实现自动装置对发电机组的均压、均频和合闸控制。

（2）信号类：实现装置异常及电源消失报警。

（3）录波类：对外提供反映同期过程的电量，进行录波。

（4）显示类：供使用人员监视装置工况、实时参数、整定值及异常情况等提示信息。

控制命令由加速、减速、升压、降压、合闸、同期闭锁等继电器执行。同期闭锁继电器是在进行装置试验时闭锁合闸回路的。所有继电器的触点断开容量为 DC220V、0.5A，如直接驱动被控对象触点容量不够，应加装外部从动继电器；如用于合闸回路，可考虑选用大功率高抗干扰 MOS 无触点继电器，这种继电器的触点断开容量为 DC 250V、2A，在 100ms 内可过载到 5A。

装置异常及失电信号也由继电器发出，同步装置的任何软件和硬件故障都将启动报警继电器动作，触发中央音响信号，具体故障类别同时在同期装置的显示器上显示。为了评价同期装置参数整定值设置的正确性，需要在同期装置并网过程中进行录波，脉动电压及同期装置合闸出口继电器触点能最确切地描述并网过程。因此，这两个电量是同期装置供录波用的输出量。

同期装置面板上有两个显示部件：一个是同期表，主要用来指示并网过程的相角差变化，也反映滑差的极性和大小；一个是显示器，主要用来显示参数整定值、频率差及电压差越限情况、出错信息、待并发电机及系统频率等。

6. 装置电源

自动准同期装置使用专门设计的交直流两用高频开关电源。电源可由 48～250V 交直流电源供电。装置内部因电路隔离的需要，使用了若干个不共地的直流电源。选择并列点的外部同期开关触点（或继电器触点），用装置中的一个不与其他电源共地的直流电压做驱动光电隔离的电源，以免产生干扰。

7. 通信及 GPS 对时

同期装置在工作过程中，通过装置上的通信口（RS485 或 RS232）将同期实时信息传送到监控计算机上（通过视频转换器，还可传送到 DCS 系统画面上）。显示的实时信息有实时同期表（反映实时相角差）、增速或减速、升压或降压、系统侧电压和频率、待并侧电压和频率、合闸脉冲发出情况等。若装置告警，则显示告警的具体信息。

GPS 对时，可使装置内部时钟与系统时钟同步，在装置显示屏上或传送的同期实时信息中显示具体的时间。

8. 试验模块

同期装置内设调试模块，提供两路变频、变幅的模拟量同期电压，可在任何时候对同期装置进行试验。

当试验开关置“试验”位置时，可对装置进行升压、降压、增速、减速试验；当两路同期电压调节的频率相同时，可以进行移相，对装置环并角进行试验；两路同期电压满足同期条件时，装置会自动发出合闸脉冲。试验时同期过程中的实时信息，与真实同期完全相同，通过通信口可上传，在装置上也同时显示。

试验模块的设置可及时发现同期装置的问题，不影响下次同期并列工作。处试验位置时，同期装置出口自动断开，以免发出不必要的调速、调压、合闸命令。至于试验时装置是否正常，在面板上根据发出的指示灯信息完全可判断出来。

试验完毕，应将试验开关置“运行”状态，实际上调试模块处于不工作状态。

三、微机型自动准同期装置软件原理

（一）主程序框图

图3-17所示为微机自动准同期装置主程序框图。同期装置未启动时，装置工作于自检、数据采集的循环中，当某一元件发生故障或程序出现了问题，装置立即发出告警并闭锁同期装置工作。同期装置启动后，如果同期对象为机组，则对机组进行调压、调频，当电压差、频率差满足要求时，发出导前时间脉冲，命令并列断路器合闸，合闸后在显示屏上显示同期成功时的同期信息；如果同期对象为线路，则不发出调压、调速脉冲，在电压差、频率差满足要求的情况下，进行捕捉（等待）同期合闸，完成同期并列。

在同期过程中，如果出现同期电压参数越限、调压或调速脉冲发出后在一定时间内调压机构或调速机构不响应等情况，则闭锁同期装置并同时发出告警信号；同期装置启动后，若因故要退出同期装置工作，则只要输入复位信号即可。

（二）数据量采集

数据采集有模拟量采集和开关量采集两种。

1. 模拟量采集

模拟量采集指的是同期电压 u_G 和 u_S 的大小、频率，以及相角差 δ 的采集。

模拟量的正确采集对同期装置的工作十分重要。为提高同期装置的安全性和可靠性，同期电压均要经电压输入回路后才能进行采集（见图3-18）。因两路同期电压输入回路不可能有完全相同的电压传输系数和相位移动，所以在采集前必须

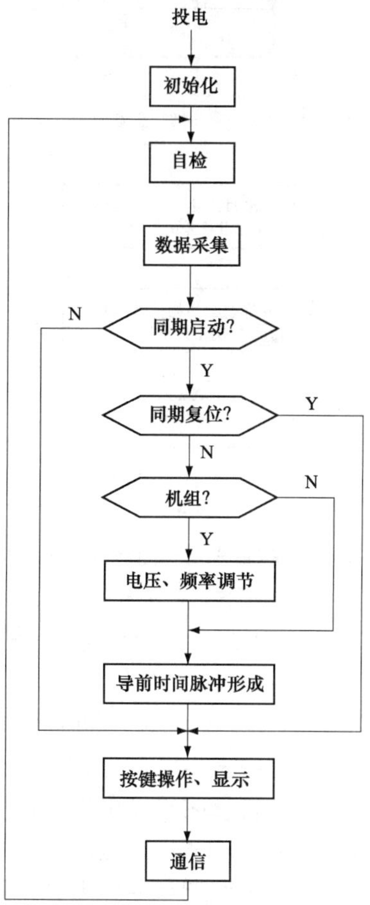

图3-17 微机自动准同期装置主程序框图

对同期电压的大小及其相角差进行调整。调整的根据是同期电压输入回路的传输误差固定

不变。

调整前先测量同期电压输入回路的电压调整系数和相角补偿值，测量是自动的。测量方法是：将两同期电压并接，施加100V、50Hz的标准正弦波形电压，在显示屏主菜单中选取“自校”，确认后装置自动将两路同期电压输入回路的电压调整系数、相角补偿值测量出，并将其存储起来，用作调整补偿。

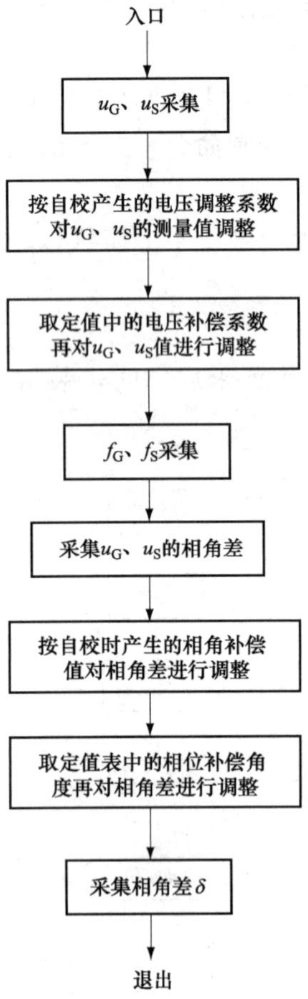

图3-18 模拟量采集功能性程序示意框图

图3-18所示为模拟量采集功能性程序示意框图。图中，对u_G和u_S大小进行了二次调整，第一次调整是对同期电压输入回路引起的误差进行调整，第二次调整是由于主变压器变比、电压互感器变比引起的幅值调整。对相角差δ同样进行了二次调整，第一次调整是对两个同期电压输入回路相位不相同进行的调整，第二次调整是由于主变压器连接组引起的相位补偿的调整。经过上述的两次调整，使CPU系统采集到的同期电压大小、相角差可完全反映并列点两侧电压的大小及相角差，达到了模拟量正确采集的目的。

2. 开关量采集

开关量采集指的是同期启动、同期对象、无压同期等的采集。

图3-19所示为开关量采集功能性程序示意框图。准同期装置在无告警且不在同期过程中才可采集开关量。装置一经启动，立即采集同期对象，并判断是否合理，当同期对象重选（选择两个及以上）或漏选（没有同期对象选择输入）时，报同期对象重选或漏选的错误信息，装置发出告警信号；当仅有一个同期对象选择信号时，对象选择合理，此时提取该对象号的整定参数，供同期时使用。

并列点两侧均无压或任一侧无压时，在有无压同期开入量的情况下，才能进入无压同期状态完成并列合闸；无压同期开入量信息不加入时，装置不会发出合闸命令。当并列点两侧有电压时，只能在没有无压同期开入量的情况下，才能进入准同期并列程序；如果错误地加入无压同期信息，装置立即发出告警退出工作。

由图3-19可知，无压同期只有在无压同期开入量信息存在的情况下才能实现，所以正常准同期过程中发生电压互感器二次回路断线失压时，准同期装置不可能发出合闸脉冲命令，此时装置自动闭锁发出告警信号，显示断线侧同期电压过低的信息。因此，不会出现装置具有无压同期功能后，电压互感器二次回路断线失压带来的误合闸问题。在图3-19中，无压同期是不经同期程序判别后直接发合闸脉冲命令的。

四、准同期装置的功能

（一）能适应TV的不同相别和电压值

并列点断路器两侧的TV二次电压是同期装置的输入信号源，同期装置应能任意取用

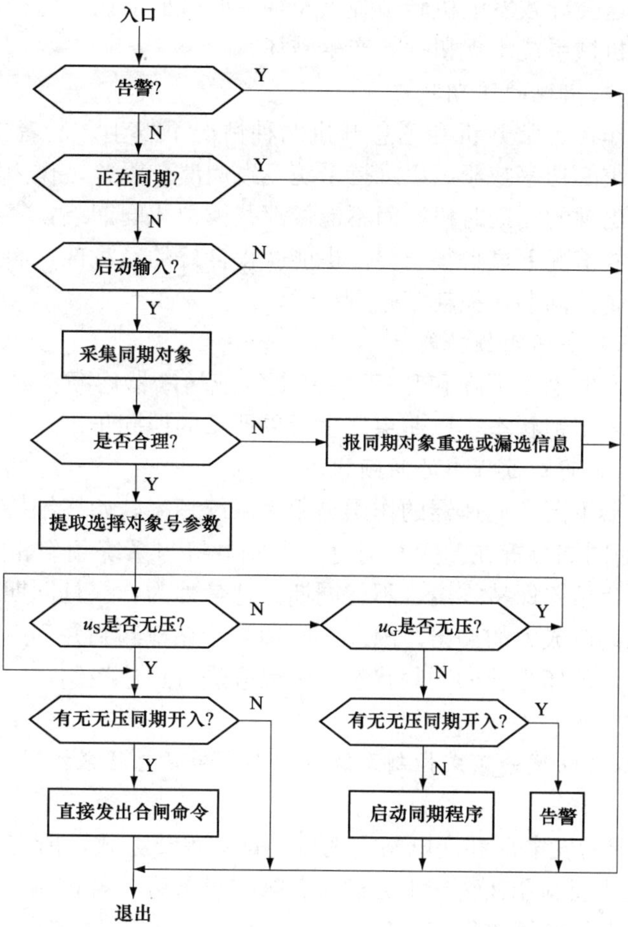

图 3-19　开关量采集功能性程序示意框图

TV 不同的相别和不同的电压值。也就是说，同期装置可以不依赖外部转角电路的相电压及线电压的转换电路。这将大大简化二次线的设计工作量及同期接线。这一功能也使得人们能正确给定断路器两侧 TV 二次电压的实际额定值，可选择的 TV 二次电压额定值为 100V 或$\frac{100}{\sqrt{3}}$V。

（二）应有良好的均频与均压控制品质

这是保证发电机能尽快进入频率差及电压差的合格区，快速完成并网的必要条件。在发电机同期过程中，同期装置应针对调速器、励磁调节器的特点，对频率和电压进行有针对性的控制，这就要求同期装置的均频与均压控制应具备自适应的控制品质，它们应根据频差和压差的绝对偏差及其变化率随时调整控制力度，以期快速且平滑地使偏差值达到整定范围。

（三）应确保在相角差为零度时同步

在准同期的三个条件中，电压差及频率差的存在虽然会产生同期时的短暂功率交换（一般讲的冲击），但不大的差值对发电机而言并不很可怕的，因为发电机结构在设计时就能够适应在运行中经受负荷突减或突增的冲击。然而对于同期时的相角差却应倍加注意，相角差的存在，意味着在同期瞬间，发电机定子所产生的电磁转矩在极短的时段内要强迫转子纵向磁轴与其取向一致，这会导致发电机转子绕组及轴系的机械损伤。这种冲击有时甚至会引起电气系统的转子轴系机械系统出现扭振，产生破坏。

（四）应捕获第一次出现的同期时机

发电机的同步操作在正常开机和紧急开机两种情况下发生。后者常常发生在系统事故时，需要迅速填补系统的功率缺额，以维持系统不致崩溃。因此，作为同期装置必须在算法上确保能捕获第一次出现的同期时机，而不能像那些模拟式同期装置靠碰运气。同期快速性的重要意义不仅在事故情况下显得很重要，也能获得良好的经济性，因发电机在同期过程中空转能耗也很巨大，越快同期，损耗就越少。

（五）应具备低压和高压闭锁功能

系统事故会引起发电电压下降和升高，TV 断线或熔断器熔断会导致同期装置误判，此时都应使同期装置进入闭锁状态，以避免产生后果严重的误同步。

（六）应能及时消除同期过程中的同频状态

同期装置和调速器不同，调速器的作用是跟踪系统频率，始终维持发电机频率与系统频率相等（或相近）。而同期装置在差频并网时，如发电机与系统频率相同或很相近时，是不能并网的，即使此时相角差保持零度也不能同期。这是因为，一旦同期装置发出合闸脉冲后相角差又拉大了，就会造成大的冲击。因此，同期装置在检测到并列点两侧电压同频时，必须控制发电机调速器，破坏当前的同频状态。一般应进行加速控制，以免同期时出现逆有功功率。

（七）应具备接入发电厂分布式控制系统（DCS）和变电站微机监控系统（SNCS）的通信功能

DCS、SNCS 已成为发电厂和变电站实现自动化的重要方式，所有被控设备都配备有与之相应的控制器，这些控制器在物理上分散到各被控设备旁，各控制器独立完成对生产过程的特定控制功能并与上位计算机保持上传下达的通信任务。自动准同期装置就起到这种控制器的作用，它通过现场总线与上位计算机相联。上位机可根据工艺流程启动或退出同期装置，并在同期过程中获得必要的信息构成生动的画面，使远在集控室的值班员能监视到同期的全过程。

（八）应能自动在线测量并列点断路器合闸回路的动作时间

恒定导前时间是自动准同期装置的重要整定值，关系到同期时的冲击大小。仅靠电厂在断路器检修时所测得的数据是不准确的，因随着断路器运行时间的加长，其数值会发生变化。而且导前时间还应包含合闸回路中其他环节（如中间继电器、接触器等）的动作时间。

因此，同期装置能在线测量合闸回路动作时间就尤为重要。

（九）应赋予更多便于设计和使用的功能

以微处理器为核心的自动准同期装置要实现更多的功能不是一件很难的事，但同期装置不论是同期接线设计还是调试、校验都较复杂。因此，给同期装置增加以下功能是必要的：

（1）自动转角功能。同期接线设计的一个重要问题就是同步点选择，选择的原则是并列点断路器两侧 TV 的二次电压应能正确反映一次回路电压的相位关系。如果找不到合适的电压（相序和电压相同），则需要增设转角变压器。微机同期装置完成转角功能并不困难，且很有必要。

（2）复合同期表功能。同期装置应提供同期过程中压差、频差及相角差的明确显示，使运行人员能清晰监视同期操作的进程。这种显示便于了解装置的工作状态，甚至在特殊情况下能起到同期表的作用。

（3）调试、校验功能。同期装置的调试和校验是电厂维修人员最关心的一项工作，以往需要配备工频信号发生器、频率表、相位表等仪器设备才能调试，而微机同期装置可以内置精确的信号源和提供电量的测试读数，这一功能将装置的智能化程度提到了一个更高的水平。

（4）检查外接电路的功能。同期装置在现场的接线正确与否，关系到装置是否能投入正常运行，为了方便对外电路的检验，同期装置应具备通过外接端子排（如调速、调压、合闸等）检查外部接线的功能。

（5）提供录波的相关电量。同期装置并网质量的鉴别方法一般是从录波器的录波进行分析，因此同期装置应能提供相关电量供录波之用，主要电量是脉动电压和装置合闸出口继电器的空触点。

我国目前生产的自动准同期装置的功能基本上能满足上述要求。

思考与练习

1. 微机型自动准同期装置的硬件构成及各部分的功能是什么？
2. 电压差测量部分是如何工作的？
3. 试说明频率差、相角差测量部分的工作原理。
4. 为什么要在 $\delta=0°$ 之前提前发出合闸脉冲？如何实现？
5. 导前时间脉冲发出瞬间的相角差大小与哪些因素有关？
6. 自动准同步装置主要的输入信号和输出信号是哪些？
7. 微机型自动准同期装置软件的原理是什么？
8. 微机型自动准同期装置有哪些设定参数？限额参数如何取值？

情境 5　微机型自动准同期装置举例

知识目标

◇ 掌握 CSC-825A 型数字式自动准同期装置的主要功能及启动过程。

能力目标

◆ 能够熟悉 CSC-825A 型数字式自动准同期装置的端子定义图。

本节以 CSC-825A 型数字式准同期装置中的 CSC-825A 型为例，介绍微机自动准同期装置的基本组成及特点。

一、CSC-825A 型自动准同期装置的主要功能及特点

（一）主要功能

CSC-825A 型数字式准同期装置为 8 同期点自动准同期装置，主要用于发电机并网和

线路的检同期合闸操作，适用于电厂、变电站等需要同期并网操作的场合，需要配套 CSC - 825X 型同期装置选线器。其主要功能配置见表 3 - 1。

表 3 - 1　　CSC - 825A 型数字式准同期装置主要功能配置

规格型号	主要功能配置								
	发电机并网	线路同期	电压、频率调节	自动转角	无压合闸	测量断路器合闸时间	以太网通信	选线控制	选线
CSC - 825A	●	●	●	●	●	●	●	●	
CSC - 825X									●

注　●代表具备该功能。

（二）主要特点

（1）具备发电机同期和线路同期功能，根据外部信号自动切换到相应的同期点。

（2）具有差频并网、同频并网和无压合闸功能。

（3）发电机同期时，采用 PID 控制方式调节电压和频率，快速、平稳地使电压差、频率差进入整定范围，实现快速并网；如果出现同频状态，可自动调频，创造并网机会。

（4）可实现无逆功率并网。

（5）测量并记录合闸回路动作时间。

（6）电压类型可为线电压或相电压，可对同期点两侧电压进行相角补偿和幅值补偿。

（7）大容量录波功能，记录同期过程，便于用户分析。

（8）大容量事件存储，详细记录动作过程各个关键点的状态。

（9）完善的自检功能，运行过程实时自检，定位故障并报警。

（10）采用通用的软硬件平台，运行稳定、可靠。

（11）采用高性能工业微处理器和嵌入式操作系统，低功耗设计。重要环节采用冗余设计，采用多重隔离保护，可靠性高。

（12）全汉化界面，人机交互简单、方便。每个插件的输入输出信号配置有指示灯，方便现场调试。

（三）主要同期指标

（1）允许最大频差：$\Delta f \leqslant 1.0$Hz，缺省为±0.3Hz。

（2）允许最大压差：ΔU 在±20%之内，缺省为±10%。

（3）同频并网（合环）允许功角：$\Delta\varphi \leqslant 80°$，缺省为 30°。

（4）合闸精确度：在频差≤0.3Hz 时，合闸相角差≤1.0°。

（5）调频、调压输出：

1）脉冲输出，调频脉冲宽度误差：10ms；调压脉冲宽度误差：10ms；

2）脉冲序列的间隔可整定；

3）脉冲宽度由 PID 调节规律计算得出，PID 参数可整定。

（6）频率变化允许范围：$\mathrm{d}f/\mathrm{d}t \leqslant 1.0$Hz/s。

二、外形结构与工作原理

（一）外形结构

CSC - 825A 型数字式准同期装置采用符合 IEC 60297 - 3 标准的高度为 4U、宽度为 19

英寸的机箱，配整体面板，带有锁紧的插拔式功能组件。装置的安装方式为嵌入式，接线为后接线方式。CSC－825A型数字式准同期装置和CSC－825X型选线器的外形分别如图3－20、图3－21所示。

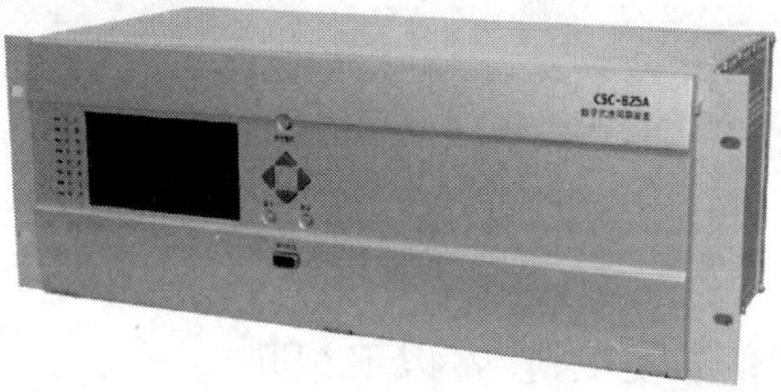

图3－20 CSC－825A型数字式准同期装置外形图

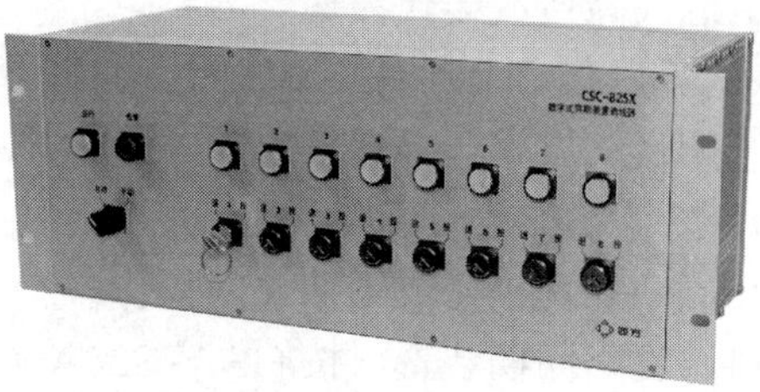

图3－21 CSC－825X型选线器外形图

（二）主要功能插件

CSC－825A采用功能模块化设计思想，不同的产品由相同的各功能组件按需要组合配置，实现了功能模块的标准化。CSC－825A由交流插件、CPU插件、开入插件、开出插件、电源插件和人机接口组件构成。

CSC－825A插件组成见表3－2，其中槽号X2、X4、X7、X9、X12为空面板。

表3－2　　CSC－825A插件组成

槽号	X1	X3	X5	X6	X8	X10	X11	X13、X14
插件型号	PW107	CM103/CM104	DI102T	DI102T	DM101T3	DO103T	DO103T	AI155T
类型	POW	CPU	DI	DI	DI/DO	DO	DO	AC

CSC－825X插件组成见表3－3，其中槽号X10、X11、X12、X13为空面板。

表3－3　　CSC－825X插件组成

槽号	X1	X2～X9	X10～X13	X14
插件型号	DM103T	DO107T1	空	DO107T2

（1）交流插件（AC）。用于采集同期电压信号。

（2）CPU插件（CPU）。CPU插件是本装置的核心插件，采用专业嵌入式硬件结构设计。CPU硬件采用PowerPC嵌入式双内核处理器，集成通信处理器，芯片处理能力强，低功耗，寿命长、高可靠性，适合严酷的工作环境场合。CPU插件直接提供2路10M/100M以太网口。

（3）开入插件（DI）。提供16路开关量输入通道，查询电压为DC 24V。

每路信号输入采用了限压处理、阀值电压控制、限流滤波电路和光电隔离。防抖动时间可设置。外部查询电压的有效范围为75%～120%。

（4）开出插件（DO）。开关量输出插件输出信号形式为机械式继电器的无源空接点，用于完成合闸、调速、调压等各种操作，或用于发告警信号。

（5）人机接口（MMI）。与CPU插件进行数据交换，提供对装置的本地操作接口，包括液晶显示、LED指示、按键操作等。

（6）电源插件（POW）。电源插件利用逆变原理将直流220V/110V输入转换为装置工作所需的三组直流电压，几组工作电压均不共地且采用浮地方式，起到电气隔离的作用。为提高电源回路的抗干扰性能，插件在内部其直流输入和引出的外部 24V 电源回路中均装设抗干扰滤波器件。插件还配备有完善的电源保护功能（欠压、过压、过流、过功率等），以防止电源故障造成装置损坏。

（三）同期启动过程

同期启动方式包括现场启动、远方启动的自准同期和手动同期三种。

1. 现场启动自准同期

在同期并列柜完成同期并网操作。

（1）复归同期装置（按 CSC-825A 面板的“信号复归键”，以下相同）。

（2）将同期并列柜同期转换开关切至“自准”方式，选线器 CSC-825X 切至“自动”模式。

（3）通过操作同期并列柜上配置的操作把手或按钮选择待操作同期点，同期选线装置 CSC-825X 相应通道指示灯亮，装置 CSC-825A 液晶屏报“选择 N 号同期点成功或失败”。操作按钮时保持时间大于 0.5s。

（4）在需要无压合闸时，检查同期点两侧电压，符合要求时，投入无压确认按钮并保持，非无压合闸时直接进入下一步。

（5）选择同期点成功后，操作同期并列柜启动同期把手或按钮到投入状态，同期装置进入自动准同期过程。操作按钮时保持时间大于 0.5s。

（6）同期成功或延时时间到同期失败，装置液晶屏弹出报告，同期装置进入闭锁状态。

2. 远方启动自准同期

通过监控系统完成同期并网操作，其与现场启动自准同期过程类似，但是在监控后台画面发控制命令。

（1）复归同期装置（遥控命令驱动的 DO 节点，接 CSC-825A 型装置的 X5.1“信号复归”开入）。

（2）将同期并列柜同期转换开关切至“自准”方式，选线器 CSC-825X 切至“自动”模式。

（3）通过监控系统监控画面发遥控命令，驱动 DO 节点（接 CSC-825A 型装置的 X6.1～X6.8），选择待操作同期点，同期装置反馈选线成功信号（X10.5～X10.6）；要求 DO 节点闭合时间大于等于 0.5s。

（4）在需要无压合闸时，检查同期点两侧电压，符合要求时，通过监控系统监控画面发遥控命令进行无压确认；遥控命令驱动的 DO 节点接装置的 X5.3 或 X5.4，非无压合闸时直接进入下一步。

（5）选择同期点成功后，通过监控系统监控画面发遥控命令启动同期，同期装置进入自动准同期过程；遥控命令驱动的 DO 节点接装置的 X5.5，要求 DO 节点闭合时间大于等于 0.5s。

（6）同期成功或延时时间到同期失败，监控系统报动作事件，同期装置进入闭锁状态。

3. 手准同期

作为备用方式，利用同期选线装置、同步表和手动操作把手、按钮完成同期并网操作。

（1）将同期并列柜同期转换开关切至“手准”方式，选线器 CSC-825X 切至“手动”

模式。

（2）通过操作同期装置选线器的钥匙开关选择待操作同期点，同期选线装置相应通道指示灯亮。

（3）观察同步表，进行必要的调频、调压操作，在适当时机，通过同期屏把手或按钮合开关。

4. 无压合闸

如前所述，在自准同期需要无压合闸时，需要人工给装置持续保持的无压确认信号，通过投入同期屏上的无压确认按钮，或者通过监控后台发遥控命令驱动DO节点实现。

5. 单点同期

与上述多点同期操作相似，但不需要选线，不配置选线器CSC-825X。

三、人机接口及操作

（一）操作面板

1. 操作面板特点

图3-22所示为CSC-825A型数字式准同期装置具有人性化设计的操作面板，其主要特点为：

（1）键盘的功能定义符合操作使用习惯，使用四方键盘可以在功能菜单中方便地浏览信息、修改定值和完成相应的控制。

（2）简单快捷的运行监视和运行方式控制操作。

（3）8个LED指示灯指示当前主要状况。

（4）提供密码保护防止误操作。

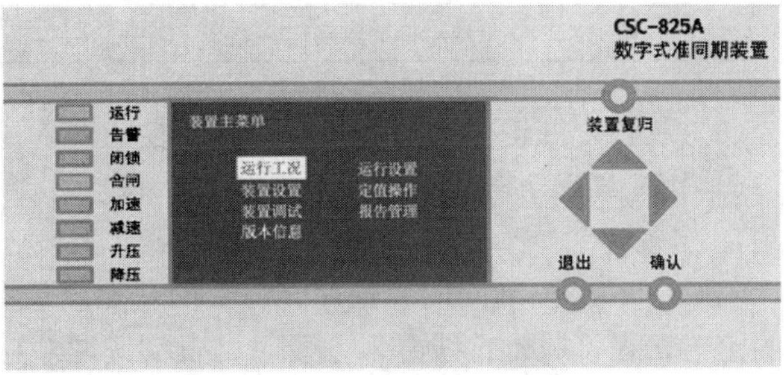

图3-22　CSC-825A型数字式准同期装置操作面板

2. 按键功能

（1）LCD显示屏。LCD显示屏可显示7行汉字，满屏显示105个汉字。

1）一般状态下，循环显示当前时间、测量值和当前定值区号。

2）装置运行异常或保护动作时，显示屏背光增强，以高亮度模式主动显示事件信息。

3）响应键盘命令，显示屏背光增强，以高亮度模式显示人机对话界面。

4）LCD显示屏规格为240mm×160mm。

（2）四方键盘。四方键盘由［↑］、［↓］、［→］、［←］、［确认］、［退出］键组成，使用四方键盘可以完成所有人机对话操作。其功能为：

1）控制光标向上、下、左、右四个方向移动；

2）输入数字时，用［←］、［→］键控制光标左右移动到要更改数字位上，用［↑］、［↓］键增大或减小数字。

（3）［确认］键。

1）在循环显示状态下，按下［确认］键激活主菜单。

2）在进行整定定值、切换定值区、设置时间、设置装置地址等操作时，［确认］键相当于电脑的回车键，按下［确认］确认执行。

（4）［退出］键。

1）清屏。

2）当进行菜单操作时，按一下［退出］键可以取消操作，或者退回上级菜单。

（5）LED指示灯。LED指示灯共有8个，其含义见表3-4。

表3-4 CSC-825A型准同期装置LED指示灯含义

编号	名称	功能说明
1	运行	正常运行时常亮
2	告警	告警总信号。装置检测到内部参数错、装置内部故障（如AD采样错）、装置外部故障（如无压合闸确认信号异常）时点亮。通过液晶上事件记录可查询具体告警内容
3	闭锁	同期功能被闭锁时点亮。当装置检测到外部闭锁信号或同期参数非法、装置故障时闭锁同期功能
4	合闸	合闸后常亮，需要复归
5	加速	加速出口节点动作时点亮
6	减速	减速出口节点动作时点亮
7	升压	升压出口节点动作时点亮
8	降压	降压出口节点动作时点亮

（6）装置复归键。装置复归按钮用于复归同期逻辑、告警信息及告警灯。

（二）定值说明与整定

1. 定值说明

CSC-825A型准同期装置存储每个同期点定值参数，0～7区定值分别对应1～8号同期点的定值，在接收到选线开入命令时，自动调取对应同期点定值参数，完成同期控制功能。

每个同期点定值清单见表3-5。

表3-5 同期点的定值清单

序号	定值名称	整定范围	单位	备注
1	控制字Ⅰ	0000～FFFFH	—	参见控制字Ⅰ说明
2	控制字Ⅱ	0000～FFFFH	—	参见控制字Ⅱ说明
3	系统侧额定电压	50.00～110.00	V	
4	待并侧额定电压	50.00～110.00	V	
5	断路器合闸时间	20～990	ms	步长1ms
6	同频同期允许功角	5～80	°	步长1°
7	允许压差	1～20	%	步长1%
8	允许频差	0.10～1.00	Hz	步长0.01Hz
9	系统侧应转角	0～360	°	系统侧电压超前待并侧电压的角度
10	调速脉冲间隔	500～30000	ms	步长100ms
11	调速比例系数	1～1000	—	步长1
12	调速最大脉冲宽度	10～1000	ms	步长1ms

续表

序号	定值名称	整定范围	单位	备注
13	调速最小脉冲宽度	10～1000	ms	步长1ms
14	调压脉冲间隔	500～30000	ms	步长100ms
15	调压比例系数	1～1000	—	步长1
16	调压最大脉冲宽度	10～500	ms	步长1ms
17	调压最小脉冲宽度	10～500	ms	步长1ms
18	过电压保护值	105～120	%	步长1%
19	低电压闭锁值	30～90	%	步长1%
20	同频调频脉冲宽度	10～500	ms	步长1ms
21	装置允许同期时间	1～30	min	步长1min

表3-5中控制字Ⅰ定义见表3-6。控制字Ⅱ为备用。

表3-6　控制字Ⅰ定义

位	置1含义	置0含义
B15～B6	备用	
B5	同期超时功能投入	同期超时功能退出
B3～B4	备用	
B2	禁止无功进相	允许无功进相
B1	禁止逆功率合闸	允许逆功率合闸
B0	差频并网	同频并网

2. 整定计算

整定计算时的相关说明如下：

（1）当设定为"差频并网"时，则不进行同频与差频的自动识别，直接按差频并网模式进行控制。当设定为"同频并网"时，则需要进行并网模式的识别，并按照识别后的同期模式进行控制。

（2）调速比例系数：根据每调节0.01Hz所需的调速脉冲宽度（ms）进行设置。

（3）调压比例系数：根据每调节1.00V所需的调压脉冲宽度（ms）进行设置。

（4）禁止无功进相时，要求待并侧电压大于系统侧电压。

（5）禁止逆功率时，要求待并侧频率大于系统侧频率。

（6）过电压保护值：指容许待并侧（一般是发电机侧）过电压值，是待并侧电压对额定电压值的百分数。当待并侧电压超过过电压保护值时，自动调压，调整到限值以下。

（7）低电压闭锁值：指容许系统侧和待并侧最低工作电压值，是对额定电压值的百分数。

（8）无压判定值：固定取额定电压值的20%。

CSC-825A型准同期装置端子功能如图3-23所示。

CSC-825X型选线器的端子功能如图3-24所示。

X1	
电源插件	
1	备用
2	备用
3	备用
4	备用
5	备用
6	备用
7	备用
8	备用
9	备用
10	备用
11	备用
12	备用
13	备用
14	备用
15	失压告警空接点
16	
17	备用
18	直流正电源/AC–L
19	直流负电源/AC–N
20	机壳接地端

X3
CPU插件
电以太网口1 RJ45–1
电以太网口2 RJ45–1
电以太网口3 RJ45–1

X5			
开关量输入插件			
1	信号复归	2	急停信号
3	单侧无压合闸确认	4	双侧无压合闸确认
5	启动同期工作	6	自准模式
7	手动录波	8	选线器告警
9	选线器自动模式	10	开入10
11	开入11	12	开入12
13	开入13	14	开入14
15	开入15	16	开入16
17		18	
19	24V+(输入)	20	24V+(输入)
21		22	
23		24	
25		26	
27	24V–(输入)	28	24V–(输入)
29		30	
31		32	

X6			
开关量输入插件			
1	1号同期点选择输入	2	2号同期点选择输入
3	3号同期点选择输入	4	4号同期点选择输入
5	5号同期点选择输入	6	6号同期点选择输入
7	7号同期点选择输入	8	8号同期点选择输入
9	1号同期点选通反馈	10	2号同期点选通反馈
11	3号同期点选通反馈	12	4号同期点选通反馈
13	5号同期点选通反馈	14	6号同期点选通反馈
15	7号同期点选通反馈	16	8号同期点选通反馈
17		18	
19	24V+(输入)	20	24V+(输入)
21		22	
23		24	
25		26	
27	24V–(输入)	28	24V–(输入)
29		30	
31		32	

X8	
开关量输入输出插件	
1	断路器合位位置
2	同期检查继电器闭锁输入
3	开入35
4	开入36
5	开入地
6	备用
7	备用
8	调压输出公共端
9	升压输出
10	降压输出
11	调速输出公共端
12	加速输出
13	减速输出
14	合闸输出+
15	合闸输出–
16	备用

X10	
开关量输出插件	
1	装置告警信号
2	
3	装置闭锁信号
4	
5	选线成功信号
6	
7	选线器告警信号
8	
9	备用信号5
10	
11	备用信号6
12	
13	备用信号7
14	
15	备用信号8
16	

X11	
开关量输出插件	
1	控选1号同期点输出
2	
3	控选2号同期点输出
4	
5	控选3号同期点输出
6	
7	控选4号同期点输出
8	
9	控选5号同期点输出
10	
11	控选6号同期点输出
12	
13	控选7号同期点输出
14	
15	控选8号同期点输出
16	

X13X14	
交流输入插件	
1	系统侧电压+
2	系统侧电压–
3	备用
4	备用
5	备用
6	备用
7	待并侧电压+
8	待并侧电压–
9	备用
10	备用
11	备用
12	备用
13	备用
14	备用
15	备用
16	备用

图 3-23 CSC-825A 型准同期装置端子功能

X1		X2		X3		X4		X5		X6		X7		X8		X9		X14	
CPU插件		1号切换插件		2号切换插件		3号切换插件		4号切换插件		5号切换插件		6号切换插件		7号切换插件		8号切换插件		信号输出插件	
1	控选1号同期点输入	1	待并侧电压+	1	待并侧电压+	1	待并侧电压+	1	待并侧电压+	1	待并侧电压+	1	待并侧电压+	1	待并侧电压+	1	待并侧电压+	1	待并侧电压+
2	控选2号同期点输入	2	待并侧电压−	2	待并侧电压−	2	待并侧电压−	2	待并侧电压−	2	待并侧电压−	2	待并侧电压−	2	待并侧电压−	2	待并侧电压−	2	待并侧电压−
3	控选3号同期点输入	3	系统侧电压+	3	系统侧电压+	3	系统侧电压+	3	系统侧电压+	3	系统侧电压+	3	系统侧电压+	3	系统侧电压+	3	系统侧电压+	3	系统侧电压+
4	控选4号同期点输入	4	系统侧电压−	4	系统侧电压−	4	系统侧电压−	4	系统侧电压−	4	系统侧电压−	4	系统侧电压−	4	系统侧电压−	4	系统侧电压−	4	系统侧电压−
5	控选5号同期点输入	5	调压输出公共端	5	调压输出公共端	5	调压输出公共端	5	调压输出公共端	5	调压输出公共端	5	调压输出公共端	5	调压输出公共端	5	调压输出公共端	5	调压输出公共端
6	控选6号同期点输入	6	升压输出	6	升压输出	6	升压输出	6	升压输出	6	升压输出	6	升压输出	6	升压输出	6	升压输出	6	升压输出
7	控选7号同期点输入	7	降压输出	7	降压输出	7	降压输出	7	降压输出	7	降压输出	7	降压输出	7	降压输出	7	降压输出	7	降压输出
8	控选8号同期点输入	8	调速输出公共端	8	调速输出公共端	8	调速输出公共端	8	调速输出公共端	8	调速输出公共端	8	调速输出公共端	8	调速输出公共端	8	调速输出公共端	8	调速输出公共端
9	控选同期点输入公共端	9	加速输出	9	加速输出	9	加速输出	9	加速输出	9	加速输出	9	加速输出	9	加速输出	9	加速输出	9	加速输出
10	告警输出+	10	减速输出	10	减速输出	10	减速输出	10	减速输出	10	减速输出	10	减速输出	10	减速输出	10	减速输出	10	减速输出
11	告警输出−	11	合闸输出+	11	合闸输出+	11	合闸输出+	11	合闸输出+	11	合闸输出+	11	合闸输出+	11	合闸输出+	11	合闸输出+	11	合闸输出+
12	自动模式输出+	12	合闸输出−	12	合闸输出−	12	合闸输出−	12	合闸输出−	12	合闸输出−	12	合闸输出−	12	合闸输出−	12	合闸输出−	12	合闸输出−
13	自动模式输出−	13	断路器合位位置	13	断路器合位位置	13	断路器合位位置	13	断路器合位位置	13	断路器合位位置	13	断路器合位位置	13	断路器合位位置	13	断路器合位位置	13	断路器合位位置
14	备用	14	备用	14	备用	14	备用	14	备用	14	备用	14	备用	14	备用	14	备用	14	备用
15	备用	15	备用	15	备用	15	备用	15	备用	15	备用	15	备用	15	备用	15	备用	15	备用
16	备用	16	备用	16	备用	16	备用	16	备用	16	备用	16	备用	16	备用	16	备用	16	备用
17	直流电源输入24V+	17	备用	17	备用	17	备用	17	备用	17	备用	17	备用	17	备用	17	备用	17	备用
18	直流电源输入24V+	18	备用	18	备用	18	备用	18	备用	18	备用	18	备用	18	备用	18	备用	18	备用
19	直流电源输入24V−	19	选通反馈+	19	选通反馈+	19	选通反馈+	19	选通反馈+	19	选通反馈+	19	选通反馈+	19	选通反馈+	19	选通反馈+	19	备用
20	直流电源输入24V−	20	选通反馈−	20	选通反馈−	20	选通反馈−	20	选通反馈−	20	选通反馈−	20	选通反馈−	20	选通反馈−	20	选通反馈−	20	备用

图3-24 CSC-825X型选线器端子功能

（三）事件汇总及告警处理

1. 告警信息及处理（见表3-7）。

表3-7 告警信息及处理

序号	事件内容	可能原因及处理措施
1	同期操作超时	检查同期条件
2	断路器合状态告警	在发出合闸命令前，断路器变为合位
		请检查断路器合状态信号
3	同期装置选线器异常	未选线时，收到选线反馈信号；或未选线时，有压；或选线器告警节点闭合
		请检查选线器
4	同期装置急停	收到急停信号
5	配置文件错误	通知厂家处理
6	*N*号同期点定值错	设定对应同期点定值
7	选线器自检错误，*N*号同期点无反馈信号	检查接线，检查选线器
8	手动选线重选告警	选线器手动模式下存在1个以上选通反馈信号
		检查接线，检查选线器
9	手动选线失败	选线器手动模式下，收到启动同期信号时并没有选通反馈信号
		检查接线，检查选线器
10	遥控选线重选告警	选线器自动模式下，收到1个以上选线信号
		检查外部接线及操作
11	遥控选线，*N*号同期点无反馈信号	检查接线，检查选线器
12	遥控选线，选择*N*号同期点失败	选线器自动模式下，遥控*N*号同期点选线后，选线器无选通反馈信号；或切换定值区失败
		检查接线，检查选线器
13	手动选线，选择*N*号同期点失败	*N*号同期点对应定值区切换失败
		检查对应定值区
14	无遥控选线信号	当选线器是自动模式时，选线未成功就收到启动同期信号
		检查操作顺序
15	无压合闸确认开入错	单双侧无压合闸确认信号开入同时存在
		检查单双侧无压合闸确认信号开入
16	待并侧低电压告警（附加信息：电压值）	检查待并侧电压信号
17	系统侧低电压告警（附加信息：电压值）	检查系统侧电压信号
18	待并侧过电压告警（附加信息：电压值）	检查待并侧电压信号
19	无压合闸确认开入异常	启动同期后，两个无压合闸信号开入任一个发生变化
		检查操作
20	系统侧频率越下限（附加信息：频率值）	检查系统侧电压信号（频率下限47.0Hz）

续表

序号	事件内容	可能原因及处理措施
21	系统侧频率越上限（附加信息：频率值）	检查系统侧电压信号（频率上限52.0Hz）
22	单侧无压条件不符（附加信息：电压值）	当有单侧无压合闸确认信号开入时，两侧都有压或两侧都无压
		检查电压信号
23	双侧无压条件不符（附加信息：电压值）	当有双侧无压合闸确认信号开入时，一侧有压或双侧都有压
		检查电压信号
24	功角越限（附加信息：相角差）	同频合闸时，相角差大于定值中设置的允许功角
		检查电压信号功角
25	压差越限（附加信息：压差）	同频合闸时，电压差大于定值中设定的允许电压差
		检查电压信号电压差
26	同期合闸失败	发出合闸命令后，无断路器合位置返回信号
		检查断路器
27	同期功能闭锁	查看装置状态点信息，根据信息进行相应处理
28	逻辑停止	通知厂家处理
29	装置中没有逻辑	通知厂家处理

2. 动作信息（见表3-8）。

表3-8　动作信息

序号	动作信息	附加信息
1	双侧无压合闸出口	两侧电压值
2	单侧无压合闸出口	两侧电压值
3	同频合闸出口	电压差、频差、角差
4	差频合闸出口	电压差、频差、角差
5	同期合闸成功	无

3. 运行信息（见表3-9）。

表3-9　运行信息

序号	动作信息	附加信息
1	遥控选线，选择N号同期点成功	无
2	手动选线，选择N号同期点成功	无
3	同期功能解锁	无
4	断路器合闸时间	时间（ms）

思考与练习

1. CSC-825A 型数字式准同期装置的主要特点是什么？
2. CSC-825A 型数字式准同期装置各功能插件的作用是什么？
3. CSC-825A 型数字式准同期装置是如何进行远方启动自准同期的？

模块4　同步发电机的励磁自动控制系统

模块描述

本模块主要介绍同步发电机励磁系统的作用和基本要求；同步发电机的励磁系统的分类及各种励磁方式的特点和应用场合；励磁调节与机端电压以及输出的无功功率之间的关系；同步发电机励磁系统的基本结构、各组成部分的工作原理及工作特性；励磁系统中可控整流电路的作用和调节励磁的原理，掌握控制角和励磁电压的关系；掌握微机型励磁系统的总体构成和工作原理。

情境1　励磁系统的基本知识

知识目标

◇ 掌握励磁系统的概念及励磁系统的基本组成部分。

◇ 掌握励磁系统的基本任务。

◇ 掌握对励磁自动控制系统的基本要求。

能力目标

◆ 能够熟练认知同步发电机的励磁系统结构及功能。

◆ 能理解对励磁系统的基本要求的实际意义。

一、励磁系统的概念

同步发电机是电力系统的主要设备，它将旋转的机械功率转换成电磁功率。为完成这一转换，必须在发电机内建立一个旋转磁场，即在发电机的转子绕组（励磁绕组）中通以直流电流（励磁电流），产生相对转子静止的磁场，转子在原动机的拖动下旋转，形成旋转磁场，使发电机定子绕组中感应出一定的电动势。励磁电流的大小决定了发电机的空载电动势 $\dot{E}_q$ 的大小，直接影响发电机的运行性能。

专门为同步发电机提供励磁电流的设备，即与同步发电机转子电压的建立、调整以及必要时使其消失有关的设备，统称为励磁系统。同步发电机的励磁系统由励磁功率单元和励磁调节装置（AER）两部分组成。励磁功率单元向同步发电机的励磁绕组（GLE）提供直流励磁电流；励磁调节装置根据机端电压的变化控制励磁功率单元的输出，从而达到调节励磁电流的目的。同步发电机和励磁系统构成了同步发电机的励磁自动控制系统（简称励磁控制系统），如图4-1所示。

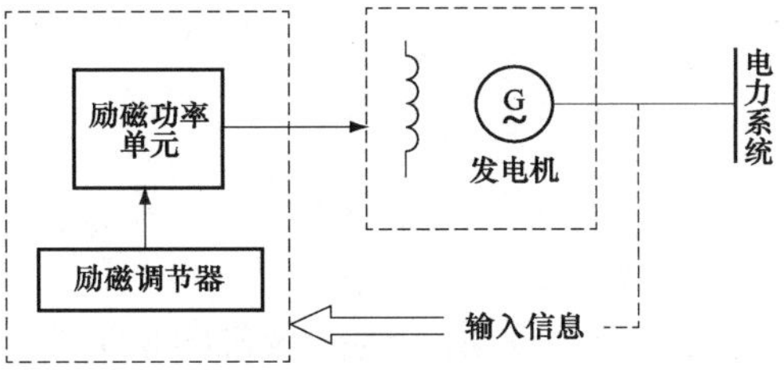

图4-1　同步发电机励磁控制系统框图

励磁控制系统的作用是向发电机的励磁绕组提供一个可调的直流电流（或电压），以满足发电机正常发电和电力系统安全运行的需要。无论是在稳态运行还是在暂态过程中，同步发电机的运行状态都在很大程度上与励磁有关。对发电机的励磁进行调节和控制，不仅可以保证发电机及电力系统的可靠性、安全性和稳定性，而且可以提高发电机及电力系统的技术经济指标。

二、励磁控制系统的主要任务

1．系统正常运行条件下，维持发电机端或系统某点电压在给定水平

电力系统正常运行时，负荷是经常波动的，同步发电机的功率也随之产生相应的变化。随着负荷的变化，要求及时调节励磁电流以维持发电机端电压或系统某点电压在给定水平。这是励磁控制系统最基本的任务。

为了阐明它的基本概念，可用简单的单机运行系统来进行分析。图 4-2（a）所示是同步发电机的运行原理图。图中 GLE 为发电机的励磁绕组，$I_{e.G}$为励磁电流。图 4-2（b）所示是同步发电机的等效电路。图中 $\dot{E}_q$是由励磁磁场在定子绕组中产生的感应电动势，$I_{e.G}$变化，则 $\dot{E}_q$变化。$\dot{E}_q$与 $\dot{U}_G$的关系可用等效电路图 4-2（b）来表示，在正常运行时，$\dot{E}_q$与 $\dot{U}_G$的关系式为

$$\dot{E}_q = \dot{U}_G + j\dot{I}_G X_d \tag{4-1}$$

式中 $\dot{U}_G$——机端电压；

$\dot{I}_G$——发电机定子电流；

X_d——发电机直轴同步电抗。

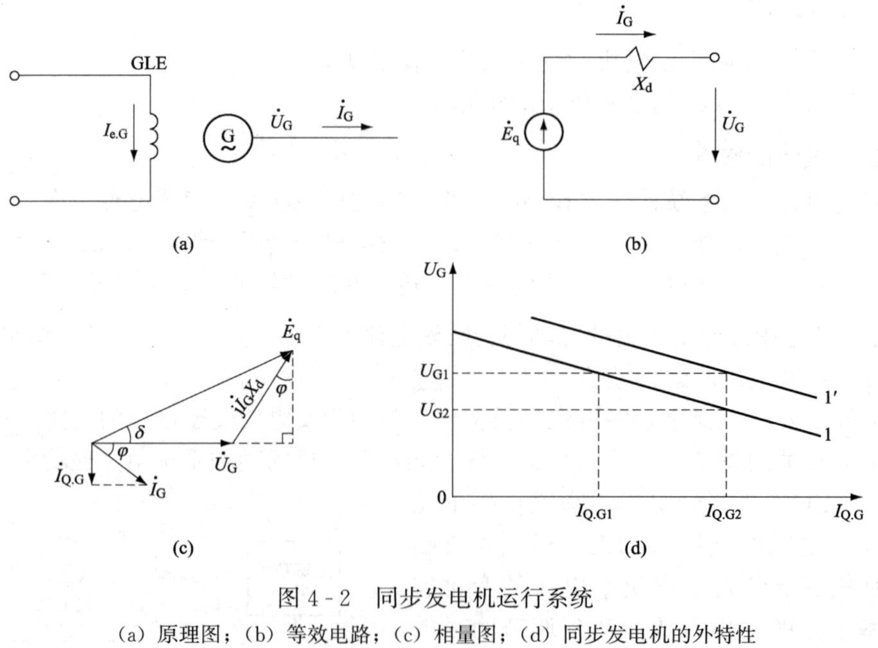

图 4-2 同步发电机运行系统

（a）原理图；（b）等效电路；（c）相量图；（d）同步发电机的外特性

图 4-2（c）所示为隐极机的相量图。由此图可得到感应电动势 $\dot{E}_q$与机端电压 $\dot{U}_G$的数值关系为

$$E_q\cos\delta = U_G + I_{Q.G}X_d \tag{4-2}$$

式中　δ——$\dot{E}_q$与$\dot{U}_G$间的相角，即发电机的功率角；

$I_{Q.G}$——发电机的无功电流。

正常状态下，δ值很小，可近似认为$\cos\delta=1$，则式（4-2）可简化为

$$E_q \approx U_G + I_{Q.G}X_d \tag{4-3}$$

式（4-3）说明，在励磁电流一定、E_q一定的条件下，负荷无功电流的变化是造成发电机电压变化的主要原因。由式（4-3）可以作出同步发电机的外特性（U_G与$I_{Q.G}$的关系曲线），如图4-2（d）所示，可见其外特性是下降的，当发电机的无功电流$I_{Q.G}$从$I_{Q.G1}$增大到$I_{Q.G2}$时，若励磁电流维持不变，则相应机端电压U_G从U_{G1}下降到U_{G2}。如果要保持机端电压为额定值运行，即维持U_G不变，则应增加励磁电流，使外特性1向上平移至1′。同样，无功电流减小时，为保持机端电压以额定值运行，励磁电流应减小，即外特性曲线下移。

这种机端电压维持额定电压的励磁电流调节，可以手动进行，也可以通过励磁电流调节的装置（AER）自动进行。图4-3所示为AER调节控制系统方框图。励磁功率单元提供同步发电机正常运行、系统故障两种情况下的励磁电流，AER根据输入信号和给定的调节准则控制励磁功率单元的输出，使发电机正常运行时维持给定电压水平。实际上，整个励磁自动控制系统是由AER、励磁功率单元、发电机构成的以机端电压为被调量的负反馈控制系统。如果AER足够灵敏，调节结束时总有电压差值$\Delta U\rightarrow 0$，从而使（$U_{set}-KU_G$）$\rightarrow 0$，即

$$U_G \rightarrow \frac{U_{set}}{K} \tag{4-4}$$

式中　U_{set}——设定的电压值；

K——系数。

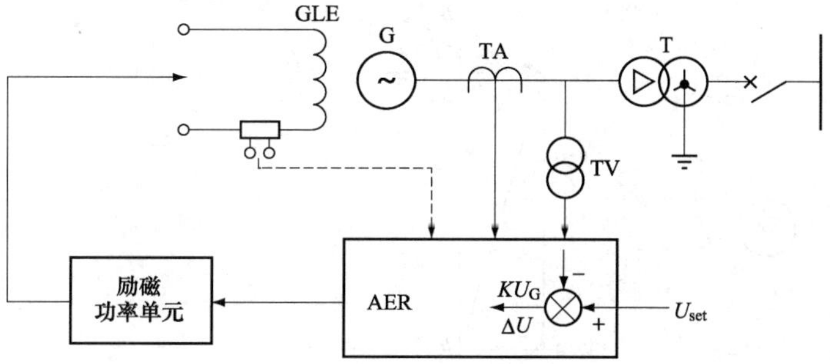

图4-3　AER调节控制系统方框图

不论何种原因使机端电压U_G偏离电压设定值$\frac{U_{set}}{K}$时，AER都要进行调节，最终使U_G等于$\frac{U_{set}}{K}$。

综上所述，对于单机运行的发电机，引起机端电压变化的主要原因是无功负荷的变化，要保持机端电压不变，必须相应地调节发电机的励磁电流。由以上分析可见，AER可维持机端或系统中某点的电压水平。

2. 在并列运行的机组间合理分配无功功率

为便于分析，设同步发电机与无限大容量母线并联运行，如图 4 - 4（a）所示，发电机端电压不随负荷变化，是一个恒定值，系统等效电抗为零。

由于发电机输出的有功功率 P 只受调速器控制，发电机的输出功率由原动机输入功率决定，与励磁电流大小无关，故无论励磁电流如何变化，当原动机输入功率不变时，发电机输出功率 P 为常数，即

$$P = U_G I_G \cos\varphi = 常数 \tag{4-5}$$

式中　φ——功率因数角。

此外，对隐极发电机，由功角特性得到，发电机输出的有功功率又可表示为

$$P = \frac{E_q U_G}{X_d}\sin\delta = 常数 \tag{4-6}$$

计及 U_G＝常数，X_d 不变时，式（4 - 5）和式（4 - 6）可写成

$$I_G \cos\varphi = 常数 \tag{4-7}$$

$$E_q \sin\delta = 常数 \tag{4-8}$$

图 4 - 4（b）所示为三种不同励磁电流值时的相应各电气分量。当励磁电流变化时，$\dot{E}_q$终端变化轨迹为平行于 $\dot{U}_G$的$\overline{A_1A_2}$线段，相应定子电流的变化轨迹为$\overline{B_1B_2}$线段，励磁电流增大，电动势 $\dot{E}_q$增大为 $\dot{E}_{q1}$，相应定子电流 $\dot{I}_G$增大为 $\dot{I}_{G1}$，无功电流 $\dot{I}_{Q.G}$增大为 $\dot{I}_{Q.G1}$；励磁电流减小，$\dot{E}_q$减小为 $\dot{E}_{q2}$，相应 $\dot{I}_G$减小为 $\dot{I}_{G2}$，$\dot{I}_{Q.G}$减小为 $\dot{I}_{Q.G2}$。可见，励磁电流变化时，发电机定子电流、功率因数以及功率角 δ 都会发生变化，即发电机发出的无功功率（$U_G I_{Q.G}$）会随之变化。

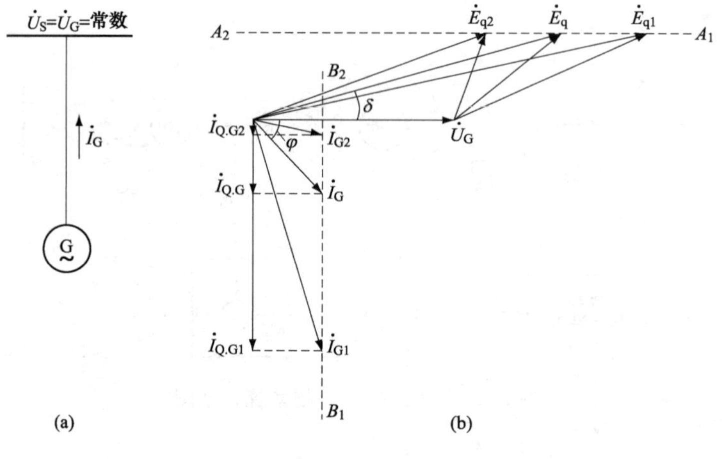

图 4 - 4　同步发电机与无穷大容量母线并联运行

（a）一次电路；（b）相量图（P＝常数）

发电机接于无穷大容量电网时，调节其励磁电流只能改变其输出的无功功率。励磁电流过小，发电机将从系统中吸收无功功率。在实际运行中，发电机并联的母线并不是无限大系统，即系统等效电抗并不等于零，系统电压将随负荷波动而变化，改变其中一台发电机的励磁电流不但影响其自身的电压和无功功率，而且也影响与其并联运行机组的无功功率。所以合理调节励磁，可使并列运行机组间的无功功率分配合理。

3. 提高电力系统运行稳定性

同步发电机稳定运行是保证电力系统可靠供电的首要条件，电力系统在运行中随时都可能受到各种干扰。在受到干扰后，发电机组能够恢复到原来的运行状态，或者过渡到另一个新的稳定运行状态，则系统是稳定的。其主要标志是在暂态过程结束后，同步发电机能维持或恢复同步运行。通常将电力系统稳定性分为三类，即静态稳定性（Steady State Stability）、瞬态稳定性（Transient Stability）及动态稳定性（Dynamic Stability）。

静态稳定性是指，在一个特定的稳态运行条件下的电力系统，在遭受到任何一个微小扰动后，经过一定时间，能够自动地恢复到或者接近于原来稳定运行状态。

瞬态稳定性是指，当电力系统在某一正常运行方式下突然遭受大的扰动（如高压电网发生短路或发电机被切除）后，能够过渡到一个新的稳定运行状态。

动态稳定性是指，电力系统受到小的或大的扰动后，经由自动调节和控制装置的作用下，进入新的稳定运行状态。在某些场合，瞬态稳定性和动态稳定性统称为暂态稳定性。

在分析电力系统稳定性时，无论是静态稳定或暂态稳定，在数学模型表达式中总会有发电机的空载电动势 E_q，而 E_q 与励磁电流有关，所以励磁控制系统是通过改变励磁电流从而改变 E_q 值来改善系统的稳定性的。励磁控制系统对暂态稳定的改善也有显著的作用。

下面分别来讨论励磁控制系统对静态稳定和暂态稳定的影响。

（1）提高电力系统的静态稳定性。仍以图 4 - 4 为例，发电机直接并联于无穷大系统，发电机向系统送出的有功功率可表示为

$$P=\frac{E_qU_G}{X_d}\sin\delta \tag{4-9}$$

在某一励磁电流下，发电机的功率 P 与 $\sin\delta$ 成正比，P 是 δ 的函数，$P(\delta)$ 的曲线如图 4 - 5 所示，称为同步发电机的功角特性或同步发电机的功率特性。众所周知，在 $\delta<90°$ 时，即在功率特性曲线的上升段运行时，发电机是静态稳定的；在 $\delta>90°$ 时，即在特性曲线的下降段运行时，则发电机是不稳定的。当发电机的空载电动势为 E_q，发电机输出功率为 P_0 时，发电机运行在图 4 - 5 中的 a 点是静态稳定的，在 b 点不能稳定运行。可见，在不调节励磁的情况下，从图 4 - 5 可看出，$\delta=90°$ 为稳定的极限情况，此时发电机输出的最大功率极限为

$$P_{max}=\frac{E_qU_G}{X_d} \tag{4-10}$$

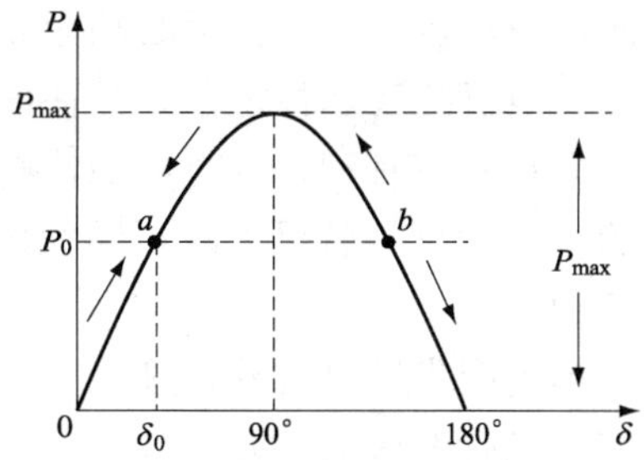

图 4 - 5　同步发电机的功角特性

当发电机发出的有功功率 P 不变时，通过增加发电机的励磁电流，即增大发电机的感应电动势 E_q，可使发电机的功角 δ 减小，从而提高发电机运行的稳定性。此外，当系统有功负荷增加时，发电机输出的有功功率亦应随之增加，此时增加发电机的励磁电流，可使发电机的功角 δ 维持不变，从而保证发电机的稳定运行。

分析发电机的功角特性曲线可得到相同的结论，如当系统电压 U_S 不变时，提高发电机的励磁电流，即增大发电机的感应电动势 E_q，可使发电机的功角特性曲线上移，在相同的功角下，使发电机输出的有功功率增大，从而可提高发电机运行的静态稳定极限。

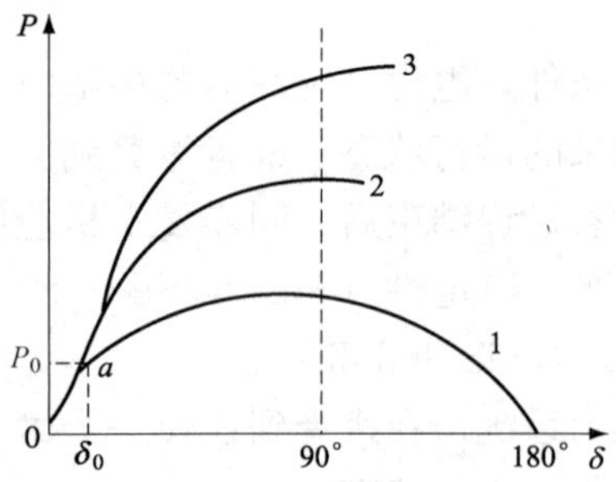

图 4-6 不同励磁系统对功率特性的影响

图 4-6 中画出了几条有代表性的功率特性曲线。图中曲线 1 为不调节励磁的功率特性；曲线 2 代表具有比较灵敏、快速的励磁调节器，能保持 E_q 恒定的功率特性；曲线 3 代表具有理想灵敏度和快速性的励磁调节、能保持发电机端电压恒定的功率特性，它是一条理想的、波幅最高的功率特性曲线，工程实际中只能做到接近这条曲线。

性能优良的励磁调节系统，改善了实际的运行功率特性，提高了功率极限，而且可以扩大稳定区，使同步发电机能在 $\delta>90°$ 的区段运行。通常把这一区段称为人工稳定区，即由于采用了增大励磁调节而将原来不稳定的工作区变为稳定的工作区。

（2）改善电力系统暂态稳定性。当电力系统遭受大的扰动后，发电机组间或电厂之间的联系立即减弱。只有当系统具有较强的暂态稳定能力时，才能使系统中各机组保持同步运行。由于现代继电保护装置的快速切除故障，励磁控制系统对暂态稳定的影响一般不如对静态稳定的影响那样显著，但在一定条件下，仍然具有明显的作用，这可以用单机对无限大系统的例子来说明。图 4-7 所示为发电机暂态稳定的面积定则。设在正常运行时，发电机输送功率 P_0 在功角特性曲线Ⅰ的 a 点上运行，当突然受到大扰动后，电压突降，系统运行点由 a 点突降到功角特性曲线Ⅱ的 b 点。如果事故消除前，励磁装置保持原状态，则由于动力输入部分存在惯性，输入功率仍为 P_0，于是发电机轴上将出现过剩转矩使转子加速，运行点由 b 点沿曲线Ⅱ向 F 点移动。abF 包围的面积均表现为这种加速的区域，称为加速面积。过了 F 点，发电机输出功率大于 P_0，转子轴上将出现制动转矩，使转子减速。曲线Ⅱ与 P_0 直线间所形成的上块阴影部分面积表示使转子制动的能量，称为减速面积。发电机能否稳定运行决定于这两块面积是否相等，即所谓等面积法则，只要减速面积小于加速面积，发电机将失去稳定。

若在刚受到扰动后，励磁装置进行强励增大励磁，则发电机组的运行点将移到功角曲线Ⅲ上，这样不但减小了加速面积，而且还增大了减速面积，因而使发电机第一次摇摆时功角 δ 的幅值减小，改善了发电机的暂态稳定性。当往回摆动时，过大的减速面积并不有利，这时如能让它回到特性曲线Ⅱ上的 d 点运行，就可以减小回程振幅，对稳定性更为有利。

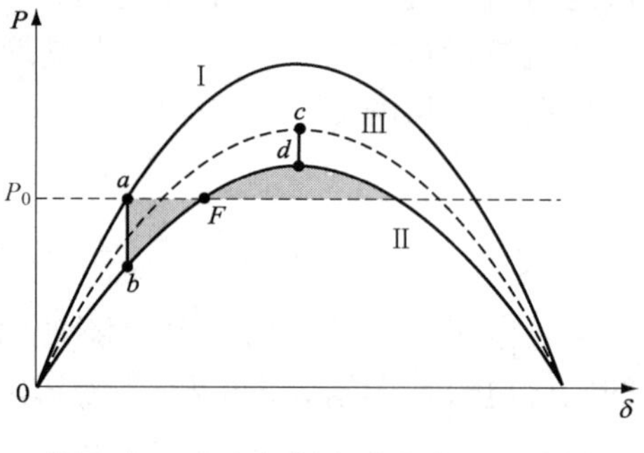

图 4-7 发电机暂态稳定的面积定则

提高同步发电机的强励能力，即提高励磁顶值电压和励磁电压的上升速度，是提高电力系统暂态稳定性最经济、最有效的手段之一。

4. 改善电力系统的运行条件

当电力系统由于各种原因出现短时低电压时，励磁自动调节控制系统发挥其调节功能，即大幅度地增加励磁以提高系统电压。这在下述情况下可以改善系统的运行条件。

（1）改善异步电动机的自启动条件。电网发生短路等故障时，电网电压降低，必然使大多数用户的电动机处于制动状态。故障切除后，由于电动机自启动需要吸收大量无功功率，以致延缓了电网电压的恢复过程。此时，如果对发电机进行强行励磁，那么就可以加速电网电压的恢复，有效改善电动机的运行和自启动条件。

（2）为发电机异步运行创造条件。同步发电机失去励磁时，需要从系统中吸收大量无功功率，造成系统电压大幅度下降，严重时甚至会危及系统的安全运行。在此情况下，如果系统中其他发电机组能提供足够的无功功率，以维持系统电压水平，则失磁的发电机还可以在一定时间内以异步运行方式维持运行，不但可以确保系统安全运行而且有利于机组热力设备的运行。

（3）提高继电保护装置工作的正确性。当系统处于低负荷运行状态时，发电机的励磁电流不大，若系统此时发生短路故障，其短路电流较小，且随时间衰减，以致带时限的继电保护不能正确工作。励磁自动控制系统就可以通过调节发电机励磁以增大短路电流，使继电保护装置正确工作。

5. 按需要进行强行减磁

当水轮发电机组发生故障突然跳闸时，由于它的调速系统具有较大的惯性，不能迅速关闭导水叶，因而会使转速急剧上升。如果不采取措施迅速降低发电机的励磁电流，则发电机电压有可能升高到危及定子绝缘的程度。所以，在这种情况下，励磁自动控制系统能实现强行减磁，迅速减少励磁电流，抑制电压上升。

6. 发电机故障或发电机—变压器组单元接线的变压器故障时，对发电机实行快速灭磁，以降低故障造成的损坏程度

由此可见，发电机励磁自动控制系统在改善电力系统运行方面起着十分重要的作用。

三、励磁控制系统的基本要求

（1）励磁控制系统要简单、可靠，动作要迅速，调节过程要稳定，应无失灵区，以保证在稳定区内运行。

（2）在电力系统正常运行时，励磁控制系统能按机端电压的变化自动改变励磁电流，维持电压值在给定水平。因此，励磁调节装置（AER）应有足够的调节容量，励磁控制系统应有足够的励磁容量。

（3）电力系统发生事故使电压降低时，励磁系统应有很快的响应速度和足够大的顶值励磁电压，以实现强行励磁的作用。对水轮发电机的励磁系统，还应有快速强行减磁能力，或增设单独的快速强行减磁装置。为了提高励磁系统的响应速度，应提高励磁调节装置的响应速度和励磁机的响应速度。

（4）并列运行的发电机上装有励磁调节装置时，应能稳定分配机组间的无功负荷。

（5）励磁控制系统应有快速动作的灭磁性能，在发电机内部故障或停机时，快速动作的灭磁性能可迅速将磁场减小到最低，保障发电机的安全。

思考与练习

1. 什么是励磁系统？
2. 励磁系统由哪两个部分组成？各有何作用？
3. 同步发电机励磁控制系统有哪些主要任务？
4. 发电机经变压器与系统并列运行，机端电压受哪些因素的影响？

5. 简述电力系统无功功率的平衡与电压水平的关系。

6. 发电机经变压器与系统并列运行，改变发电机励磁电流、有功功率、无功功率、功率角、功率因数和机端电压吗？为什么？

7. 对励磁控制系统有哪些基本要求？

情境 2　同步发电机的励磁方式和励磁调节方式

知识目标

◇ 掌握同步发电机常见的几种励磁方式的特点。

◇ 掌握各种励磁方式的励磁过程。

◇ 掌握自动励磁调节装置的分类及各自调节方式的特点。

能力目标

◆ 能够熟练地对同步发电机的励磁系统进行分类和识别。

◆ 能熟练对比各种励磁方式的优缺点及应用场合。

在电力系统发展初期，同步发电机的容量不大，励磁电流通常是由与发电机组同轴的直流发电机供给的。随着发电机容量的提高，所需励磁电流也相应增大，而直流励磁机不能满足需要，其原因是：①直流励磁机受制造容量的限制；②整流子碳刷维护困难，且易发生故障；③调节速度较慢。这些问题均使得直流励磁机无法适应电力系统发展的需要，取而代之的是由大功率半导体元件和交流发电机构成的交流励磁机系统。不论是直流励磁机励磁系统还是交流励磁机励磁系统，一般都与主机同轴旋转。

下面对几种常见的同步发电机的励磁方式作简要介绍。

一、直流励磁机供电的励磁方式

直流励磁机供电的励磁方式是最早采用的励磁方式。由于它是靠机械整流子换向整流的，当励磁电流过大时，换向就会很困难。直流励磁机大多与发电机同轴，它是靠剩磁来建立电压的。按照励磁机励磁绕组供电方式的不同，直流励磁机可分为自励式和他励式两种。

图 4-8（a）所示为自励式直流励磁机系统原理图。同步发电机 G 的励磁绕组 GLE 由同轴的直流励磁机 GE 供电，改变可调电阻 R 的阻值，可以改变直流励磁机自身的励磁电流大小，从而改变直流励磁机的机端电压，达到人工调节励磁电流的目的。

励磁调节装置 AER 则通过电压互感器 TV 感受发电机端电压的变化，按预定要求自动调整，改变输出电流 I_{AER} 的大小，达到自动调节励磁电流的目的。

自励式直流励磁机系统在空载和低励磁时，发电机电压的稳定性较差，电压上升速度较慢，多用于中小型发电机组。

图 4-8（b）所示为他励式直流励磁机系统原理图。与前一种方式不同的是，他励式直流励磁机系统中与同步发电机 G 同轴的除主励磁机 GE1 外，还有一台副励磁机 GE2。主励磁机 GE1 的励磁绕组是由副励磁机 GE2 供电的，GE1 的励磁电流除可以自动调整的 I_{AER} 外，还有 GE2 供给的他励电流，后者可通过改变可调电阻 R 来手动调节。

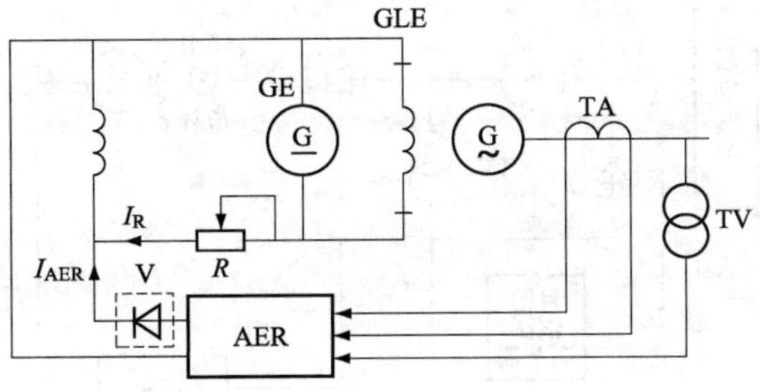

(a)

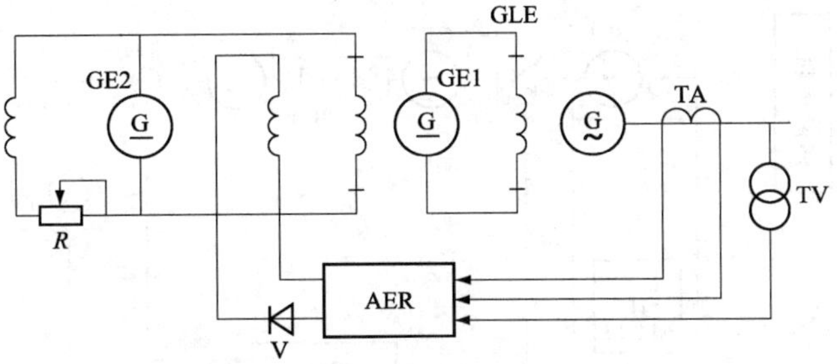

(b)

图 4-8　直流励磁机系统原理图

(a) 自励式直流励磁机系统；(b) 他励式直流励磁机系统

由于有了同轴的副励磁机，在要求相同的励磁容量下，他励式的时间常数小，因而电压响应速度较高，发电机电压的稳定性也较自励式好。此时，自动励磁调节器 AER 的输出直接对主励磁机起作用。他励式直流励磁机系统多用于水轮发电机组。

综上所述，直流励磁机供电的励磁方式主要优点是结构简单，运行可靠；当励磁机故障时，发电机转子仍可与励磁机形成闭合回路，不会产生感应过电压。其主要缺点是：因为直流励磁机为机械整流子换流，平时对整流子、碳刷的维护工作量大，且当需要的励磁电流很大时换向困难，所以直流励磁机的容量受到限制，这种方式只能在 50MW 以下中小容量机组中采用。

二、交流励磁机经整流供电的励磁方式

随着同步发电机容量的不断提高，大容量的机组多采用交流励磁机的励磁系统，因为交流励磁机的容量可以设计得较大，目前容量在 50MW 以上的同步发电机组可采用交流励磁机系统，即同步发电机的励磁机也是一台交流同步发电机，其输出电压经大功率整流后供给发电机转子。

交流励磁机系统的励磁功率单元由与发电机同轴的交流励磁机和晶闸管整流单元组成。交流励磁机可以分为自励与他励两种方式；晶闸管整流单元可分为可控与不可控两种，每一种又有静止与旋转两种形式。励磁功率单元的各种不同组合就可以构成各种不同的交流励磁机系统，下面介绍几种具有代表性的系统。

1. 带静止整流器的励磁系统

带静止整流器的励磁系统同样可分为自励与他励式两类，其系统原理图如图 4-9 (a)、(b) 所示。

图 4-9 (a) 所示的自励式系统中，交流励磁机 GE 采用自励方式工作。GE 的起励电压

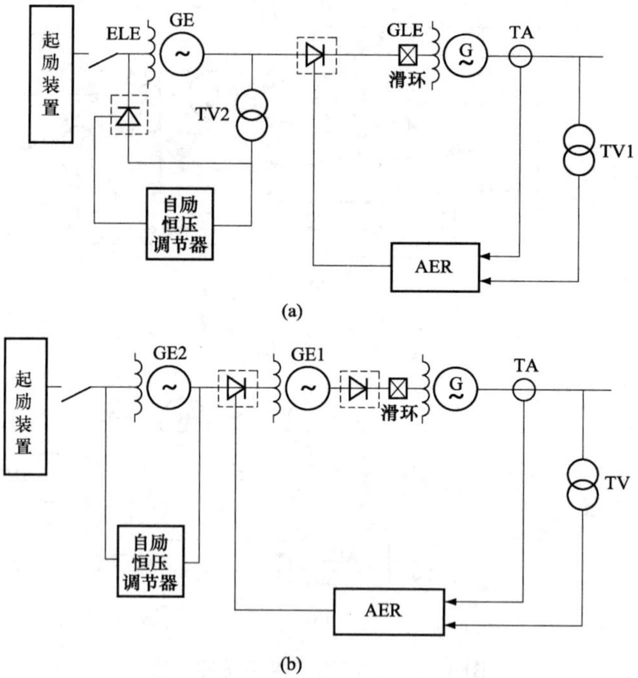

图 4-9 带静止整流器的交流励磁机系统原理图

(a) 自励式；(b) 他励式

较高，不能像直流励磁机可以依靠剩磁起励。所以，在机组启动时，需利用专门的起励电源保证机组顺利进入正常工作状态。当机组进入正常工况后，起励电源退出工作。正常工作时，GE 由晶闸管整流器供给励磁电流，并受自动恒压元件控制，保持 GE 的输出电压恒定。而同步发电机 G 的励磁电流由励磁调节装置 AER 自动调节。

图 4-9（b）为他励式系统，发电机 G 的励磁电流由交流励磁机 GE1 经晶闸管整流单元供给，交流励磁机 GE1 的励磁电流也由晶闸管整流单元供给，其电源由副励磁机 GE2 提供。副励磁机 GE2 是自励式交流发电机，用自励恒压调节器保持其端电压恒定。在此励磁系统中，励磁调节器控制整流单元中晶闸管元件的控制角，来改变交流励磁机的励磁电流，达到自动调节励磁的目的。

以上两种方式中，整流器都是处于静止位置，故称为静止整流器式励磁系统。

2. 旋转晶闸管整流励磁系统

在上述整流设备静止的励磁系统中，同步发电机的励磁电流必须通过转子滑环与碳刷引入转子励磁绕组。目前由于碳刷材料和压力的影响，当励磁（滑环）电流超过 8000～10000A 时，就要取消滑环与碳刷，采用无刷励磁系统。为此，交流励磁机的交流绕组和整流设备随同主轴旋转，而其直流绕组则是静止的，这就构成了他励旋转晶闸管整流励磁系统，其优点是省去了碳刷维护工作。此系统适用于不同容量的发电机，并在现代大型同步发电机励磁系统中获得了广泛的应用。

自励式旋转晶闸管整流励磁系统如图 4-10（a）所示。他励式旋转晶闸管整流励磁系统，如图 4-10（b）所示。

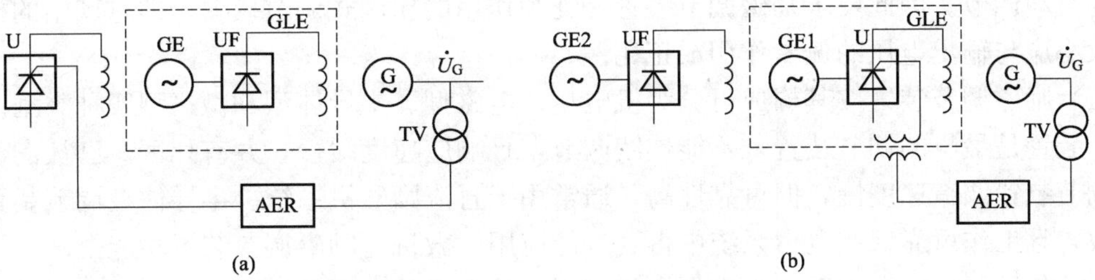

图4-10　旋转整流的交流励磁机系统

(a) 自励式旋转晶闸管整流励磁系统；(b) 他励式旋转晶闸管整流励磁系统

U—晶闸管整流桥；UF—硅整流桥；⬚—旋转部分

三、自并励静止励磁方式

如图4-11所示是发电机自并励静止励磁系统接线图。所谓静止励磁系统是指这种励磁系统中没有转动部分，所有设备与地面都是相对静止的。这种励磁系统，发电机励磁功率取自发电机机端，经过励磁变压器TR降压、晶闸管整流桥U整流后供给发电机励磁。发电机励磁电流通过自动励磁调节装置控制晶闸管的控制角来进行控制。由于励磁变压器是并联在发电机端的，且发电机向自己提供励磁功率，所以这种系统称为自并励励磁系统。这种励磁系统有如下优点：

(1) 结构简单、可靠性高、造价低、维护量小；

(2) 没有励磁机，缩短了机组主轴长度，可减少电厂土地造价；

(3) 直接用晶闸管控制转子电压，可获得很快的励磁电压响应速度，可以近似地认为具有阶跃函数那样的响应速度。

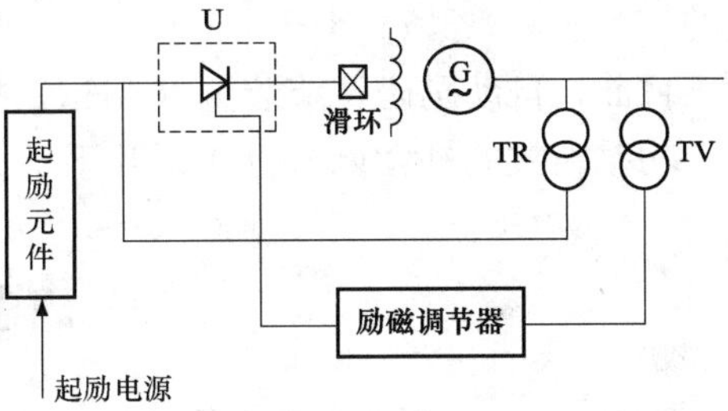

图4-11　自并励静止励磁系统接线图

发电机自并励静止励磁方式起励有残压起励和他励起励两种方式。

自并励系统的机组启动时，发电机的端电压是残压，因现代大型发电机的定子电压较高，所以残压相对也较高。例如定子额定电压为20kV、残压为2.5%时，残压足可使晶闸管的触发脉冲电路正确工作，整流桥中的晶闸管也可正确工作，残压通过励磁变压器供给发电机初始励磁，即起励，无需采取其他措施。因此，发电机只要有剩磁，一般情况下均能自励建压。

当发电机剩磁不足或没有剩磁时，励磁回路不能满足自励条件，发电机得不到建立电压所需的励磁电流，就需要他励起励来建立发电机电压。起励电源来自厂用蓄电池直流220V电源，也可由厂用交流降压整流提供。他励起励容量只要能建立使可控整流桥的晶闸管可靠导通所需阳极电压对应的机端电压即可，一般不大于空载励磁电流的10%，他励容量很小。

随着系统容量的扩大，自并励励磁方式的优点更加明显。因此，发电机的自并励励磁方式，在中、大型同步发电机上得到了广泛应用。

四、自动励磁调节装置的分类及调节方式

励磁调节装置（也称励磁调节器）是同步发电机励磁控制系统的智能部件，它是根据端电压（或电流）的变化，对机组励磁产生校正作用的装置，用来实现正常和事故两种情况下

励磁的自动调节。因此要求励磁调节装置是连续作用的比例式调节装置，即它产生的校正作用的大小应与输出电压的偏差作用成正比。

（1）励磁调节装置按其构成可分为机电型、电磁型、半导体型和微机型四种类型。机电型调节装置是最早的调节装置，不能连续调节，且响应速度缓慢，并有死区，已被淘汰。电磁型调节装置调节速度慢，但可靠性高，通常用于直流励磁机系统。半导体型调节装置响应速度快，且工作可靠，在电力系统中得到广泛应用。微机型励磁调节装置功能全面，灵活方便，近几年已开始在电力系统中得到大量应用，是今后的主要发展方向。

（2）励磁调节装置按其调节原理可分为按电压偏差比例调节和按定子电流、功率因数补偿调节两种励磁调节方式。

1）按电压偏差比例调节，当机端电压 U_G 上升时，调节装置控制励磁功率单元，输出励磁电流减小，使 U_G 下降；反之，则增大励磁电流，使 U_G 升高。这种调节系统，不管产生 U_G 偏差的原因是什么，只要 U_G 变化，调节装置都能进行调节，最终使 U_G 维持在给定值水平上运行。

2）按定子电流、功率因数的补偿调节，是按照机端电压受定子电流和功率因数变化的影响进行调节。如只补偿由于定子电流、功率因数的变化所形成的发电机端电压的降低，该方式可起到一定补偿作用，但对补偿后机端电压的高低并不能直接进行调节。因而，这种补偿调节带有盲目性，因为当定子电流变化时，机端电压的变化可能仍然是较大的。

目前，自动励磁调节装置（AER）按电压偏差比例调节方式应用较普遍，而按定子电流、功率因数的补偿调节方式则几乎不再采用。

思考与练习

1. 同步发电机常见的几种励磁方式有哪些？各自有何特点？
2. 简述交、直流励磁机励磁系统的基本构成、特点及使用范围。
3. 什么是自并励静止励磁方式？其励磁过程是怎样的？
4. 励磁调节器按其调节原理可分为哪两种方式？有何区别？
5. 同步发电机自动励磁调节的作用是什么？

情境3　励磁系统中的整流电路

知 识 目 标

◇ 掌握同步发电机励磁系统中的整流电路的主要任务。
◇ 掌握控制角的概念。
◇ 掌握各种整流电路的工作过程。

能 力 目 标

◆ 能熟练地对各种整流电路进行分类和识别。

◆ 能够熟练分析控制角和励磁电压的关系。

同步发电机励磁系统中的整流电路的主要任务是，将交流电压整流成直流电压，供给发电机励磁绕组或励磁机的励磁绕组。随着大功率高电压晶闸管整流元件的出现，在发电机励磁系统中，往往采用晶闸管整流单元。大型发电机的转子励磁回路通常采用三相不可控整流电路，在发电机自并励系统中采用三相全控桥式整流电路，励磁机励磁回路通常采用三相桥式半控整流或三相桥式全控整流电路。整流电路是励磁系统中必备的部件，它对运行有极其重要的影响。

一、三相桥式不可控整流电路

如图 4-12（a）所示为三相桥式不可控整流电路。u_A、u_B、u_C 为三相对称电源电压，波形如图 4-12（b）所示；直流侧负载 R 根据不同励磁系统，可以是发电机转子绕组或交流励磁机的励磁绕组等；整流元件为不可控的硅二极管 VD1～VD6，图 4-12（a）中共有 6 个桥臂，其中 VD1、VD3、VD5 的阴极连在一起，构成共阴极组连接；VD2、VD4、VD6 阳极连在一起，构成共阳极组连接。

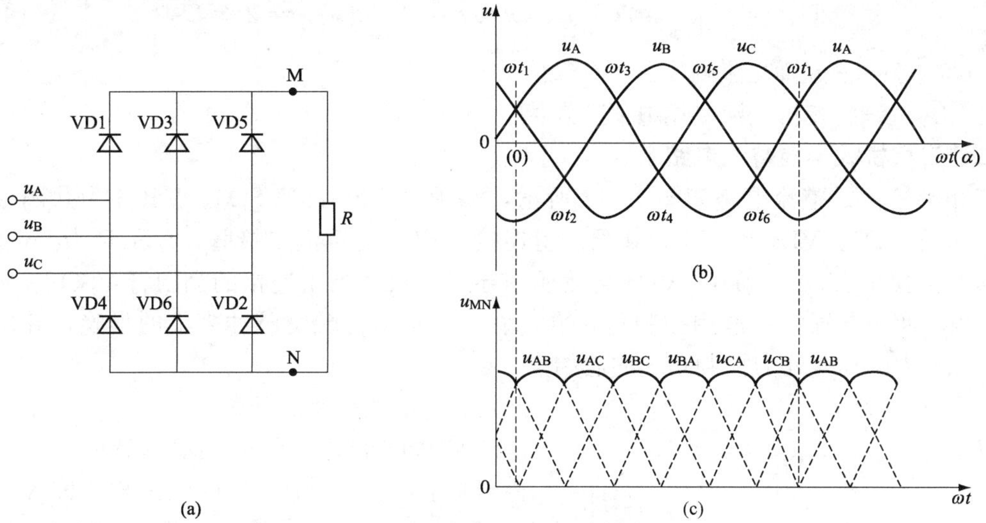

图 4-12　三相桥式不可控整流电路

（a）电路图；（b）输入相电压波形；（c）输出电压波形

根据二极管的单向导电性，共阴极组连接的二极管只有阳极电压最高的那一相二极管导通，其余二极管因承受反向电压而截止。同理，共阳极组连接的二极管只有阴极电压最低的那一相二极管导通，其余二极管因承受反向电压而截止。所以，6 个二极管均为自然换向（流）导通，每个工频周期（2π）内，共阴极组自然换向 3 次，自然换向点分别为 ωt_1、ωt_3、ωt_5；共阳极组自然换向 3 次，自然换向点分别为 ωt_2、ωt_4、ωt_6，如图 4-12（b）所示。

1. 输出电压瞬时值

输出电压瞬时值 u_{MN} 的波形如图 4-12（c）所示。

在 ωt_1～ωt_2 区间，A 相电压最高，B 相电压最低，共阴极组的 VD1 和共阳极组的 VD6 导通，构成 A→VD1→R→VD6→B 通路，输出电压为 u_{AB}。

在 $\omega t_2 \sim \omega t_3$ 区间，A 相电压仍最高，共阴极组 VD1 继续导通；在 ωt_2 点，C 相电压比 B 相电压低，则共阳极组的 VD6 和 VD2 自然换相，负载电流从 B 相的 VD6 转移到 C 相的 VD2，构成 A→VD1→R→VD2→C 通路，输出电压为 u_{AC}。

同理，在 $\omega t_3 \sim \omega t_4$ 区间，输出电压为 u_{BC}；在 $\omega t_4 \sim \omega t_5$ 区间，输出电压为 u_{BA}；在 $\omega t_5 \sim \omega t_6$ 区间，输出电压为 u_{CA}；在 $\omega t_6 \sim \omega t_1$ 区间，输出电压为 u_{CB}。

可见，三相桥式整流电路输出电压 u_{MN} 在每个工频周期（2π）内有 6 个均匀波头，各相差均为 60°。u_{MN} 中最低交流谐波频率为

$$f = 2mf_N \tag{4-11}$$

式中 m——整流相数；

f_N——整流桥交流输入电压额定频率。

2. 输出电压平均值

输出电压平均值 U_{av} 为一直流电压，在三相输入电压对称时，只需求出线电压在 $\sqrt{2}U_{P-P}\cos\omega t$ 在 −30°～+30°间积分值的 6 倍在一个周期内的平均值，即

$$U_{av} = \frac{6}{2\pi}\int_{-30^\circ}^{30^\circ}\sqrt{2}U_{P-P}\cos\omega t\,d\omega t = 1.35U_{P-P} = 2.34U_P \tag{4-12}$$

式中 U_{P-P}——整流桥交流侧线电压有效值；

U_P——整流桥交流侧相电压有效值。

二、三相桥式半控整流电路

三相半控桥式整流电路如图 4-13 所示，晶闸管 VSO1、VSO3、VSO5 为共阴极组连接，二极管 VD2、VD4、VD6 为共阳极组连接，VD7 为续流二极管，L 和 R 为感性负载。共阳极组连接的 VD2、VD4、VD6 自然换相导通；共阴极组连接的晶闸管 VSO1、VSO3、VSO5 触发换相导通。一般用控制角 α 的大小表示晶闸管触发脉冲来临的早晚，并假定图 4-14（a）中的 ωt_1 处为控制角 α 的起始点。

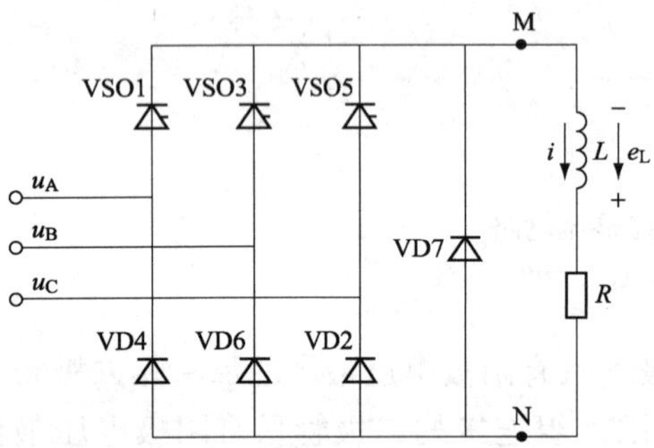

图 4-13 三相半控桥式整流电路

1. 对触发脉冲的要求

（1）同步问题。任一相晶闸管的触发脉冲应在控制角 α 为 0°～180°区间内发出，即 VSO1 的触发脉冲在 $\omega t_1 \sim \omega t_4$ 区间内发出，VSO3 的触发脉冲在 $\omega t_3 \sim \omega t_6$ 区间内发出，VSO5 的触发脉冲在 $\omega t_5 \sim \omega t_2$ 区间内发出，如图 4-14（a）所示，以便使触发脉冲与晶闸管的交流电源保持同步。

（2）顺序问题。晶闸管的触发脉冲，应按 VSO1、VSO3、VSO5 的顺序间隔 120°电角度依次发出。

2. 输出电压

在不考虑交流回路的电感，即认为换相是瞬时完成的情况下，三相半控桥输出电压瞬时波形如图 4-14 所示，输出电压平均值 U_{av} 为瞬时值 U_{MN} 的平均值。

（1）输出电压瞬时值。

1）如图 4-14（b）所示，在 $\alpha=0°$ 的 ωt_1 瞬间触发 VSO1，以后每隔 120°依次触发 VSO3、VSO5。其输出电压与不可控桥式整流电路相同，只是在 ωt_1、ωt_3、ωt_5 自然换相点

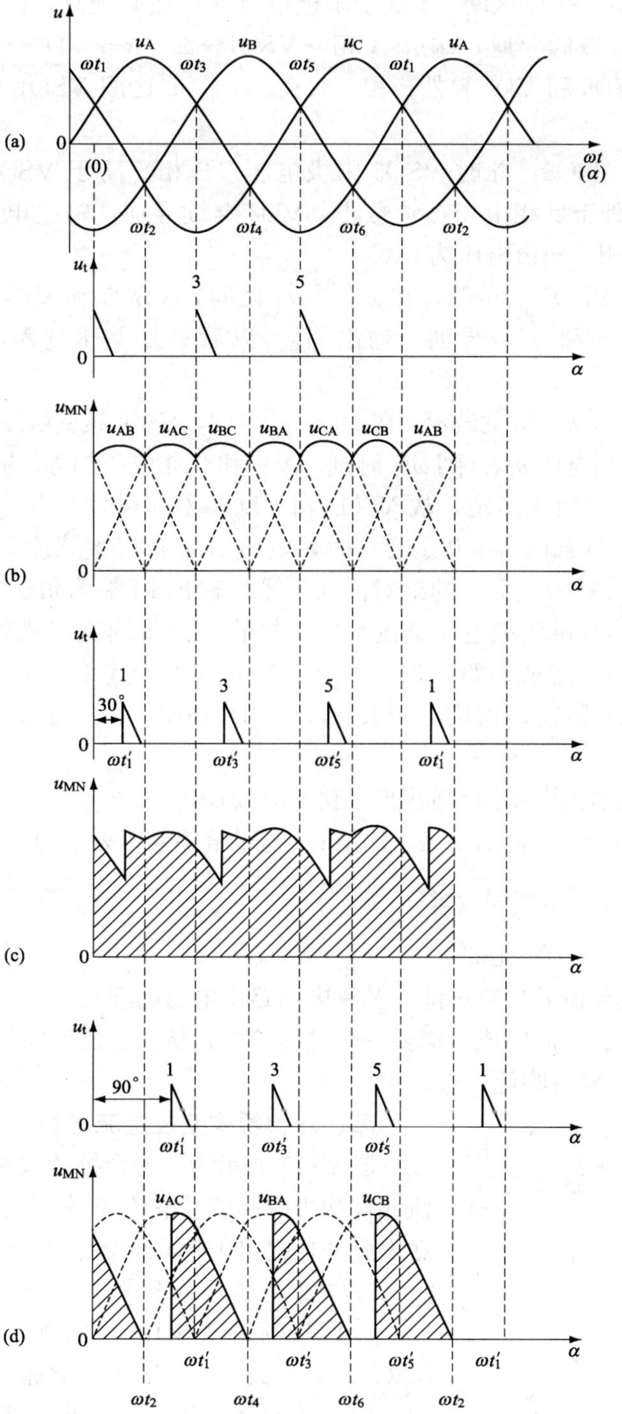

图 4 - 14　三相半控桥输出电压波形

（a）输入相电压波形；（b）$\alpha=0°$的输出线电压波形；（c）$\alpha=30°$的输出线电压波形；（d）$\alpha=90°$的输出线电压波形

分别给 VSO1、VSO3、VSO5 以触发脉冲。

2）如图 4 - 14（c）所示，在 $\alpha=30°$的 $\omega t'_1$瞬间触发 VSO1，以后每隔 120°依次触发

VSO3、VSO5。在 $\omega t_1'$～ωt_2 区间，VSO1 阳极电压（A 相）最高，同时接受触发脉冲而导通，VD6 的阴极电位最低导通，构成 A 相→VSO1→L→R→VD6→B 通路，输出电压为 u_{AB}；在 ωt_2 时刻，VD6 和 VD2 自然换相，故在 ωt_2～$\omega t_3'$区间 VSO1 和 VD2 导通，输出电压为 u_{AC}。

在 $\omega t_3'$时刻触发 VSO3，此时 VSO3 阳极电压（B 相）高于 VSO1 阳极电压（A 相），VSO3 导通，VSO1 处于反相电压被迫截止，VD2 继续导通，输出电压 u_{BC}；在 ωt_4 时刻，VD2 和 VD4 自然换相，输出电压为 u_{BA}。

在 $\omega t_5'$时刻触发 VSO5。同理，在 $\omega t_5'$～ωt_6 区间，VSO5 和 VD4 导通，输出 u_{CA}；在 ωt_6～$\omega t_1'$区间，VSO5 和 VD6 导通，输出 u_{CB}。以后重复上述过程，输出电压瞬时值如图 4-14（c）所示。

3）图 4-14（d）是 α=90°的波形，在 $\omega t_1'$～ωt_4 区间，VSO1 接受触发脉冲而导通，C 相电压最低使 VD2 导通，输出电压 u_{CA}。到 ωt_4 时刻，A 相和 C 相电压相等，输出电压 $u_{MN}=u_{AC}=0$。由于 VSO3 的触发脉冲尚未出现，故 VSO1 和 VSO3 不能触发换相。又由于负载为感性，在输出电压等于零、负载电流 i 开始变小时，电感 L 上将产生感应电动势 e_L，如图 4-13 所示，e_L 阻止电流 i 减小。当 e_L 的绝对值大于零，输出 M 端为负、N 端为正时，VD7 是当 MN 间电压不连续时供负载电流续流用的二极管。由于续流二极管 VD7 的存在，使负载电流 i 大部分经 VD7 形成通路。流过 VSO1 的电流小于其维持电流，VSO1 自行关断。在 ωt_4～$\omega t_3'$区间 VD7 导通，构成 e_L→R→N→VD7→M→e_L 通路，输出电压 u_{MN}近似等于零。

依此类推，得到输出电压波形如图 4-14（d）所示。

（2）输出电压平均值。输出电压平均值 U_{av}与 α 角关系可表示为

$$U_{av} = 1.35U_{P-P}\frac{1+\cos\alpha}{2} = 2.34U_P\frac{1+\cos\alpha}{2} \tag{4-13}$$

式中　α——控制角，α=0°～180°。

需要指出，考虑整流元件管压降以及供电回路中电感的存在，一个晶闸管的导通和另一个晶闸管的关断不能在瞬间完成，需要一个过渡阶段，从而造成换向压降，因此实际输出电压较式（4-13）的计算值略低一些。

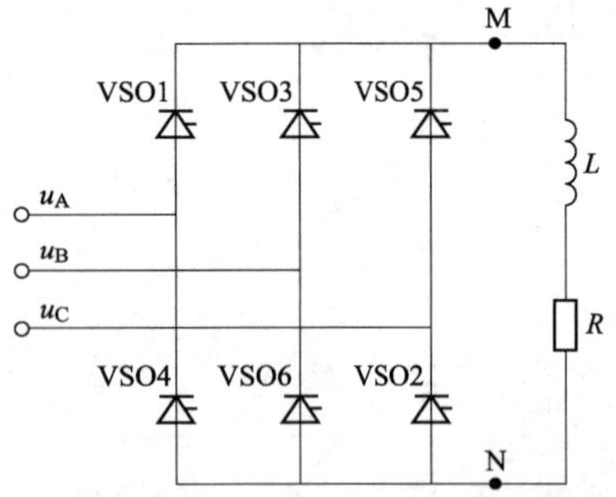

图 4-15　三相全控桥式整流电路

三、三相桥式全控整流电路

图 4-15 所示为三相全控桥式整流电路，它的 6 个整流元件均为晶闸管。它有整流和逆变两种工作状态，对触发脉冲也提出了较高的要求。

1. 对触发脉冲的要求

（1）晶闸管 VSO1～VSO6 的触发脉冲次序应为 VSO1、VSO2、…、VSO6，且依次间隔 60°电角度。为保证后一晶闸管触发导通时前一晶闸管处于导通状态，在触发脉冲的宽度小于 60°电角度时，应在给后一个待导通晶闸管触发脉冲（主触发脉冲）的同时，也给前一已导通晶闸管以触发脉冲（从触发脉冲），形成双脉冲触发，见表 4-1。

表 4-1　$\alpha=0°$时双触发脉冲次序

晶闸管号	一周期内触发脉冲的次序						
	0°	60°	120°	180°	240°	300°	360°
VSO1	─┐	┄┐					─┐
VSO2		─┐	┄┐				
VSO3			─┐	┄┐			
VSO4				─┐	┄┐		
VSO5					─┐	┄┐	
VSO6	┄┐					─┐	┄┐

注　表中实线为主触发脉冲，虚线为从触发脉冲。

（2）VSO1～VSO6 的触发脉冲应在图 4-16（a）中以 ωt_1～ωt_6 点为起点的 180°区间内发出，即触发脉冲与相应交流电源电压同步。

2. 输出电压

（1）整流工作状态。整流工作状态就是控制角 $\alpha \leqslant 90°$时，将输入的交流电压转换为直流电压，如图 4-16 所示。

1）$\alpha=0°$时，输出电压波形与三相不可控桥式整流电路相同。

2）$\alpha=60°$时，各晶闸管在触发脉冲作用下换相，输出电压波形如图 4-16（b）所示。

3）$60°<\alpha<90°$时，输出电压波形如图 4-16（c）所示，输出电压瞬时值 u_{MN}将出现负的部分，这是由电感性负载产生的感应电动势维持负载电流持续流通所引起的。

4）$\alpha=90°$时，输出电压波形如图 4-16（d）所示，其正值部分与负值部分面积相等，输出电压平均值为零。

（2）逆变工作状态。逆变工作状态就是控制角 $\alpha>90°$时，输出电压平均值 u_{av}为负值，将直流电压转换为交流电压，其实质是将负载电感 L 中储存的能量向交流电源侧倒送，使 L 中磁场能量很快释放掉。

图 4-18（b）为 $\alpha=120°$时输出电压波形，ωt_3 时刻虽然 u_{AB}过零变负，但电感 L 上阻止电流 i 减小的感应电动势 e_L 较大，使 e_L-u_{AB}仍为正［见图 4-18（a）］，VSO1 和 VSO6 仍承受正向压降导通。这时 e_L 与电流 i 方向一致，直流侧发出功率，即将原来在整流状态下储存于磁场的能量释放出来送回到交流侧。交流侧电压瞬时值 u_{AB}与电流 i 方向相反，交流侧吸收功率，将能量送回交流电网。

三相全控桥式整流电路工作在逆变状态，需要如下条件：

1）负荷必须是电感性（如发电机的励磁绕组），并且原来三相全控桥工作于整流工作状态，即负载电感（转子绕组）已储存有能量。当然，纯电阻负载时三相全控桥不能实现逆变。

2）控制角应大于 90°小于 180°，输出电压平均值 u_{av}为负值。

3）由于逆变是将直流侧电感中储存的能量向交流侧倒送的过程，因而逆变时交流电源电压不得中断。

（3）输出电压平均值，其表达式为

$$U_{av}=1.35U_{P-P}\cos\alpha=2.34U_P\cos\alpha \qquad (4-14)$$

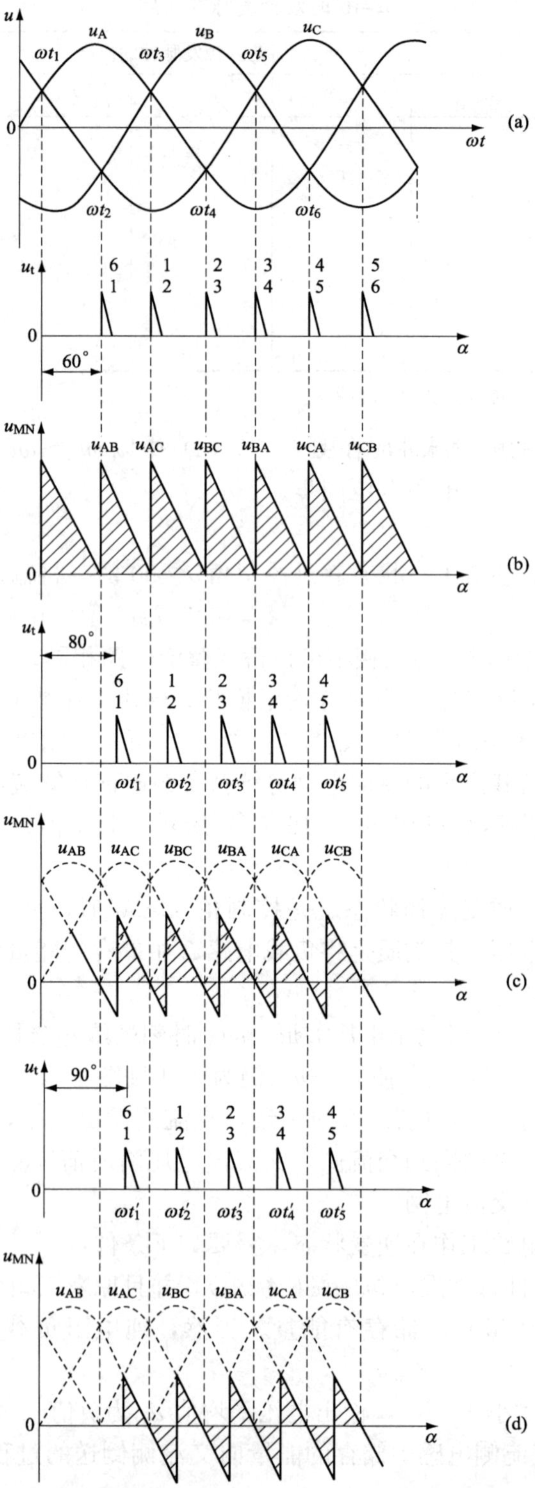

图 4-16　三相全控桥输出电压波形（$0°\leqslant\alpha\leqslant 90°$）

（a）输入相电压波形；（b）$\alpha=60°$输出线电压波形；（c）$\alpha=80°$输出线电压波形；（d）$\alpha=90°$输出线电压波形

由式（4-13）和式（4-14）可作出三相半控桥和三相全控桥整流电路输出电压平均值U_{av}与α的关系曲线，如图4-17所示。

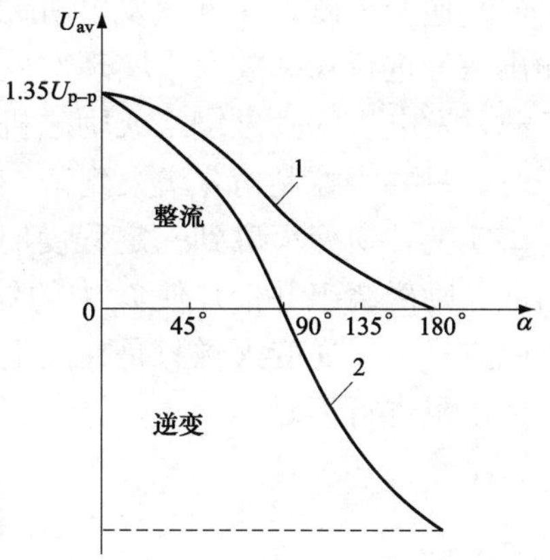

图4-17　输出电压平均值U_{av}与α的关系曲线
1—半控桥；2—全控桥

图4-17中，曲线1为三相半控桥整流电路输出电压平均值U_{av}与α角的关系，当α在0°～180°内变化时，U_{av}对应于$1.35U_{P-P}$～0变化。可见，只要改变控制角α的大小，就可以改变整流输出电压的大小，以满足励磁调节装置对晶闸管实行控制的要求。

曲线2为三相全控桥整流电路输出电压平均值U_{av}与α角的关系。由图可知，三相全控桥式整流电路在$0°<\alpha<90°$时处于整流工作状态，改变α角，可以调节发电机的励磁电流；在$90°<\alpha<180°$时，电路处于逆变工作状态，可以实现对发电机的自动灭磁。也就是说，当发电机内部故障，继电保护动作后，发给励磁调节装置一个信号，使控制角α由小于90°的整流工作状态变化到大于90°的某一适当的角度（如150°）进入逆变工作状态，将发电机转子励磁绕组中储存的能量迅速反馈给交流电源，实现逆变灭磁。

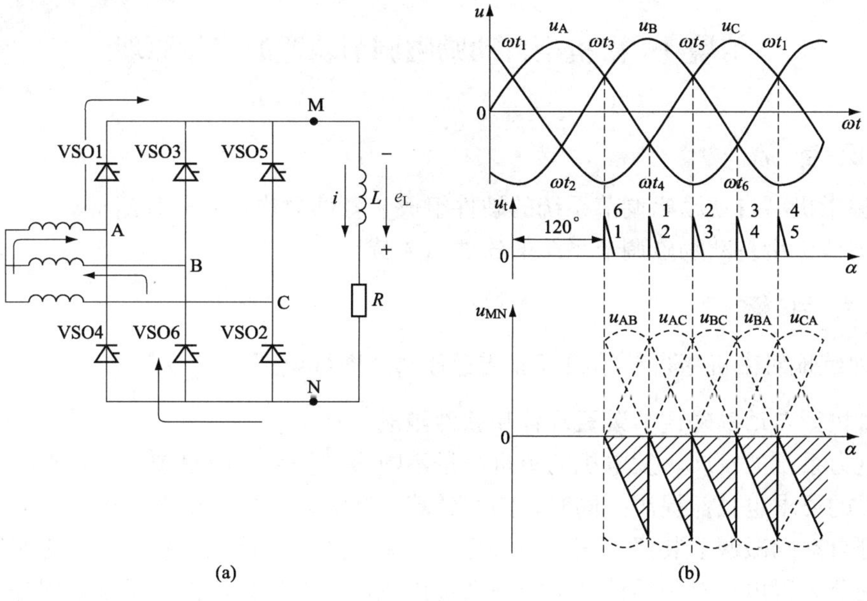

图4-18　逆变工作状态（$\alpha=120°$）
（a）原理图；（b）波形图

在全控桥中，常将β称为逆变角（$\beta=180°-\alpha$），由于$\alpha>90°$时处于逆变状态，因此$\beta<90°$。由于交流电源各相回路存在电感，晶闸管换流需要一定时间，因此出现换流角，另外晶闸管关断也需要时间。所以逆变角不能太小，通常$\beta_{min}\approx30°$；为了保证逆变灭磁的顺利进行，控制角α不能过大，一般逆变控制角β为90°～160°；若控制角α过大，会造成逆变失败，称为逆变颠覆。

（4）逆变灭磁。在近代发电机的自动励磁调节系统中，几乎都采用三相全控桥对 AER 的输出信号进行功率放大，实现对发电机励磁的自动调节。图 4 - 9～图 4 - 11 中三相全控桥的负载是发电机的励磁绕组或励磁机的励磁绕组，符合逆变条件。当发电机故障或停机需要灭磁时，只要将控制角 α 增大到某一合适的角度（如 130°）就可进行逆变灭磁。

事实上，逆变灭磁到一定程度时，负载电感 L 中的能量不能维持逆变，此时借助灭磁电阻（与励磁绕组并接）使 L 中的储能释放进行灭磁。需要指出，在近代大型发电机自并励励磁方式中，逆变灭磁只是在发电机正常停机时使用，发电机故障情况下采用灭磁装置或非线性电阻进行灭磁。

思考与练习

1. 励磁系统中可控整流电路的作用是什么？
2. 试画出三相全控桥式整流电路的输出电压平均值 U_{av} 和控制角 α 的关系曲线。
3. 三相全控桥触发脉冲形成电路中，为何要采用同步电压？
4. 三相全控桥电路工作中，当控制角 $\alpha=90°$ 时输出电压波形有何特点？
5. 何谓三相全控整流桥的逆变？实现逆变的条件是什么？
6. 何谓逆变角？逆变角过小时有何现象发生？

情境 4　微机型自动励磁调节装置的工作原理

知 识 目 标

◇ 掌握微机型自动励磁调节系统的硬件组成、各部分作用及软件组成。

◇ 掌握微机型自动励磁调节系统的软件组成特点。

能 力 目 标

◆ 能熟练地对微机型自动励磁调节装置各部分进行识别。

一、微机型自动励磁调节装置硬件和软件组成

随着电力系统的发展，发电机的单机容量不断增加，系统越来越大，越来越复杂，对励磁调节装置的要求也日益提高。同时，随着计算机和大规模集成电路在电力工业中的广泛应用，微机型自动励磁调节装置（简称微机型励磁调节装置）替代了模拟型励磁调节装置。微机型励磁调节装置由一专用的计算机控制系统构成，如按计算机控制系统来划分，则由硬件（电气元件）和软件（程序）两部分组成，以下分别进行介绍。

（一）微机型硬件

按照计算机控制系统的组成原则，硬件的基本配置由主机与输入、输出接口和输入、输出过程通道等环节组成。由于大规模集成电路技术日益进步，计算机技术不断更新，具体的系统从单微处理器（CPU）、多微处理器向分布式、网络方向发展。所以微机型励磁调节装置的硬件也将随之发生变化，无固定模式可言，但典型的硬件结构基本相同。图 4 - 19 所示为微机型励磁调节装置典型硬件结构框图。

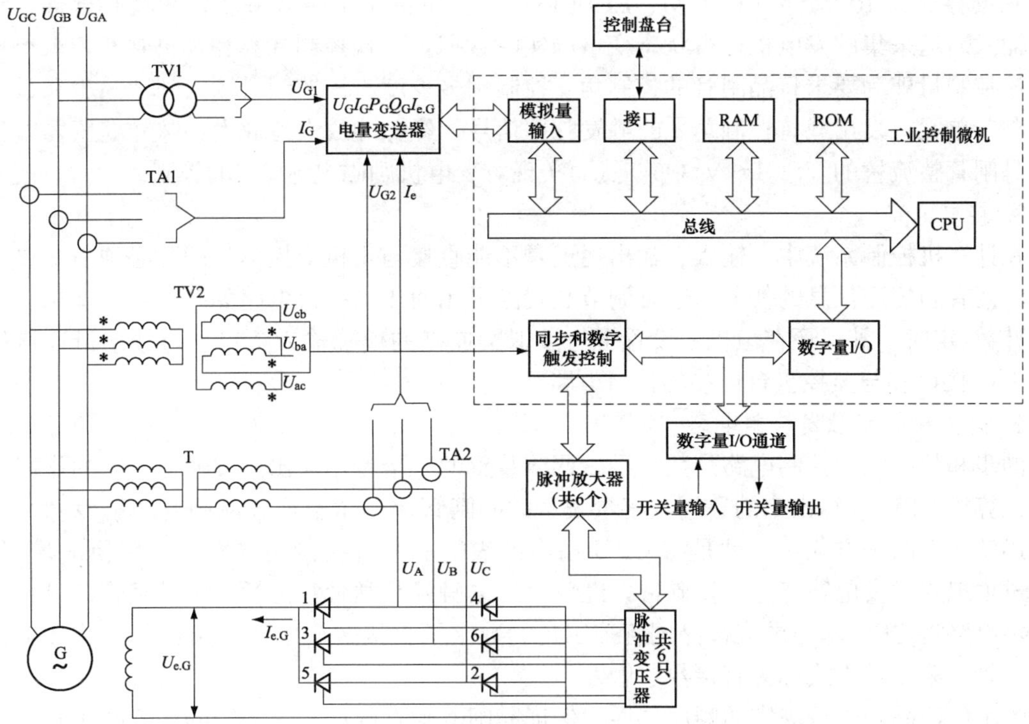

图 4-19　微机型励磁调节装置典型硬件结构框图

1. 模拟量输入和电量变送器

一般来说，发电机微机励磁系统的输入为发电机电压 U_G、电流 I_G。有的产品还输入发电机有功功率 P_G、无功功率 Q_G、频率 f 和励磁电流 $I_{e.G}$。输入两路发电机电压 U_{G1} 和 U_{G2} 是为了防止电压互感器断线（如熔丝熔断）时产生误调节。发电机的励磁电流可以取自晶闸管整流电路的交流侧，如图 4-19 所示；也可以取自晶闸管整流电路的直流侧，由直流互感器供给。输入微机型励磁调节装置的这些模拟电量需转换成数字量才能输入到微机励磁调节装置的核心部分——微型计算机。

模拟量输入计算机的方式有两种，即采用电量变送器和交流采样。

(1) 采用电量变送器。图 4-19 所示为采用电量变送器方式。电量变送器输出的直流电压与其输入电量成正比。发电机的运行参数 U_G、I_G、P_G、Q_G、f、$I_{e.G}$ 等分别经过各自的变送器变成直流电压。多路转换开关按照分时多路转换原理，将已经变成的直流电压的各输入量按预定的顺序依次接入一个公用的 A/D 转换器，将模拟量转变为数字量送入微型计算机。

(2) 采用交流采样。采用交流采样时，励磁所需的发电机运行参数，通过对交流电压和交流电流采样，然后用一定的算法（如傅氏算法）计算出来。

2. CPU 系统

如图 4-19 所示，虚线框内为微机励磁调节装置配用的 CPU 系统（也称工业控制微型计算机）。图中，处理器（CPU）和 RAM、ROM 合在一起通常又称为主机。发电机运行状态变量的实时采样数据、控制计算过程中的一些中间数据和主程序中控制用的计数值等存放在可读写的随机存储器 RAM 中。固定系数、设定值、应用软件和系统软件等则事先固化存放在只读存储器 ROM 或 EPROM、EEPROM 中。主机是励磁调节装置的核心部件。它根据从输入通道采集的发电机运行状态变量的实时数据，实现控制计算和逻辑判断，求得控制量。该控制量即为要求将晶闸管的控制角 α 控制到多少度。该控制量输入到“同步和数字触发控制”单元，发出载有控制角 α 的触发脉冲信号，经脉冲放大器放大和脉冲变压器整形后送到晶闸管整流桥的 VSO1～VSO6，从而实现对发电机励磁电流 $I_{e.G}$的控制。

3. 接口电路

在计算机控制系统中，输入、输出通道是不能直接与主机交换信息的，必须由接口电路来完成两者间传递信息的任务。励磁调节装置除采用通用的接口电路如并行和管理接口（中断、计数/定时）外，还在微机中设置了与模拟量连接的模拟输入接口、与数字量连接的数字量 I/O 接口和与监控盘台连接的接口电路。

4. 同步和数字触发控制电路

同步和数字触发控制电路是数字励磁调节装置的一个专用输出过程通道。它的作用是将微型计算机 CPU 计算出来的、用数字量表示的晶闸管控制角转换成晶闸管的触发脉冲。实现上述转换有两种方式：一种是将 CPU 输出的表征晶闸管控制角的数字量转换成模拟量，再经过模拟式触发电路产生触发脉冲，经放大后去触发晶闸管整流桥中的晶闸管；另一种是用数字电路将 CPU 输出的表征晶闸管控制角的数字量直接转换成触发脉冲，经放大后去触发晶闸管。第二种方式称为直接数字触发。

为了保证晶闸管按规定的顺序导通，保证晶闸管触发脉冲与晶闸管的阳极电压同步，必须有同步电压信号。

5. 并行 I/O 和显示接口

励磁调节装置也需要采集发电机运行状态信号，如断路器、灭磁开关等状态信号。这些状态信号经转换后与数字输入接口电路连接。

外部中断申请以及机组启动和停机、励磁系统开关量状态、过励保护等继电器接点信号等都通过并行 I/O 传输。

为了便于调试和运行监视，设有接口与监控盘台通信，以便在盘台上显示必要的数据，如实时控制角、调差压降、有关程序运行标志等；供运行人员操作的控制设备，用于增、减励磁和监视调节器的运行。另外，还有供程序员使用的操作键盘，用于调试程序、设定参数等。

励磁系统运行中异常情况的告警或保护等动作信号从接口电路输出后，也需变换，以便驱动相应的设备，如灯光、音响等。

（二）微机型励磁调节装置软件

1. 软件的组成

发电机的励磁调节是一个快速实时的闭环调节，它对发电机机端电压的变化要有很高的响应速度，以维持端电压在给定水平。同时，为了保证发电机的安全运行，励磁调节装置还必须具有对发电机及励磁系统起保护作用的一些限制功能，如强励和低励限制等。

微机型励磁调节装置的调节和限制及控制等功能，都是通过软件实现的。它不仅取代了模拟式励磁调节装置中的某些调节和限制电路，而且扩充了许多模拟电路难以实现的功能，充分体现出微机型励磁调节装置的优越性。

微机型励磁调节装置的软件由监控程序和应用程序组成。监控程序就是计算机系统软件，主要为程序的编制、调试和修改等服务，而与励磁调节没有直接关系，但仍作为软件的组成部分安置在微机型励磁调节装置中。应用程序包括主程序和调节控制程序，是实现励磁调节和完成数据处理、控制计算、控制命令的发出及限制、保护等功能的程序；以及用于实现交流信号的采样及数据处理、触发脉冲的软件分相和机端电压的频率测量等功能。微机型励磁调节装置的软件设计主要集中在主程序和调节控制程序。

2. 主程序的流程及功能

微机型励磁调节装置主程序流程图如图 4-20 所示。

（1）系统初始化。系统初始化就是在微机型励磁调节装置接通电源后、正式工作前，对主机以及开关量、模拟量输入输出等各个部分进行模式和初始状态设置，包括对中断初始化、串行口和并行口初始化等。系统初始化程序运行结束就意味着微机型励磁调节装置已准备就绪，随时可以进入调节控制状态。

（2）开机条件判别及开机前设置。图 4-21 所示为开机条件判别及开机前设置流程图。现假定微机型励磁调节装置用于水轮发电机励磁系统。先判别是否有开机命令，若无开机命令，则检查发电机断路器的分、合状态。分状态表明发电机尚未具备开机条件，程序转入开机前设置，然后重新进行开机条件判别；合状态表明发电机已并入电网运行，转速一定在95%以上，程序退出开机条件判别。若有开机命令，则反复不断地查询发电机转速是否达到95%，一旦达到表明开机条件满足，结束开机条件判别，进入下一阶段。

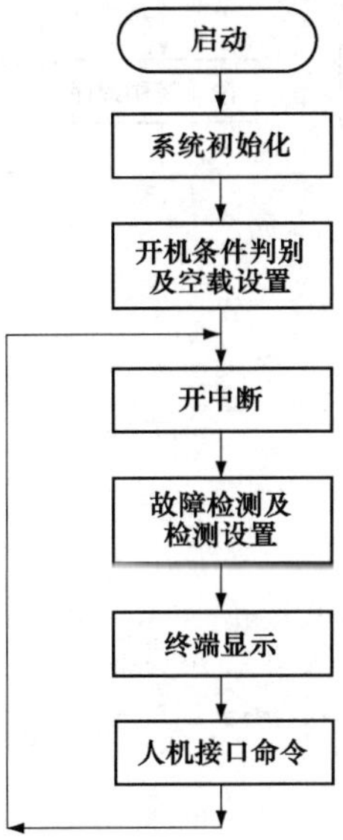

图 4-20　微机型励磁调节装置主程序流程图

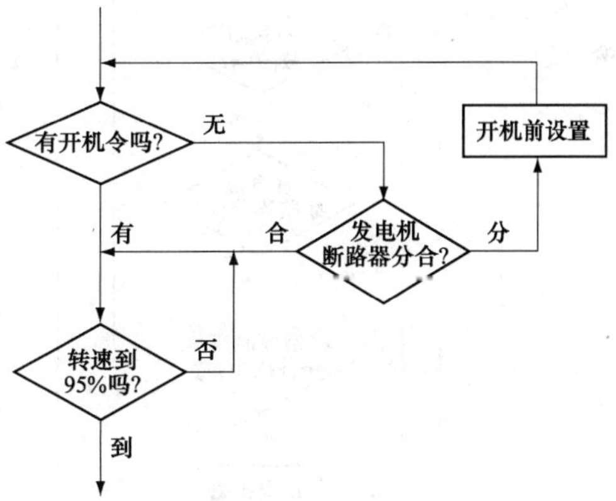

图 4-21　开机条件判别及开机前设置流程图

开机前设置主要是将电压给定值置于空载额定位置以及将一些故障限制复位。

（3）开中断。微机型励磁调节装置的调节控制程序是作为中断程序调用的。因此，主程序中“开中断”一框表示励磁调节装置在此将调用各种调节控制程序实现各种功能。开中断后，中断信号一出现，CPU 即中断主程序转而执行中断程序，中断程序执行完毕，返回继续执行主程序。

（4）故障检测及检测设置。微机型励磁调节装置中配备了对励磁系统故障的检测及处理程序，它包括 TV 断线判别、工作电源检测、硬件检测信号、自恢复等。检测设置就是设置了一个标志，表明励磁系统已经出现了故障，以便执行故障处理程序。

(5) 终端显示和人机接口命令。为了监视发电机和微机型励磁调节装置的运行情况，可通过 CRT 动态地将发电机和励磁调节装置的一些状态变量显示在屏幕上。终端显示程序将需要监视的量从计算机存储器中按一定格式送往终端 CRT 显示出来。

在调试过程中，往往需要对一些参数进行修改，为此，设计了人机接口命令程序。该程序能实现对电压偏差的比例积分微分（PID）调节参数、调差系数等在线修改。

3. 调节控制程序的流程和功能

图 4 - 22 所示为调节控制程序的流程图。对图 4 - 16 所示的晶闸管全控桥式整流电路，每个交流周期内触发 6 次，对于 50Hz 的工频励磁电源则每秒触发 300 次。为了满足这种实时性要求，中断信号每隔 60°电角度出现一次，每次中断间隔时间约 3.3ms。要在每个中断间隔时间内，执行完所有的调节控制计算和限制判别等程序是不可能的。因此，程序采用分时执行方式，在每个周期的 6 个中断区间，分别执行不同的功能程序。这 6 个中断区间以同步信号为标志。

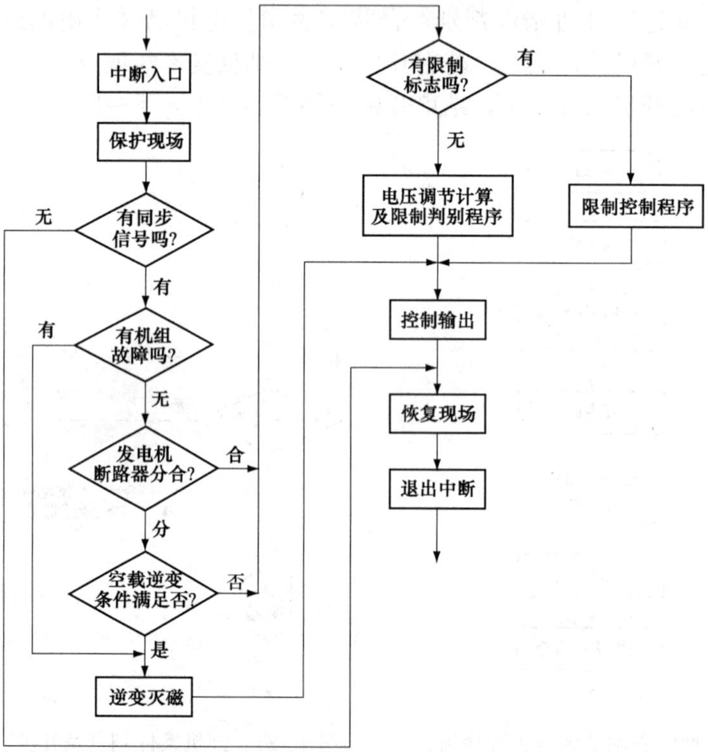

图 4 - 22　调节控制程序流程图

进入中断以后，首先压栈保护现场，将被中断的主程序断点和寄存器的内容保护起来，以便中断结束后返回到主程序断点继续运行。接下来查询是否有同步信号。同步信号是通过开关量输入、输出口读入的。若没有同步信号，则表示没有励磁电源，不执行调节控制程序，退出中断。若有同步信号，则查询是否有机组故障信号。因为机组故障是紧急事件，必须马上处理。一旦查询到机组故障信号便转入逆变灭磁程序。若机组正常无故障，且发电机断路器在分开状态（机组空载运行），则检查空载逆变条件是否满足。

空载逆变条件有三项：

（1）有停机命令；

（2）发电机机端电压大于 130％额定电压；

（3）发电机频率低于 45Hz。

上述条件只要有一项成立，则转入逆变灭磁程序。如果发电机处于闭合状态（机组并网运行），或空载运行而不需逆变灭磁，则转入调节计算程序或限制控制程序。

在执行调节计算程序或限制程序之前，应先检查是否有限制标志。限制标志包括强励限制标志、过励限制标志和欠励限制标志。若有限制标志，即转入限制控制程序；若无，则转入正常调节计算及限制判别程序。

执行电压调节计算程序或限制程序后，就得出晶闸管的控制角和应触发的桥臂号。“控制输出”将输出到同步和数字触发控制电路，生成晶闸管的触发脉冲。然后恢复现场，退出中断，回到主程序。

4. 电压调节计算

电压调节计算流程包括采样控制程序、调差计算程序和对电压偏差的比例调节等。

采样控制程序的作用是将各种变送器送来的电气量经 A/D 转换成微机能识别的数字量，供电压调节计算使用。被采集的量有发电机电压、有功功率、电感性无功功率、电容性无功功率、转子电流和发电机电压给定值。

调差计算是为了保证并联运行机组间合理分配无功功率而进行的计算，作用相当于模拟式励磁调节装置的调差单元。

在硬件配置不变的情况下，微机型励磁调节装置采用不同的算法就可实现不同的控制规律，如对电压偏差的比例（P）调节、比例积分（PI）调节、比例积分微分（PID）调节等。实现不同的控制规律只需修改软件，而不需修改硬件。这样可以很方便地用同一套硬件构成满足不同要求的发电机励磁系统，体现了数字式励磁调节装置具有灵活性。

5. 限制判别程序

为了减少电网事故造成的损失，一般希望事故时发电机尽量保持并网运行而不要轻易解列，而电网事故又往往造成发电机运行参数超过允许范围。为了保证电网事故时发电机尽量不解列，而又不危及发电机安全运行，容量在 100MW 以上的发电机一般应设置励磁电流限制。为此设置的限制包括强励定时或反时限限制、过励延时限制和欠励限制。为了防止发电机空载运行时由于励磁电流过大导致发电机过饱和而引起发电机过热，还应设置发电机空载最大磁通限制。这些限制用模拟电路实现比较困难，所以，在模拟式励磁系统中一般不设置或只设置必要的一两种。在微机型励磁系统中，只增加一些应用程序，不增加或很少增加硬设备，就可实现上述各种限制。因此，微机型励磁调节装置都配置有较完善的励磁电流限制功能。

限制判别程序的作用是判别发电机是否运行到了应该对励磁电流进行限制的状态。当被限制的参数超过限制值时，持续一定时间后，程序设置某种限制标志，表明发电机的某一运行参数已经超过了限制值，应该进行限制了。如图 4-22 所示，在下一次中断进入调节控制程序之前，应先检查是否有限制标志：有，则执行限制控制程序；无，则执行调节计算程序。

二、工作通道各个环节的工作原理

不论是模拟式励磁调节装置还是微机型励磁调节装置，其基本功能是相同的，只是微机型励磁调节装置有很大的灵活性，可实现和扩充模拟式励磁调节装置难以实现的功能。利用功能框图能方便地说明系统各环节的相互联系及其功能，并能方便地应用控制理论分析系统。最基本的自动励磁调节系统功能框图，如图 4 - 23 所示，由调差环节、测量比较、综合放大、移相触发、可控整流等基本部分组成，构成以机端电压为被调量的自动励磁调节的一个反馈控制系统。辅助控制是为了满足发电机的不同工况要求，改善电力系统稳定性和励磁系统动态性能而设置的，如为保证发电机运行的安全，设置有各种励磁限制；为便于发电机运行，装置设有电压给定值系统。

在图 4 - 23 所示的主通道自动励磁调节中，若由于某种原因使发电机电压升高，偏差电压 ΔU 经综合放大后得到一控制量，使移相触发脉冲后移，控制角 α 增大，可控整流输出电压减小，减小发电机的励磁，机端电压随之下降。反之，发电机电压下降时，综合放大后得到的这一控制量使移相触发脉冲前移，控制角 α 减小，可控整流输出电压增大，增大发电机的励磁，机端电压随之升高。因此，调节结果可使机端电压保持在给定值水平。

除上述主通道调节外，还可切换为以励磁电流为被调量的闭环控制运行。由于采用自动跟踪系统，切换不会引起发电机无功功率的摆动。以励磁电流为被调量的闭环控制运行，也称手动运行，通常应用于发电机零起升压以及自动控制通道故障时。在模拟式励磁调节装置中，用模拟电路、电子电路来实现图 4 - 23 所示功能；在微机型励磁调节装置中，由硬件和软件来实现图 4 - 23 所示功能。

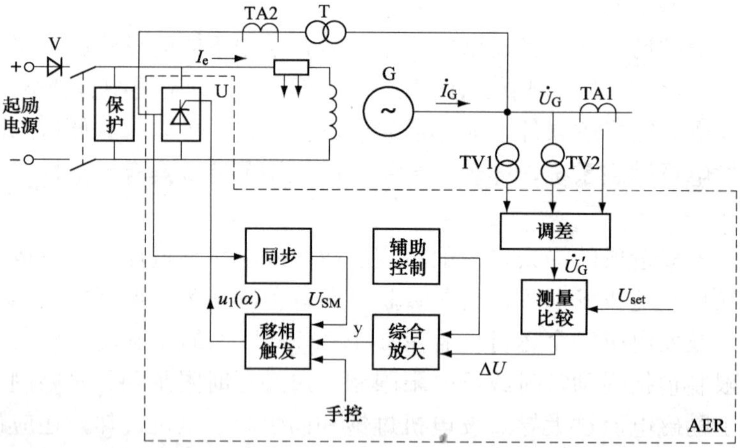

图 4 - 23　自动励磁调节系统功能框图

下面简单阐明工作通道各个环节的工作原理。

（一）调差环节

调差环节是为了稳定、合理地分配机组间的无功功率而设置的，有关原理参见本模块情境 5。

（二）测量比较环节

励磁调节装置工作过程中，需将发电机的各种电气量转换成微机能识别的数字量，被采集的电气量中，模拟量部分主要包括：发电机机端电压 U_G、发电机并列母线电压（系统电压）U_S、定子电流 I_G、发电机励磁电流 $I_{e.G}$、励磁电压 $U_{e.G}$、发电机有功功率 P 和无功功率 Q 以及发电机频率 f，励磁变低压侧电流。

再求出输出电压与给定电压之差就可得到测量比较输出的偏差电压。此环节输出的偏差电压 ΔU 可表示为

$$\Delta U = U_{set} - U'_G \tag{4-15}$$

式中　U_{set}——给定电压；

U'_G——通过调差环节后输出的电压值。

1. 机端电压的测量

测量发电机机端电压 U_G，用作发电机机端电压稳定调节的反馈。通常为了避免测量 TV（电压互感器）断线（如 TV 高压侧熔丝熔断）时引起误强励，励磁控制装置需同时测取励磁专用 TV 和测量仪表用 TV 两路电压信号，作为 TV 断线判别。

测量发电机并列母线电压 U_S 的作用为：在发电机起励建压时为发电机电压跟踪系统电压提供一个跟踪目标值。

在微机励磁控制系统中，交流电压的测量包括对励磁专用 TV 和测量仪表用 TV 两路电压信号，以及 U_S（系统电压）三个电压的测量。它们均为三相交流 100V 电压信号，取自各自的电压互感器二次侧。

交流电压的测量有两种方式：①将经输入电路隔离变换后的三相电压进行整流、滤波变成直流电压，再经 A/D 变换变成微机可识别的数字量；②将隔离变换后的三相电压先进行 A/D 变换，变换成数字量后，取出正序电压，再进行数字滤波获得微机能识别的数字量。采用发电机的正序电压反映机端电压，可提高系统发生不对称短路故障时 AER 的检测灵敏度。

2. 发电机励磁电流的测量

测量发电机励磁电流，用作励磁电流稳定调节的反馈和过励磁限制等。鉴于励磁电流在励磁控制与励磁限制中的重要性，通常需要在不同测量点以不同原理分别测取励磁电流，互为备用。

励磁电流可通过接在励磁回路中的分流器、直流/直流变换器滤波后，经 A/D 变换测得。在自并励励磁系统中，也可测量励磁变低压侧电流（图 4-19 中 TA2 的二次侧电流）来反应励磁电流。

3. 发电机有功功率 P 和无功功率 Q 的测量

有功功率 P 是电力系统稳定器（PSS）及最优励磁控制装置的主要状态量之一。无功功率 Q 是无功功率稳定调节（恒 Q 运行方式）和实现无功调差所必需的。

在励磁调节装置中，有功功率和无功功率测量有两种方式：①直接采用功率变送器，直接获得三相有功功率和三相无功功率的数字量；②应用定子电压、定子电流的采样值直接计算出发电机三相有功功率和三相无功功率。前者要增加硬件设备，后者不增加硬件设备，完全由软件实现。

4. 开关状态量的检测

励磁调节装置工作过程中，被采集的电气量中，开关量部分主要包括：发电机出口主断路器 QF、发电机保护出口继电器 KOM、发电机灭磁开关 FMK、发电机开停机信号、增减磁信号、功率单元局部故障信号（如风机停风、快熔熔断、硅元件温度高等）和运行方式转

换信号等。

(1) 发电机出口主断路器 QF 的状态。QF 的状态对励磁控制非常重要。在发电机单机运行时，禁止使用恒 Q 运行方式；欠励限制、无功过载限制和 PSS 等功能仅在并网状态下执行；最大励磁电流瞬时限制的整定值在并网状态为 2 倍的额定励磁电流，而在单机状态通常只需取 0.5～0.7 倍额定励磁电流；灭磁仅在单机状态下允许执行；发电机电压允许调节范围在单机运行时较大，而并网运行时较小等。

(2) 发电机保护出口继电器 KOM 的触点信号和发电机灭磁开关 FMK 状态信号。KOM 的触点信号主要用作继电保护动作时控制励磁控制器配合进行逆变灭磁，同时和磁场开关 FMK 的触点信号一起，用作触发励磁控制器的事故记录。

(3) 功率单元局部故障信号。功率单元局部故障信号包括快熔熔断、冷却风机停风、硅元件温度过高等，作为限制功率单元最大输出功率的依据。

(4) 发电机开停机信号。对励磁控制器而言，发电机开停机信号主要用作起励与灭磁控制的辅助控制信号，其中停机信号如在并网状态有效时，可作为自动减无功负荷到零的命令。

(5) 增减磁信号。在发电机单机运行时，增减磁信号用作升降发电机机端电压，并网运行时用作增减无功负荷。

(6) 运行方式转换信号。运行方式转换信号用作选择恒 U_G 运行方式、恒 $I_{e.G}$运行方式或恒 Q 运行方式。

（三）综合放大环节（PID 控制）

PID 计算就是比例、积分、微分运算。在模拟式控制装置中称为综合放大单元。综合放大单元是将电压偏差 ΔU 与其他辅助信号进行综合放大，以提高装置的灵敏度，适应不同运行工况的要求。

综合放大单元要综合的信号按性质可分为三类。

(1) 主控制信号，即电压偏差 ΔU 用于正常的励磁调节。

(2) 反馈控制信号。为改善控制系统动态性能而设置的辅助控制信号，包括为改善励磁系统动态性能的微分反馈信号（励磁系统稳定信号）和提高电力系统稳定的信号（电力系统稳定器）等。

(3) 限制控制信号。为保证发电机及系统安全运行设置的辅助控制信号，包括最大、最小励磁限制信号等。

以上三种信号中，前两种在正常情况下按预定规律对励磁系统实施控制；后一种在正常情况下不起作用，在异常情况下（危及发电机及系统安全时）才进行限制控制。

PID 计算环节输入的是偏差信号电压 ΔU，输出的是控制信号电压 y。

（四）移相触发环节

移相触发环节主要包括数字移相及触发脉冲的形成。

数字移相就是将 PID 计算输出的数字量 y 转换为控制角 α，并在规定的角度区间内形成脉冲，经功率放大后形成触发脉冲，给相应晶闸管触发。对三相全控桥触发脉冲，控制角 α 有上、下限，即 $\alpha_{min} \leqslant \alpha \leqslant \alpha_{max}$，如取 $\alpha_{min}=5°$、$\alpha_{max}=150°$。此外，须采用双脉冲触发。

(1) 数字移相。数字移相工作特性就是输出的控制角 α 与输入量 y 间的关系曲线。根据 AER 调节规律，发电机机端电压在给定值$\dfrac{U_{set}}{K}$水平上运行。当机端电压 U_G 降低时，励磁电压应升高，此时控制角 α 应减小，驱使机端电压 U_G 升高，从而使机端电压维持在水平上运行。

当机端电压 U_G 升高时，控制角 α 应增大，使励磁电压降低，驱使机端电压降低，从而使机端电压维持在 $\frac{U_{set}}{K}$ 水平上运行。注意到上述规律有线性关系，并做出数字移相工作特性，如图4-24所示。图中粗线段表示发电机正常运行时的工作范围。$\alpha=f(y)$ 工作特性曲线不随 U_{set} 而改变。

数字移相就是将数字量 y 在规定的角度区间内转换成时间 t_α，再由 t_α 转换为工频电角度 α，从而实现数字移相。

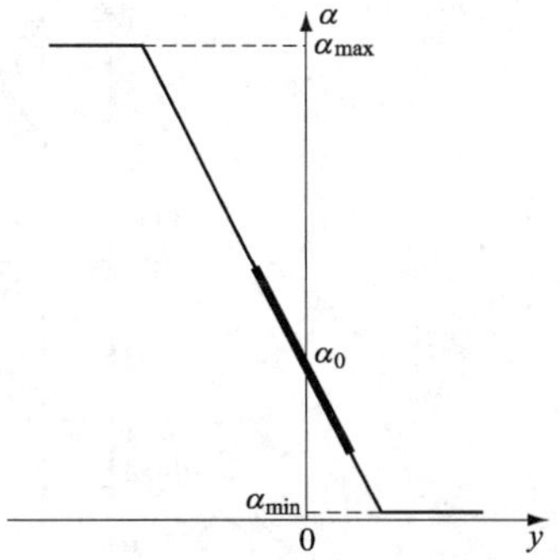

图4-24　数字移相工作特性

数字移相是通过软件和可编程定时/计数器（如8253芯片）实现的。我们已经知道，三相全控桥式整流电路输出电压的高低取决于控制角 α 的大小，而 α 的大小可用触发脉冲距 α 角起始点的延时 t_α 来表示，再折算成对应的计数脉冲个数 D。α 换算为 t_α 的表达式为

$$t_\alpha=\frac{\alpha}{360°}T \tag{4-16}$$

式中　T——晶闸管交流电源的周期。

如加到定时/计数器中的计数脉冲的频率为 f_c，则与 t_α 对应的计数脉冲数为

$$D=t_\alpha f_c=\frac{\alpha}{360°}Tf_c \tag{4-17}$$

如果已知控制角 α（ΔU_G 和 ΔQ 通过软件计算确定），可求得计算机的写入数 D。在 $\alpha=0°$ 时，将其装入相应定时/计数器的计数器中。计数器为减法计数器，计数结束时，计数器输出端输出低电平信号，经功率放大电路和脉冲变压器，形成触发脉冲，去触发相应晶闸管。

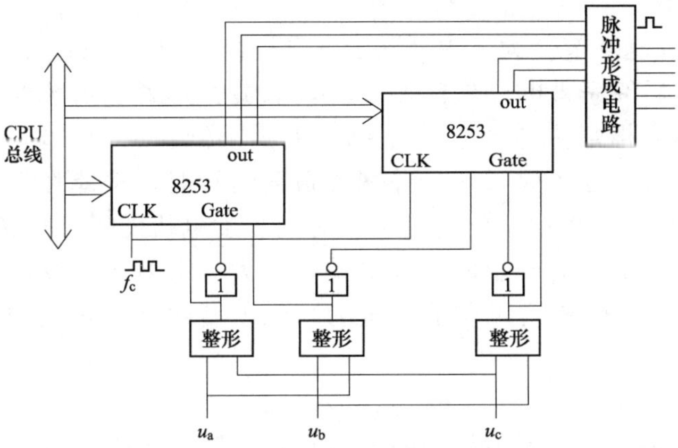

图4-25　三相数字移相脉冲原理图

（2）同步电路。同步电路的任务是将同步变压器二次侧电压整形成方波，作为定时计数器的门控信号，指明控制角 α 的计时起始点，以触发相应晶闸管。图4-25为三相数字移相脉冲原理图，图中采用2个8253芯片、输出6个触发脉冲，作为三相全控桥的双脉冲触发，脉冲间隔为60°。

如图4-26所示，线电压 u_{ac}、u_{ba}、u_{cb} 经方波整形后可得宽度为180°的三个方波，它们各自的反相器也是三个宽180°的方波，这6个方波依次间隔60°。它们的上升沿正好与6个自然换相点对应，分别接到2个8253芯片的6个Gate端，作为三相全控桥各晶闸管控制角 α 的计时起点，6个输出端信号经转换后得到输出的触发脉冲信号。

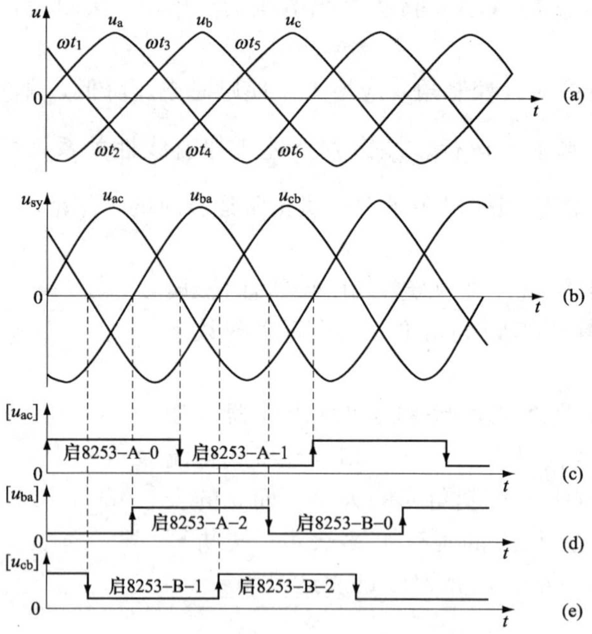

图 4-26 同步电压波形

（a）交流电源相电压；（b）晶闸管同步电压；（c）～（e）整形后的方波电压

微机型励磁调节装置可以充分发挥其软件优势，无须添加硬件即可方便实现其控制功能，且“智能化”地计及运行中有关因素，具有模拟式调节装置无法比拟的优点。

在自并励励磁系统中，触发脉冲属于弱电，励磁电压属强电，所以脉冲放大输出的脉冲变压器一、二次绕组间应有足够高的隔离耐压水平；又因励磁电流大，可控整流柜不止一块，故触发脉冲输出数量要满足要求，输出功率要足够大以保证晶闸管触发导通。

三、微机励磁调节装置的励磁限制

励磁限制是励磁调节装置的辅助控制环节。大、中型同步发电机组出于安全稳定运行的需要，要求现代励磁调节装置必须配备完善的励磁限制功能，如最大励磁电流瞬时限制、反时限延时过励磁电流限制、整流柜最大输出功率限制、欠励限制、伏赫限制等。这些励磁限制无论在同步发电机单机空载运行时，还是并网带负荷运行时，都能在保证同步发电机的试验运行、正常发电运行和调相运行的前提下，对同步发电机的励磁电流、定子电压、定子电流和无功功率等给予全面的安全限制和保护，给大、中型同步发电机组的安全稳定运行提供了强有力的保障。微机励磁调节装置的励磁限制功能由相应的励磁限制程序模块实现。

（一）最大励磁电流瞬时限制

最大励磁电流瞬时限制的作用是：限制同步发电机励磁电流的最大值（顶值），防止超出设计允许的强励倍数，避免励磁功率单元及发电机转子绕组超极限运行而损坏。

最大励磁电流瞬时限制的工作原理是：检测励磁电流，并与最大励磁电流限制整定值比较，若小于限制值，限制不动作；若大于限制值，限制瞬时动作，瞬时限制晶闸管整流桥中晶闸管控制角在预先规定的范围内，立即减小励磁调节装置的输出，迫使励磁功率单元迅速减小输出的励磁电流，当励磁电流下降到限制整定值以下时，限制解除动作。

最大励磁电流瞬时限制整定值应高于强励时的励磁电流，一般可取 2.5～2.8 倍额定励磁电流。

（二）反时限延时过励磁电流限制

反时限延时过励磁电流限制是用于防止同步发电机转子绕组因长时间过流而过热。同步发电机的励磁绕组及励磁功率单元的长期工作电流，是按额定励磁电流的 1.1 倍设计的，当励磁电流超过了额定励磁电流的 1.1 倍时，就称其为“过励”。

反时限延时过励磁电流限制实际上由一个热量积分器和一个定值小于 1.1 倍额定励磁电流的定电流调节器组成。通常，该限制提供反时限限制特性，即按发电机转子容许发热极限曲线对发电机转子电流进行限制。

（三）整流柜最大输出功率限制

在自并励励磁系统中，若出现晶闸管元件故障、快速熔断器熔断或冷却风机停运等故障时，则应根据具体情况判断是否限制发电机负荷，限制其最大输出功率，以免发生过载而扩大故障。如果此时不对整流柜的最大输出功率进行限制，那么发生强励时，整流柜可能严重过载而扩大故障甚至完全烧毁，严重危及发电机组的安全运行。如多台整流桥并列运行，则当一台整流柜故障时，可不限负荷、不限强励；如接着另一台再发生故障时，则需限制发电机励磁电流，不致引起整流柜故障扩大，同时解除强励。

（四）欠励限制（最小励磁限制）

欠励限制的作用是防止发电机因励磁电流过度减小而引起失步，或因机组过度进相运行而引起发电机定子的端部过热。

当发电机的励磁不足时，发电机的定子电流将变成超前功率因数角，发电机从系统吸收感性无功功率，进入进相运行。励磁电流越小，发电机从系统吸收的无功功率就越多，其进相运行就越深。在系统处于轻负荷运行状态时，利用一部分发电机进相运行吸收系统过剩的无功，避免系统电压因无功功率过剩上升过高，是一种比较经济简便的调压措施。然而，发电机的进相运行不是无限制的，而要受到静态稳定和定子端部温升的限制。当发电机因吸收无功功率过多而导致机组过度进相运行时，容易导致发电机失稳和定子端部过热。为此，必须设置发电机欠励限制环节。

（五）伏赫限制

同步发电机解列运行时，其机端电压有可能升得较高，而其频率也有可能降得较低。如果其机端电压 U_G 与其频率 f 的比值 $\frac{U_G}{f}$（伏赫比）过高，则同步发电机及与其相连的主变压器（单元接线机组）的铁芯就会发生磁饱和，使空载励磁电流加大，造成铁芯过热，因此有必要对 $\frac{U_G}{f}$ 加以限制。伏赫限制的任务就是在机组解列运行时，确保 $\frac{U_G}{f}$ 不超出安全数值之外。$\frac{U_G}{f}$ 的整定值通常取标幺值为 1.1～1.15。

四、微机型励磁调节装置的主要性能特点

（一）硬件简单，可靠性高

由于采用了微处理器，以往调节器中的操作回路、部分可控整流触发回路、各种保护功能、机械或电子的电压整定机构都可以简化或省去，采用软件来完成。这样就使印刷电路板的数量大大减少，电路元件减少，焊点少，接插件少，使装置可靠性提高。

（二）便于实现复杂的控制方式

复杂的控制方式，如最优控制、自适应控制、人工智能等，往往要求大量的计算和判断，这对模拟式励磁调节装置是不可能实现的，而微机型励磁调节装置为实现复杂的控制提供了可能性。

（三）硬件易实现标准化，便于产品更新换代

微机型励磁调节装置，硬件的功能主要是输入发电机的参数如电压、电流、励磁电压、励磁电流等，输出各控制、报警信号及触发脉冲。这是任何晶闸管作为励磁调节装置的执行元件都必须具备的电路。对于不同容量、不同型号的发电机，只要改变软件及输出功率部分就可以。这样便于标准化生产，便于产品升级换代。硬件的调试工作量也大大减少。

（四）显示直观

发电机的各种运行状态、运行参数、保护定值等都可以通过显示面板的数码管显示出来，不仅显示十进制，还可以显示十六进制数。除此之外，还可显示各种故障信号，为运行人员提供了极大的方便。

（五）通信方便

可以通过通信总线、串行接口或常规模拟量方式、方便灵活地与上位计算机进行通信或接受上位计算机的控制命令。上位计算机可直接改变机组给定电压值，非常简单地实现全厂机组的无功功率成组调节及母线电压的实时控制，便于实现全厂的自动化。

思考与练习

1. 微机型励磁调节装置由哪些部分组成，各种作用是什么？
2. 微机型励磁调节装置有哪些主要输入量？引入各量有何作用？
3. 试说明微机型励磁调节装置中移相触发脉冲移相的基本工作原理。
4. 微机型励磁调节装置的软件部分由哪些主要程序组成？
5. 大型发电机上的微机型励磁调节装置有哪些励磁限制功能？各限制起何作用？

情境 5　并联运行机组间无功功率的分配

知识目标

◇ 掌握调差环节的工作原理。

◇ 掌握具有微机型励磁调节装置（AER）的发电机外特性的移动特点。

◇ 掌握并联运行机组间无功功率的分配特点。

能力目标

◆ 能够理解调差环节的意义。

◆ 能够理解并联机组运行时对调差系数的要求。

一、调差环节的工作原理

1. 调差系数的概念

发电机励磁调节系统由励磁系统和发电机组成，考虑到发电机转子电压和电流之间存在

线性关系（未饱和时），利用励磁调节系统的工作特性 $I_{e.G}=f(U_G)$［或 $U_{av}=f(U_G)$］和同步发电机的调节特性 $I_{Q.G}=f(I_{e.G})$，可以合成发电机无功调节特性（发电机的外特性）。

发电机的调节特性是指发电机励磁电流 $I_{e.G}$ 与无功负荷 $I_{Q.G}$ 之间的关系。由于在励磁调节装置作用下，发电机电压在额定值附近变化。图 4-27（a）给出了发电机电压处于额定值时的调节特性。图 4-27（b）是利用作图法作出的发电机无功调节特性曲线 $U_G=f(I_{Q.G})$，图上用虚线示出了作图过程。图 4-27（c）示出了不同给定电压值下的同步发电机无功调节特性曲线，与图 4-2（d）相同，是发电机的外特性曲线。

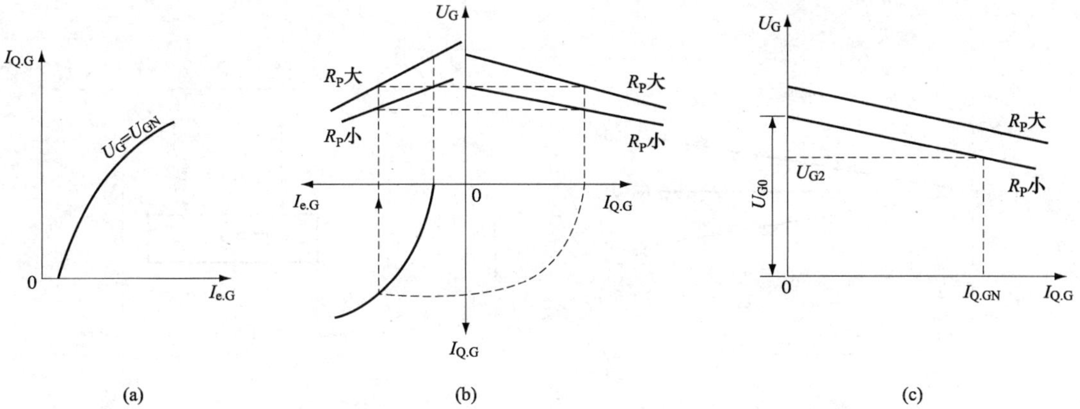

图 4-27　发电机无功调节特性（发电机外特性）的形成

（a）发电机的调节特性；（b）无功调节特性（外特性）求取；（c）无功调节特性（外特性）

R_P—给定电压整定电位器阻值

由图 4-27（c）可以看出，改变端电压给定值可以上下平移无功调节特性。而在某一给定值下，调节特性随发电机无功电流 $I_{Q.G}$ 的增加稍有下倾，下倾的程度可以用调差系数 K_u 来表示，它是反映发电机外特性的一个重要参数。由图 4-28 可得到调差系数的定义为

$$K_u=\frac{U_{G0}-U_{G2}}{U_{GN}}=U_{G0*}-U_{G2*}=\Delta U_{G*} \tag{4-18}$$

式中　U_{GN}——发电机额定电压；

U_{G0}，U_{G0*}——发电机空载电压（发电机无功电流 $I_{Q.G}=0$）及标幺值；

U_{G2}，U_{G2*}——发电机带额定无功负荷时的电压（$I_{Q.G}=I_{Q.GN}$）及标幺值。

调差系数 K_u 可理解为发电机无功功率从零增加到额定值时机端电压的相对下降值，也可以用百分数表示，即

$$K_u\%=\frac{U_{G0}-U_{G2}}{U_{GN}}\times100\%$$

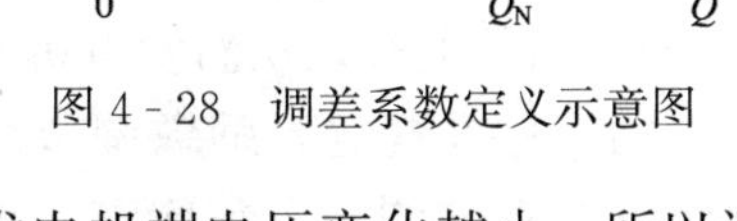

图 4-28　调差系数定义示意图

由式（4-18）可知，调差系数越小，无功电流变化时发电机端电压变化越小，所以调差系数 K_u 表征了励磁调节系统维持发电机端电压的能力，无功调节特性也被称为调差特性。

2. 调差环节的作用

由于发电机运行需要，K_u 需要调整调差系数，要求 $K_u>0$ 或 $K_u<0$。不同调差系数的

发电机无功调节特性如图 4-29 所示。由式（4-18）可知，$K_u>0$ 为正调差系数，其调差特性下倾，即发电机端电压随无功电流的增大而降低；$K_u<0$ 为负调差系数，其调差特性上翘，发电机端电压随无功电流的增大而升高；$K_u=0$ 为无差特性，调差特性呈水平，这时发电机端电压为恒定值。

由于同步发电机在电网中运行情况各异，对无功调节提出了不同的要求，因此在励磁调节装置中设置了调差单元，所以调差环节用来获得所需的调差系数。

图 4-30 所示为微机型励磁调节装置接入调差环节简图。接入调差环节后，仅影响励磁调节系统的反馈通道。

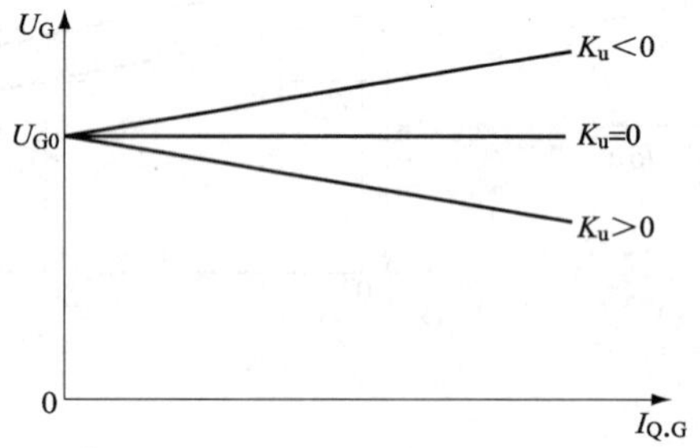

图 4-29 不同调差系数的发电机无功调节特性

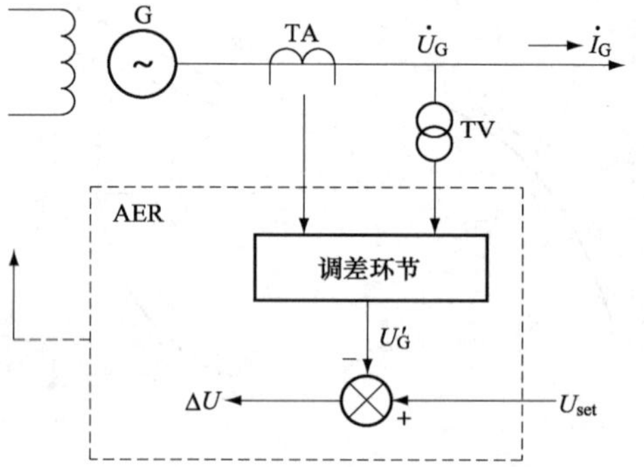

图 4-30 励磁调节装置接入调差环节简图

正调差系数的物理概念可理解为：无功电流 $I_{Q.G}$（或 Q）增大时，励磁调节装置感受到的电压 U'_G在上升（相当于发电机电压虚假升高），于是 AER 降低发电机的励磁电流，驱使发电机电压降低，所以得到下倾的外特性曲线。正调差特性主要用来稳定并联运行机组间无功电流的分配，所以正调差环节也可称为电流稳定环节。

负调差系数的物理概念可理解为：无功电流 $I_{Q.G}$（或 Q）增大时，励磁调节装置感受到的电压 U'_G在下降（相当于发电机电压虚假降低），于是励磁调节装置增大发电机的励磁电流，驱使发电机电压升高，所以得到上翘的外特性曲线。负调差特性主要用来补偿变压器或线路压降，维持高压侧并列点的电压水平，所以负调差环节也可称为电流补偿环节。

3. 调差系数的整定

在微机型励磁调节装置中采用的调差公式为

$$U'_G = U_G - K_u I_{Q.G} \tag{4-19}$$

一般用无功功率 Q 代替无功电流 $I_{Q.G}$成为名副其实的无功（功率）调差，即

$$U'_G = U_G - K_u Q \tag{4-20}$$

当 $K_u>0$，Q 上升导致 U'_G下降，从而发电机电压 U_G 下降，即为正调差；当 $K_u<0$，Q 上升导致 U'_G上升，从而发电机电压 U_G 上升，即为负调差。

国家标准规定，励磁调节装置的调差系数可调范围为±10%，而电力系统运行要求机组并列点的调差系数应整定为 3%～5%。对机端直接并联运行的机组，使用正调差系数，整定为 3%～5%。对单元接线机组，并联点在升压变压器高压侧，为补偿升压变压器的电压降落，应使用负调差系数，大容量升压变压器的电抗一般在 12%～15%，折算为正调差系数为 6%～8%，为保证并列点的调差系数为 3%～5%，需要整定励磁调节装置的调差系数为－3%左右。

二、具有自动调节励磁装置发电机外特性的移动

1. 调差特性的平移

发电机装设励磁调节装置后，励磁调节装置调节结束时，由式（4-4）可见，发电机电压维持在$\frac{U_{set}}{K}$水平。U_{set}增大时，机端运行电压升高；U_{set}减小时，机端运行电压降低。这种情况反映在励磁调节装置的工作特性上，给定电压U_{set}增大，发电机外特性向上移动；给定电压U_{set}减小，发电机外特性向下移动，如图 4-31 所示，这种外特性曲线的移动，不会对调差系数产生影响，即发电机外特性曲线的上、下平移可通过改变给定电压U_{set}实现。

发电机装设励磁调节装置后，只要给定电压不变，励磁调节装置调节结束后，总可使机端电压维持在给定值水平上运行。当无功电流或无功功率发生变化时，机端电压变化很小。

设发电机的励磁调节装置具有正调差环节，外特性曲线如图 4-31 中直线 2。当发电机的无功功率为Q_1时，机端电压为U_N，如果无功功率增大到Q_2则机端电压下降到U_{G2}。

当无功功率增加到Q_2时，如仍要保持额定电压，则给定电压U_{set}增大，即将图 4-31 中特性曲线 2 平移到曲线 3 位置。使励磁调节装置调节结束后，机端电压总可维持在给定值水平。

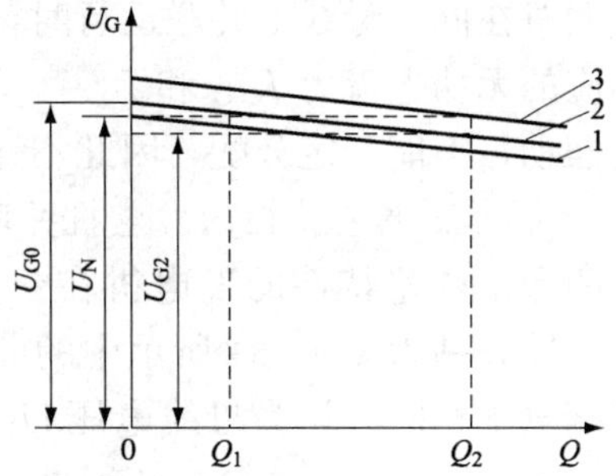

图 4-31 励磁调节装置可维持机端电压为给定值水平说明

2. 发电机无功功率转移

平移发电机外特性曲线可以改变发电机所承担的无功功率。设发电机并入系统时机端电压为额定电压U_N，外特性曲线如图 4-31 中的特性曲线 1 所示，此时发电机不承担无功功率；当励磁调节装置的给定电压逐渐增大时，发电机外特性曲线由特性曲线 1 上移到特性曲线 2、特性曲线 3 位置，相应的发电机的无功功率上升到Q_1、Q_2。可见，增大励磁调节装置的给定电压，并接在系统上的发电机所承担的无功功率逐渐增大，此时的机端电压由系统电压确定，一般在额定值附近。

当发电机停机时，可先减小励磁调节装置的给定电压，将外特性曲线向下移动，无功功率逐渐减小。当外特性曲线为图 4-31 中曲线 1 时，无功功率已减至零，此时断开发电机不会造成对系统无功功率的冲击。可以看出，减小励磁调节装置的给定电压，并接在系统上的发电机所承担的无功功率会逐渐减小。

由以上分析可见，增大或减小励磁调节装置的给定电压，可平稳增大或减小发电机的无功功率，实现发电机无功功率的转移。

并联运行机组间无功功率的分配与各机组的调差特性密切相关，下面分别讨论。

三、并联运行机组间无功功率的分配

1. 一台无差特性的机组与有差特性机组的并联运行

设两台发电机组在公共母线上并联运行，第一台发电机为无差调节特性，如图 4-32 中曲线1，第二台发电机为有差调节特性，且$K_u>0$，如图 4-32 中曲线 2 所示。这时母线电压必定等于第一台发电机的端电压U_1，并保持不变，第二台发电机的无功电流为$I_{Q.G2}$。如果无功负荷改变，则第一台发电机的无功电流将随之改变，而第二台发电机的无功电流维持不变，仍为$I_{Q.G2}$。移动第二台发电机调差特性曲线 2 可以改变发电机无功负荷的分配。移动

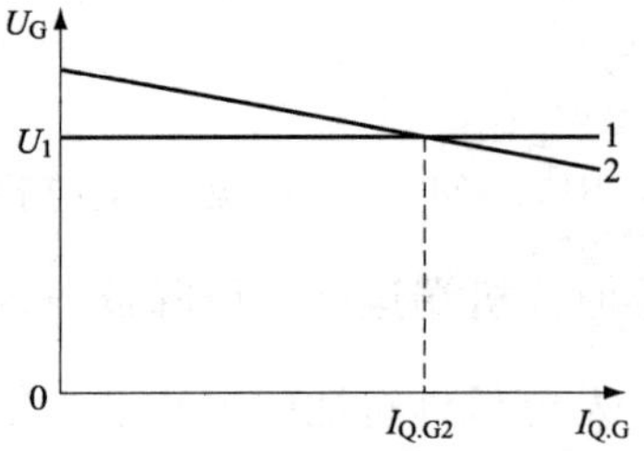

图 4-32 一台无差特性和一台有差特性机组并联运行

第一台发电机调差特性曲线 1，不仅可以改变母线电压，而且也可以改变第二台发电机的无功电流。

由上面的分析可知，一台无差特性的发电机可以和一台或多台正调差特性的机组在同一母线上并联运行。但由于无差特性发电机组将承担所有无功功率的变化量，无功功率的分配是不合理的，所以实际中很少采用。两台及以上无差特性的机组是不能在同一母线上并联运行的，因为无功功率的分配是随意的，故机组不能稳定运行。

2. 一台负调差特性机组和一台正调差特性机组并联运行

图 4-33 中，曲线 1 为第一台发电机的负调差特性，曲线 2 为第二台发电机的正调差特性，两机在同一母线上并联运行时，设并联点母线电压为 U_1（见图 4-33 中虚线），两台机组相应的无功电流为 $I_{Q.G1}$ 和 $I_{Q.G2}$。当系统中无功负荷变化（如增大），无功功率在两机组间发生摆动，不能稳定分配，因此不允许负调差特性机组直接参与并联运行。

3. 两台正调差特性的发电机并联运行

两台正调差特性的发电机在公共母线上并联运行，其调差特性分别为图 4-34 所示中的曲线 1 和曲线 2。两台发电机端电压相同，均为母线电压 U_1，负担的无功电流分别为 $I_{Q.G1}$ 和 $I_{Q.G2}$。

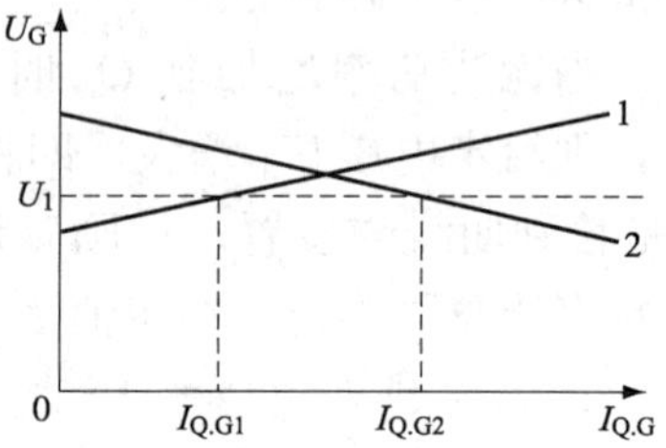

图 4-33 负调差特性机组直接参与并联运行

如果无功负荷增加，母线电压下降，调节装置动作使新的稳定电压值为 U_2，这时发电机负担的无功负荷分别为 $I'_{Q.G1}$ 和 $I'_{Q.G2}$，两台机组分别承担一部分增加的无功负荷，无功负荷的分配取决于各机组的调差系数。

设某发电机的调节特性如图 4-34 中曲线 1 所示。无功电流为零时的发电机端电压为 U_{G0}；无功电流为额定值 $I_{Q.GN}$ 时，发电机电压为 U_{GN}（见图中细实线）。当机端电压下降到 U_G 时，无功电流可表示为

$$I_{Q.G}=\frac{U_{G0}-U_G}{U_{G0}-U_{GN}}I_{Q.GN} \tag{4-21}$$

用标幺值表示为

$$I_{Q.G*}=-\frac{(U_G-U_{G0})/U_{GN}}{(U_{G0}-U_{GN})/U_{GN}}=-\frac{\Delta U_{G*}}{K_u} \tag{4-22}$$

若母线电压由 U_{G*} 变化到 U'_{G*}，则式（4-22）可写为

$$\Delta I_{Q.G*}=-\frac{\Delta U_{G*}}{K_u} \tag{4-23}$$

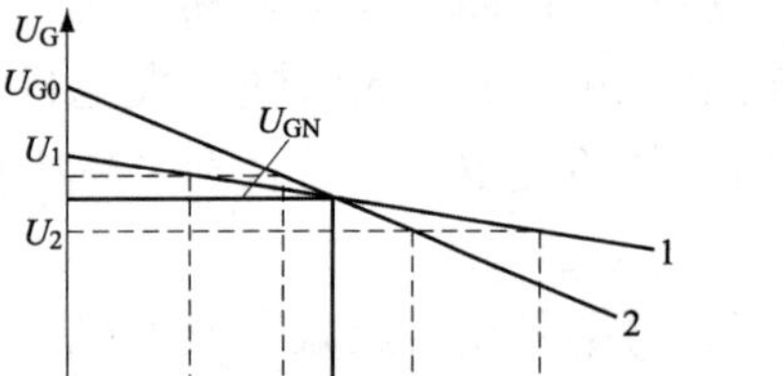

图 4-34 两台正调差特性的发电机并联运行

式（4-22）和式（4-23）说明，两台正调差特性机组在公共母线上并联运行时，无功负荷分配与调差系数成反比，无功增量分配也与调差系数成反比。通常要求各发电机组间的无功负荷应按机组容量分配，无功负荷增量也应按机组容量分配，即希望各发电机无功电流变化量标幺值 $\Delta I_{Q.G*}$ 相等，这就要求在公共母线上并联运行的发电机具有相同的调差系数。

思考与练习

1. 并联机组运行时，对调差系数有何要求？哪些外特性不适合并联运行？
2. 在励磁调节装置中为要设置调差环节？
3. 什么是正调差系数？什么是负调差系数？
4. 试说明并列运行发电机间怎样实现无功负荷的转移。
5. 发电机装设励磁调节装置后，励磁电流与机端电压应有怎样的关系曲线？
6. 发电机的励磁调节装置退出运行时，发电机的外特性有何特点？为什么？

情境6　同步发电机的强行励磁和灭磁

知识目标

◇ 掌握强行励磁的概念以及强行励磁的两个基本指标。
◇ 掌握灭磁的概念以及灭磁的基本要求。
◇ 掌握常用的灭磁方法及各自的特点。

能力目标

◆ 能熟练地对不同灭磁方法进行分类和识别。

一、同步发电机的强行励磁

电力系统发生短路故障时，会引起发电机端电压急剧下降，此时如能使发电机的励磁迅速上升到顶值，将有助于电网稳定运行，提高继电保护动作的灵敏度，缩短故障切除后系统电压的恢复时间，并有利于用户电动机的自启动。因此，当发电机电压急剧下降时，将励磁迅速增加到顶值的措施，对电力系统稳定运行具有重要的意义。通常将这种措施称为强行励磁，简称强励。

一般发电机配置的自动励磁调节装置均具有强励功能。但有些励磁系统的自动励磁调节装置有时可能励磁顶值电压不够高，或响应速度不够快，或励磁调节装置的动作失灵会丧失强励能力。在这种情况下，也可以增设强行励磁装置，作为自动调节励磁装置的强励补充。

从强励的作用可以看出，要使强励充分发挥作用，应满足强励顶值电压高且响应速度快的基本要求，因此用两个指标来衡量强励能力，即强励倍数和励磁电压响应比。

1. 强励倍数

强励时能达到的最高励磁电压 $U_{e.max}$ 与额定励磁电压 $U_{e.N}$ 的比值，称为强励倍数 K_Q，即

$$K_Q=\frac{U_{e.max}}{U_{eN}} \tag{4-24}$$

显然，K_Q 越大，强励效果越好。但 K_Q 大小受励磁系统结构和设备费用的限制，通常为1.2～2倍。

2. 励磁电压响应比

励磁电压响应比又称励磁电压响应倍率，能反映出励磁响应速度的大小。注意到强励时

励磁电压必须要通过转子磁场才能起作用，而转子回路具有较大的时间常数，所以转子磁场的增加将滞后励磁电压的增加。

对于图 4 - 8 所示直流励磁机系统来说，强励时由于励磁机存在时滞作用，发电机的励磁电压起始上升较慢、然后较快上升、最后又缓慢上升到顶值，励磁电压 u_e 变化曲线如图 4 -35（a）所示。对于图 4 - 9～图 4 - 11 所示快速励磁系统来说，强励时发电机励磁电压几乎是瞬间上升的，励磁电压 u_e 变化曲线如图 4 - 35（b）所示。

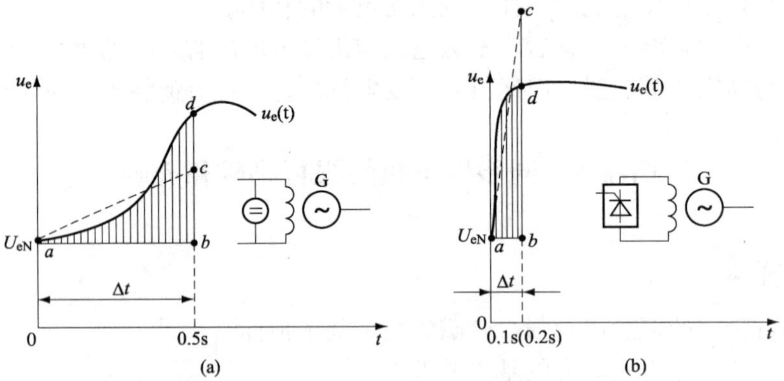

图 4 - 35　强励时发电机励磁电压变化曲线

（a）直流励磁机系统；（b）快速励磁系统

在时间相同的条件下，阴影部分面积越大，表示强励作用越显著。为描述励磁上升速度，并对不同励磁系统进行比较，通常将图 4 - 35 中 *abd* 阴影处面积等面积变换成 *abc*。这样，励磁电压的上升速率等效变换为常数。定义 Δt 内励磁电压等速上升的数值与额定励磁电压之比为励磁电压响应比，即

$$\text{励磁电压响应比} = \frac{\mathrm{bc}/U_{eN}}{\Delta t} \quad \text{（电压标幺值 /s）} \tag{4 - 25}$$

其中，对直流励磁机系统，取 $\Delta t = 0.55s$；对快速励磁系统，取 $\Delta t = 0.1s$。

不同的励磁系统，励磁电压响应比不同，对直流励磁机励磁系统，该值一般为 $(0.8\sim 1.2)U_{eN}(1/s)$；对快速励磁系统，该值在 $3U_{eN}(1/s)$ 以上。

二、同步发电机的灭磁

运行中的发电机，如果出现内部故障或出口故障，继电保护装置应快速动作，将发电机从系统中切除，但发电机的感应电动势仍然存在，继续供给短路点故障电流，将会使发电设备或绝缘材料等严重损坏。因此，当发电机内部或出口故障时，在跳开发电机出口断路器的同时，应迅速将发电机灭磁。

所谓灭磁就是将转子绕组的磁场尽快减弱到最小程度。考虑到励磁绕组是一个大电感，突然断开励磁回路必将产生很高的过电压，危及转子绕组绝缘，所以用断开励磁回路的方法灭磁是不恰当的。在断开励磁回路之前，应将转子绕组自动接到放电电阻或其他装置中去，使磁场中储存的能量迅速消耗掉。对灭磁的基本要求有：

（1）灭磁时间要短；

（2）灭磁过程中转子过电压不应超过允许值，其值通常取额定励磁电压的 4～5 倍；

（3）灭磁后，机组剩磁电压不应超过 500V。

灭磁的方法较多，常用的有以下几种。

1. 利用放电电阻灭磁

利用放电电阻灭磁是一种传统的灭磁方法。如图 4-36 所示，发电机正常运行时，灭磁开关 Q 处于合闸位置，励磁机经主触头 Q1 供电给发电机的转子绕组励磁电流，而触头 Q2 断开。发电机退出运行需要灭磁时，灭磁开关 Q 跳闸，触头 Q2 先闭合，使励磁绕组接入放电电阻 R，然后触头 Q1 断开，以防止转子绕组切换到放电电阻时由于开路而产生危险的过电压。Q1 断开后，励磁绕组 GLE 对 R 放电，灭磁就开始。利用放电电阻灭磁的实质是将磁场能转换为热能，消耗于电阻上。而传统方法对常规电阻放电，其灭磁速度较慢。

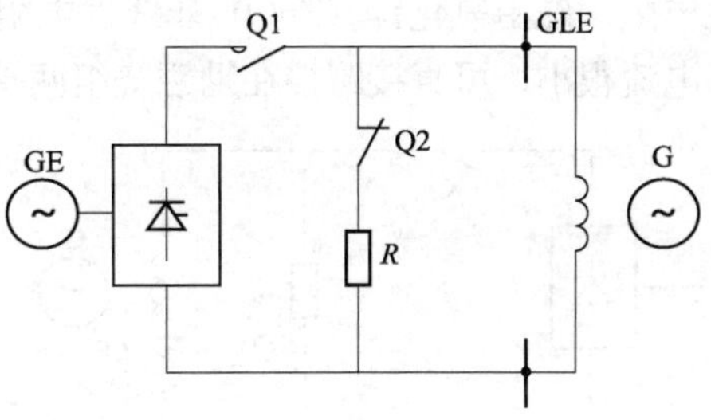

图 4-36 利用放电电阻灭磁

2. 利用灭弧栅灭磁

如图 4-37 所示，发电机正常运行时灭磁开关 Q 处于合闸状态，其辅助触头 Q1、Q3、Q4 闭合，Q2 断开。当灭磁开关跳开进行灭磁时，Q2 闭合，Q1 和 Q4 断开。接入限流电阻 R_y，是为了防止励磁电源被短接。在极短时间内，Q3 紧接着也断开，期间产生电弧，横向磁场将电弧引入灭弧栅中，电弧被灭弧栅分割成很多短弧，同时径向磁场使电弧在灭弧栅内快速旋转，散失热量，直到熄灭为止。灭磁过程中，励磁电流逐渐衰减，当衰减到较小数值时，灭弧栅电弧不能维持，可能出现电流中断而引起过电压，为限制过电压，灭弧栅并接多段电阻，避免整个电弧同时熄灭，实现按顺序熄灭。只要适当选择灭弧栅旁路电阻，可限制过电压在规定值以内。

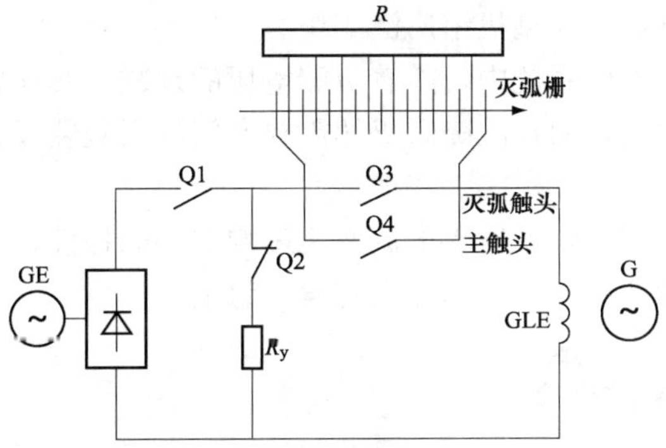

图 4-37 灭弧栅灭磁

利用灭弧栅灭磁的实质是将磁场能转换为电弧能，消耗于灭弧栅中。由于其灭磁速度快，通常应用于大、中型发电机组中。

3. 用可控整流桥逆变灭磁

这种灭磁方式只适合于励磁电源采用全控桥整流的机组。在正常工作情况下，全控桥工作在整流状态，供给发电机励磁。当需要灭磁时，将全控桥的控制角后退到最小逆变角，全控桥就可以从“整流”状态过渡到“逆变”状态（见本模块情境 3 的相关内容）。在逆变状态下，转子励磁绕组中储存的能量就逐渐被反送回交流电源侧。由于励磁绕组是无源的，随着储藏能量的衰减和逆变电流的降低，逆变过程将随之结束。

由于能量直接通过逆变桥从直流侧反送到交流侧，所以不需要灭磁开关。这种灭磁方式具有接线简单、经济等优点。但在自并励励磁系统中，逆变电压受机端电压的影响很大，当发生机端三相短路时，发电机端电压下降到很低，从而导致励磁电压较小，逆变灭磁时间加长，严重的甚至有可能导致逆变灭磁失败。在实际运行中，逆变灭磁更多的是作为备用灭磁方案应用于正常停机。

4. 非线性电阻灭磁

非线性电阻灭磁系统是利用非线性电阻的非线性伏安特性，保证灭磁过程中灭磁电压能较好地维持在一个较高水平，从而保持电流快速衰减，达到快速灭磁目的。国内厂家生产的非线性电阻灭磁由氧化锌（ZnO）非线性电阻构成。氧化锌元件非线性电阻的系数很小，正常电压下漏电流很小，可直接跨接在励磁绕组两端，灭磁可靠。非线性电阻灭磁原理电路如图 4-38 所示。

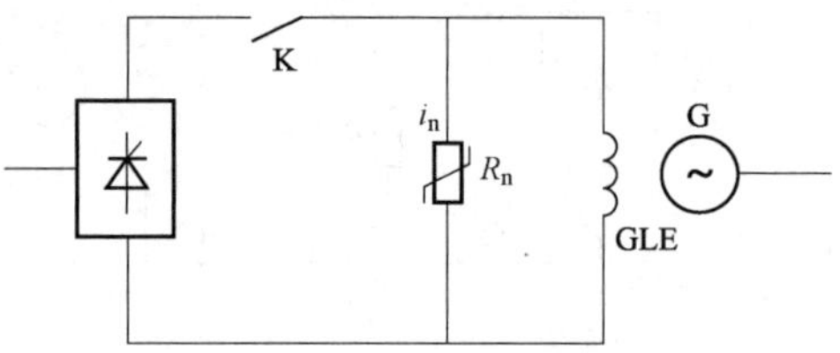

图 4-38 非线性电阻灭磁原理电路

正常运行时，转子的端电压维持在正常水平，远没有达到非线性电阻 R_n 的导通电压值（也称为击穿电压），因此，R_n 的阻值非常大，该支路相当于开路。当收到灭磁指令，开关 K 跳开，由于转子励磁绕组大电感 L 的作用，R_n 的端电压迅速升高。当达到 R_n 的导通电压值时，R_n 的阻值迅速下降到很小值，电流 i_n 快速增大。当 i_n 等于励磁绕组回路中的励磁电流时，K 的电弧熄灭，整个回路完成“换流”。这样，所有能量将在 R_n 和励磁绕组内阻上消耗掉。

由于 R_n 的端电压对流过它的电流不敏感，电流的衰减将对端电压影响不大，所以电流衰减速度一直维持在较快的水平。因此，这种灭磁方式的灭磁速度基本恒定。

综上所述，放电电阻灭磁，其灭磁电阻两端的电压是电流的线性函数，灭磁速度随电流的减小而越来越缓慢，最终致使整个系统的灭磁时间比较长。但这种灭磁方式接线简单，动作可靠，造价也十分低廉，因此现在仍然在应用。

灭弧栅灭磁在自并励励磁方式下，只能够在部分情况下获得比较快的灭磁速度，因为它完全依靠耗能型灭磁开关来实现灭磁，导致灭磁开关的负担比较重。随着励磁系统功率的日益增加，大容量的灭弧栅的制造越来越困难，再加上在励磁电流较小时由于开关横向磁场减弱导致容易断弧等原因，灭弧栅灭磁系统很难继续在大型机组广泛应用。

可控整流励磁系统中的逆变灭磁，在自并励励磁系统中，随着机端电压的衰减，其灭磁作用显著下降，因此更多的是用于正常停机时灭磁，而在故障时仍然需要专门的灭磁装置来实现快速灭磁。

非线性电阻灭磁系统中，因为非线性电阻具有电阻电压受电流变化影响很小的特性，因此具有较快的灭磁速度，灭磁曲线比较接近理想曲线，可应用在大容量机组上。

思考与练习

1. 试说明励磁调节装置中强行励磁的作用。
2. 什么是强励时的励磁电压响应比？
3. 什么是同步发电机的灭磁？
4. 同步发电机常用的灭磁方法有哪些？各有何特点？

情境 7 微机型励磁调节装置应用实例

知识目标

◇ 掌握微机励磁调节装置硬件组成部分。

◇ 掌握微机励磁调节器的软件程序构成。

能力目标

◆ 能熟练地对微机型励磁调节器硬件各部分进行识别。

◆ 能理解微机型励磁调节器的主程序流程。

随着计算机和大规模集成电路在电力工业中的广泛应用，微机型励磁调节装置已取代模拟式励磁调节装置。这里介绍南瑞研制的 NES5100 型微机励磁调节器。NES5100 型发电机励磁调节器继承了南瑞前两代励磁调节器 SJ800 型和 SAVR2000 型的核心技术，借鉴了它们几十年现场运行经验，吸收了目前数字控制领域内最新研究成果和工艺，在计算速度、控制周期、抗电磁干扰、可靠性方面均有极大的提高。

NES5100 型微机励磁调节器控制单元采用主频高达 180MHz 的 32 位高性能微处理器为核心的硬件平台，采用积木式多通道冗余结构，并配备网络化的人机交互系统，采用嵌入式实时多任务操作系统，可实现逻辑现场组态。基于上述的硬件平台和软件构架，NES5100 具有设计理念超前、可靠性高、操作简单、维护方便、使用灵活、扩展和兼容性高等特点。

一、硬件配置

图 4-39 所示为单套 NES5100 型励磁调节器单板插件组合示意图。图中，单插件的名称见表 4-2。

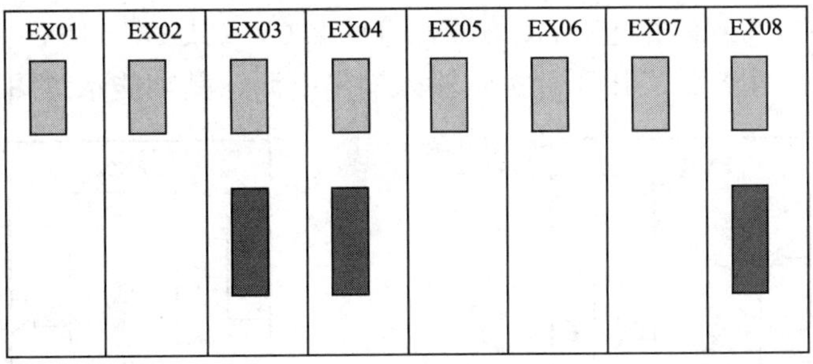

图 4-39　NES5100 型调节器单板插件组合示意图

表 4-2　单板插件的名称

单板插件编号	单板插件名称	单板插件编号	单板插件名称
EX01	脉冲电源板	EX05	同步电压板
EX02	系统电源板	EX06	开关量板
EX03	CPU 板	EX07	扩展开关量板
EX04	模拟量板	EX08	脉冲放大板

NES5100 的硬件配置如图 4-40 所示，通常情况下每一个通道配一组互感器，图中仅画出另一组互感器。

1. 电源板

电源板包括 EX01 脉冲电源板和 EX02 系统电源板。EX01 脉冲电源板用来提供脉冲输

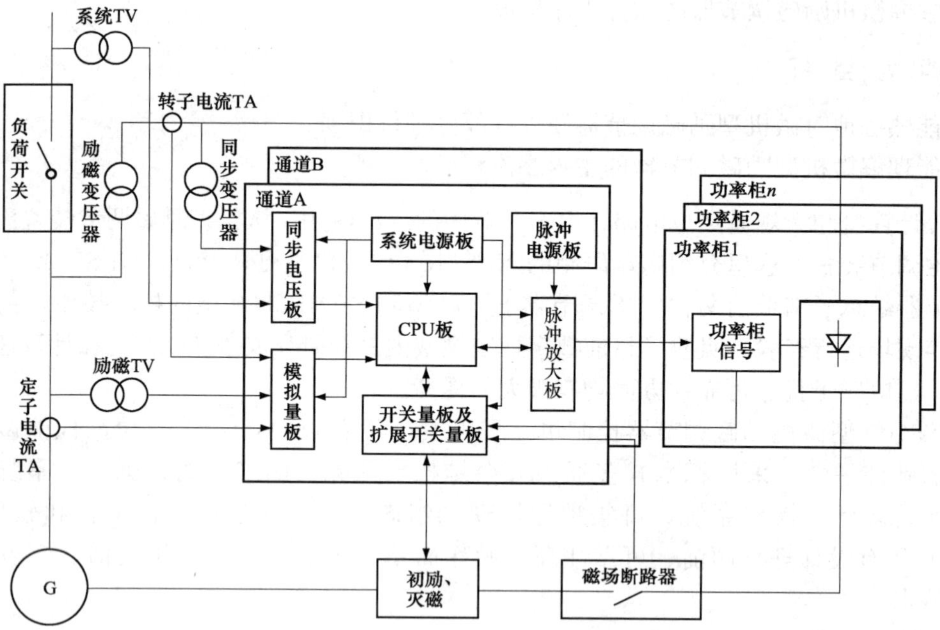

图 4 - 40　NES5100 的硬件配置

出的正 24V 电源，其功能示意图如图 4 - 41 所示。

EX02 系统电源板为双路供电，AC 220V、DC 220V（或 DC 110V）输入，输出+12V、-12V、两路+5V 和两路 24V 用于开关量输入输出电源，其功能示意图如图 4 - 42 所示。

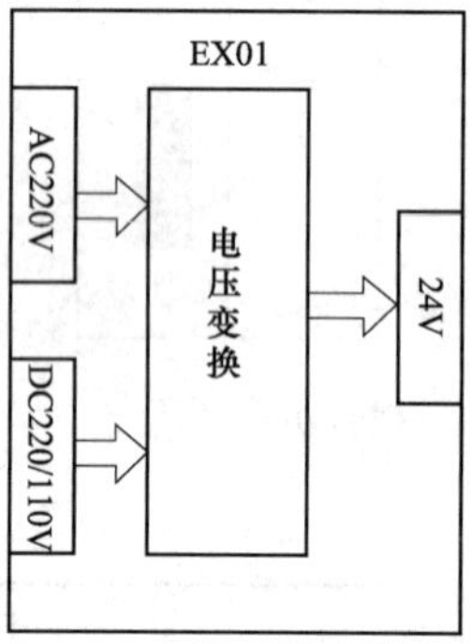

图 4 - 41　EX01 脉冲电源板功能示意图

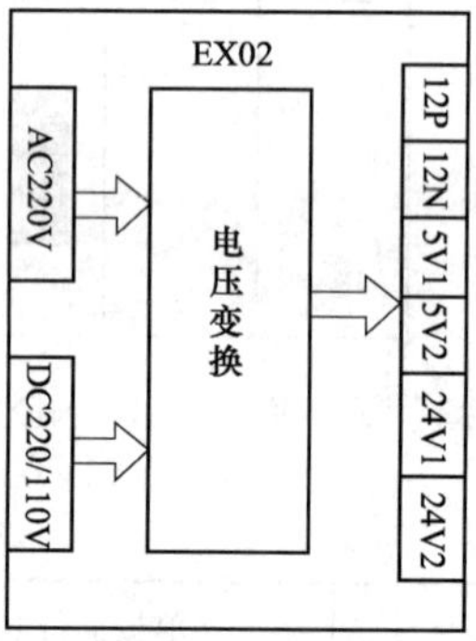

图 4 - 42　EX02 系统电源板功能示意图

为了保证励磁调节器电源的可靠性，EX01 脉冲电源板和 EX02 系统电源板均是由专业厂家设计的特制开关电源；另外，在板件结构上也充分考虑了防电磁干扰、防尘和散热，通过了严酷的 EMC 测试和高温湿热测试。

2. CPU 板

EX03 CPU 板是核心控制板，其主要功能有：①将模拟量板送来的模拟信号进行 A/D 变换采样；②根据 A/D 采样的结果及开入信号逻辑判断进行控制计算，产生小脉冲；③根据逻辑判断程序开出信号到开关量板；④测频及脉冲回读检测；⑤双套切换逻辑的实现；⑥通信功能。其功能示意图如图 4 - 43 所示。

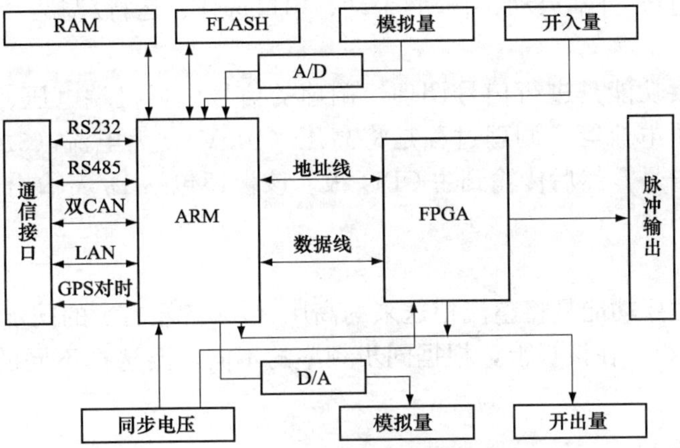

图4-43　EX03 CPU板功能示意图

(1) A/D变换。将EX04模拟量板、EX05同步电压板调理好的模拟信号转换为数字量。采用AD公司的16bit真双极性、多通道模数转换器（ADC）AD7656，该器件仅有160mW功耗，较最接近的同类双极性输入ADC的功耗降低了60%。AD7656包含一个低噪声、宽带跟踪保持放大器以便处理输入频率高达8MHz的信号。该AD7656还具有高速并行和串行接口，从而允许该器件与微处理器（MPU）或者数字信号处理器（DSP）连接；然后结合Maxim公司的MAX309型多路开关，对三相电压和三相电流进行同步采样，保证了功率测量的准确性。

(2) 控制芯片。采用32bit的ARM芯片和大规模可编程控制芯片FPGA组成控制核心，根据A/D采样的结果及开入信号逻辑判断进行控制计算，发出控制脉冲，并完成数字信号开出、测频及脉冲回读检测等功能。32bit的ARM芯片的通信功能强大，支持以太网10/100MBase-T、USB2.0等通信协议。

(3) CAN通信硬件设计。NES5100励磁调节装置双套之间的通信采用双CAN（Controller Area Network，控制器局域网）通信。装置中CAN控制器采用Philips公司的独立CAN控制器SJA1000芯片，SJA1000是一个总线接口，SJA1000芯片内的存储单元相对ARM控制器来说是片外的数据存储器，因此，可以按照扩展片外数据存储器的形式来访问SJA1000的寄存器地址。ARM控制器通过地址总线经GAL译码来选通SJA1000，并由此决定CAN控制器各寄存器的地址，通过读、写外部数据存储器的形式来访问SJA1000。CAN收发器采用Philips公司的PCA82C250，其是CAN协议控制器和物理总线之间的接口。此器件对总线提供差动发送能力，对CAN控制器提供差动接收能力，可以同时操作两个CAN网络，提供高达1Mb/s的传输速度。图4-44所示为NES5100型励磁调节器通信系统示意图。

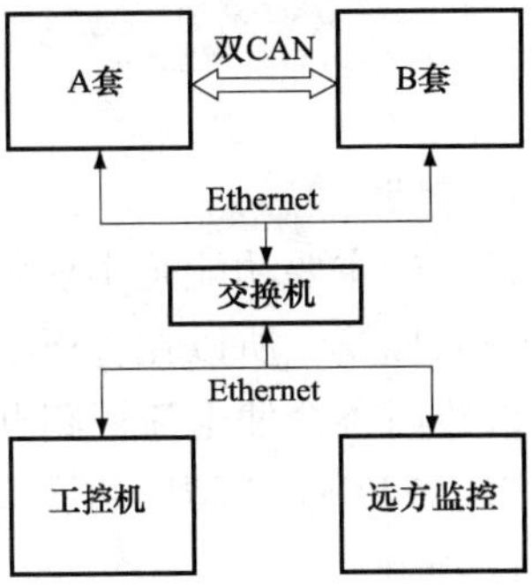

图4-44　NES5100型励磁调节器通信系统示意图

(4) CPU板串口及拨码开关的功能。揭开EX03单板的前盖板，可以看到下方有一个DB9的串行口和4个拨码开关，串行口可以用来下载程序及参数，4个拨码开关的功能分别是 ARM 内部/外部启动、自动/手动、串口选择、运行/调试。

3. 模拟量板

模拟量板的主要功能是进行信号调理，调理的信号包括机端电压、系统电压、同步电压、定子电流、转子电流等，调理过程是将高压（100V）、大电流（5A）信号进行隔离并转换为±10V 电压信号，然后传输到主 CPU 板。该板还包括 D/A 输出部分，有 4 路 12 位的 D/A 输出。

4. 同步电压板

同步电压板的主要功能是将整流柜送来的高压（100V 左右）的同步电压信号进行变换，然后传输到主 CPU 板。在该板上，根据同步频率的不同，要选择不同的跳线和不同的阻容吸收元件的参数。

5. 开关量板

开关量板包括 EX06 开关量板和 EX07 扩展开关量板。EX07 扩展开关量板和 EX06 开关量板的硬件是一样的，功能也相同。

该板上有 20 路开关量输入通道，通过光耦隔离输入；16 路开关量输出，经过光耦隔离后通过继电器节点输出。开关量板具有很强的显示功能，每一个开关量的状态都可以通过面板上的灯的状态来显示，从而可以直观地观察开关量的状态。

6. 脉冲放大板

脉冲放大板的主要功能是将 CPU 板上形成的小脉冲通过光电隔离及电平转换送至 6 片 CMOS 管放大，然后输出。脉冲切换继电器主要控制脉冲是否输出。动断触点可保证在操作电源消失时仍然能输出脉冲。该板的另一功能是将发出的脉冲进行取样，并回读至 CPU 板，以检查脉冲是否丢失。脉冲放大板还包括电源检测和故障开出功能，电源检测用于对系统的+5、±12、24V 电源进行检测，若检测到本套电源掉电或故障，则立即开出故障并进行双机切换，以保证系统的可靠性。图 4-45 所示为脉冲放大板的原理示意图。

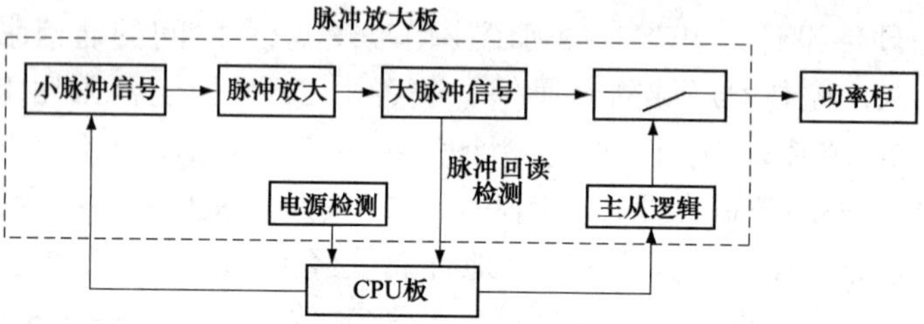

图 4-45　脉冲放大板的原理示意图

7. 背板

背板的主要功能是实现各板件之间的数据和信号的传递。另外，外部进入的信号也通过背板进入插箱，所以在背板上装有多组端子，其中包括大电流端子。所选用的大电流端子可保证误拔时不会使电流回路开路，避免由此引起的事故。

二、NES5100 型励磁调节器的软件系统原理

1. 概述

软件组成包括嵌入式操作系统、人机交互程序以及励磁应用程序三个部分。

（1）嵌入式操作系统部分包括操作系统本体，还包括硬件底层驱动软件、系统任务配

置、系统中断配置等。底层驱动包括 Flash 驱动、以太网驱动等。

（2）人机交互的核心程序位于通信报文处理任务中。该任务和网络通信任务、RS232/RS485 通信任务一同构成了整个人机交互的下位机系统。网络通信任务、RS232/RS485 通信任务接收到上位机发出的指令后，将指令发送到一共同的消息队列中，通信报文处理任务从消息队列中逐条取出并处理。

（3）励磁应用程序包括主流程和控制调节程序两部分。主流程放置于主任务中，约每 160ms 运行一次，完成励磁应用程序的初始化以及机组状态的判断等功能；控制调节程序放置于 3.3ms 中断中，完成所有的励磁控制调节功能，确保了控制调节的速度和准确度。

2. 励磁应用程序主流程

主流程完成机组状态的判断以及各状态下的初始化功能。程序中，机组状态分为空闲、等待、开机、停机四种状态。程序根据上一次流程判断出机组的运行状态，对各状态进行相应的初始化，同时再次判断机组状态，以便下一次流程中使用。

状态检测模块完成了机组状态的判断以及状态之间的转换，总体来说状态的转换包括：空闲状态转换成等待状态；等待状态下判断开机条件，满足条件则转换成开机状态；开机状态下判断停机条件，满足则转换成停机状态；停机状态下延时回到空闲状态。状态检测流程框图如图 4-46 所示。

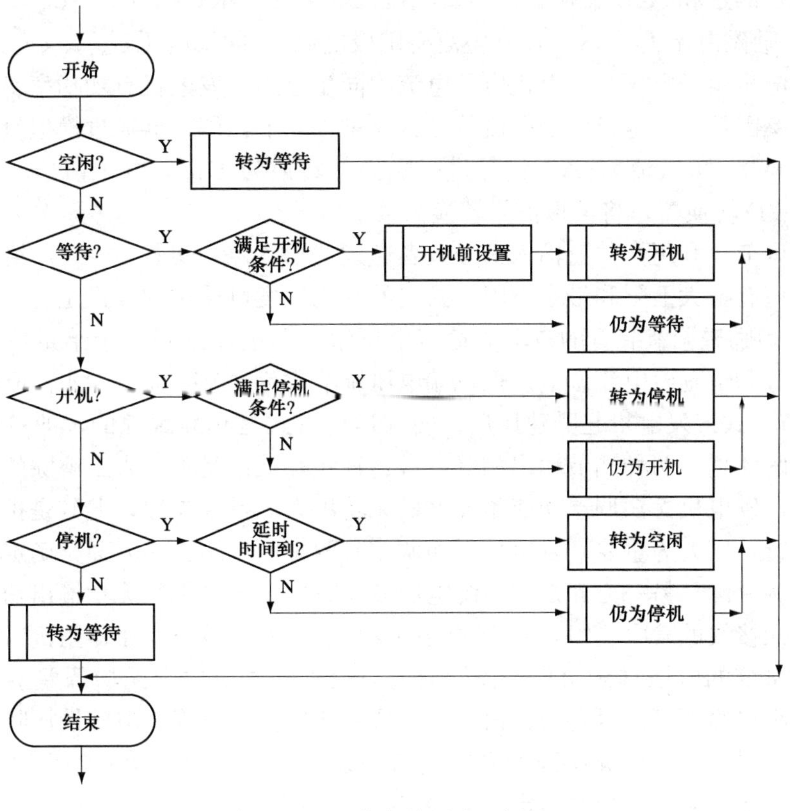

图 4-46　状态检测流程框图

开机条件和停机条件可根据各厂的不同要求通过逻辑组态完成。开机前设置主要是将电压给定设置在要求的值上，并将一些标志信号量置位或复位。

3. 调节控制程序

NES5100 型励磁调节器调节控制程序示意图如图 4-47 所示。

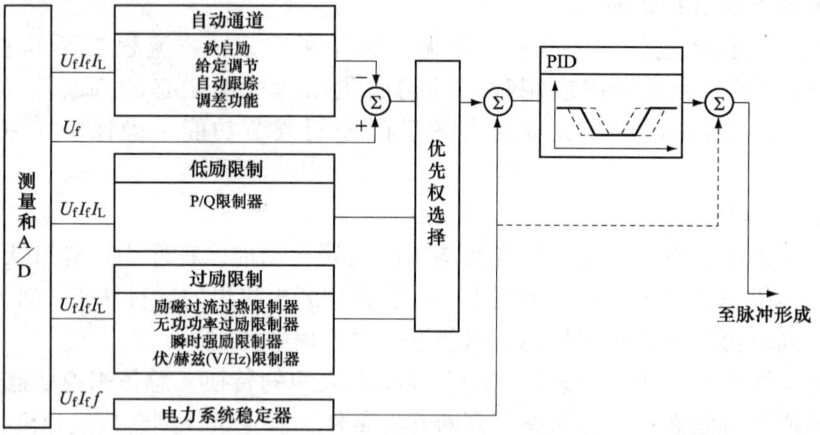

图 4-47　NES5100 型励磁调节器调节控制程序示意图

（1）模拟量测量和 A/D 变换。采集发电机机端交流电压 U_{ga}、U_{gb}、U_{gc}，定子交流电流 I_{ga}、I_{gb}、I_{gc}，励磁电流 I_{fa}、I_{fb}、I_{fc}（整流桥阳极电流），同步电压 U_{syna}、U_{synb}、U_{sync} 等模拟量，计算出发电机定子电压、发电机定子电流、同步电压、发电机有功功率、发电机无功功率、发电机功率因数、发电机励磁电流等。具体过程如下：调节器通过模拟量板和同步电压板将高压（100V）、大电流（5A）信号进行隔离并转换为±10V 电压信号，然后传输到主 CPU 板上的 A/D 转换器，将模拟信号转换为数字信号。

（2）给定调节。利用开关量输入信号或者通过通信线路，可控制 AVR 给定值的增、减或预置。给定值有最大上限和最小下限。给定的变化速度可通过软件设定。

NES5100 型励磁调节装置的自动通道有电压给定和电流给定两个给定单元，分别用于恒机端电压调节和恒励磁电流调节。恒机端电压调节称为 AVR 调节方式，恒励磁电流调节称为 FCR 调节方式。发电机起励建压后，两种运行方式是相互跟踪的，即备用方式跟踪运行方式．跟踪的依据是两种调节输出相等，且这种跟踪关系是不能人工解除的。

（3）调差。发电机无功调差功能是发电机无功出力的重要参数，尤其是扩大单元接线的多台发电机运行，则尤为重要。发电机无功调差有两方面作用：一方面是确定共母线机组稳态时无功按比例分配；另一方面是在系统电压波动时确定发电机组无功输出功率增量按比例分配。对于单元接线的发电机组，由于主变压器自然调差系数（变压器阻抗）较大，为了提高发电机组对系统的电压（无功）支撑能力，一般励磁调节器中无功调差系数选择为负值（零也可以），小机组还可以设置为正值，来补偿主变压器电压降，但补偿压降不能超过主变压器实际压降。对于扩大单元接线的各发电机，励磁调节器中无功调差系数必须选择为正值，且各发电机无功调差系数要整定。

（4）软起励。软起励功能是为了在起励时防止机端电压超调。励磁接收到开机令后即开始起励升压，当机端电压大于 10%额定值后，调节器以一个可调整的速度逐步增加给定值使发电机电压逐渐上升直到设定值。

（5）自动跟踪机。自动跟踪功能保证了从自动电压调节（AVR）模式到磁场电流调节（FCR）模式、A 通道到 B 通道的平稳切换。切换可能是由于故障（如 TV 断线）引起的自动切换或人工切换。

跟踪指两个独立的自动通道之间的跟踪，跟踪信号来源于运行通道控制信号和备用通道控制信号的差值。双通道切换逻辑框图如图 4-48 所示。

（6）脉冲输出。闭环调节模块计算得到的触发角度，经相控脉冲形成环节，产生所要求触发角度的相控脉冲，由功率放大环节放大后输出至整流桥。

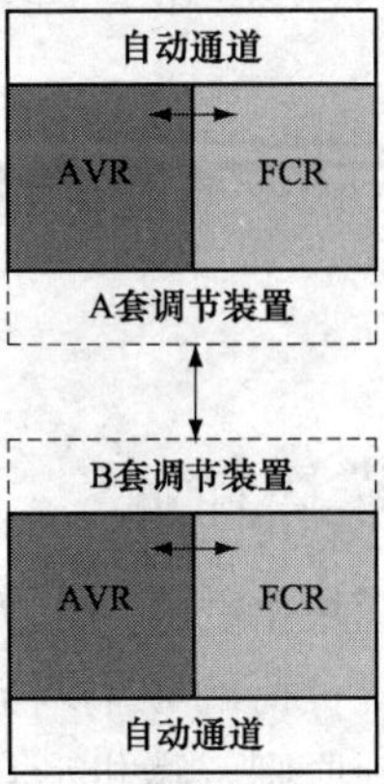

图 4-48　双通道切换逻辑框图

思考与练习

1. 微机型励磁调节装置主要由哪几部分构成？各部分有何作用？
2. 试对微机型励磁调节装置和模拟型励磁调节装置的性能特点做以简单比较。
3. 微机型励磁调节装置的软件部分主要包括哪些程序？

模块5　微机型自动低频减负荷装置

模块描述

本模块主要介绍电力系统频率偏移的原因及采用自动低频减负荷装置（AFL）的作用，电力系统负荷的频率调节效应，微机型自动低频减负荷装置（以下简称微机型AFL）的配置及实现原则，微机型自动低频减负荷装置的工作原理。

情境1　电力系统频率偏移及相关知识

知识目标

◇ 掌握电力系统频率偏移的原因及危害。
◇ 掌握微机型AFL的概念和作用。
◇ 掌握电力系统负荷的频率调节效应。

能力目标

◆ 能够理解自动低频减负荷装置装设的意义。
◆ 能够理解负荷调节效应系数的重要性。

随着电力工业迅速发展，电力系统的规模日益增大，跨区域联合电力系统正在形成。国内外电力系统的运行经验表明，大电网系统性事故不仅使国民经济蒙受巨大损失，而且在电气化水平发达的社会，停电将会给广大人民生活造成极大困难。例如，2003年8月13日发生的美国加州电网大停电，事故初期从个别线路跳闸开始，最后导致电力系统崩溃，造成美国东部、加拿大东部大范围停电，纽约、芝加哥和多伦多、渥太华等城市约5000万人的生活受到严重影响，有些停电时间长达18h以上，停电负荷约6180万kW，经济损失巨大。所以对于系统性事故采取有效对策，以提高电力系统运行的可靠性，具有特别重要的实际意义。

电力系统的频率是电能质量的重要指标之一。它反映了发电机组所发出的有功功率与负荷所需的有功功率之间的平衡情况。电力系统正常运行时，必须维持频率在50Hz±（0.1～0.2）Hz。当电厂发出的有功功率不满足用户要求出现缺额时，系统频率就会下降。若系统在正常运行情况下由于计划外负荷所引起频率波动，这时系统启用发电厂的热备用容量，即系统运行中的发电机容量就足以满足用户的需要。

但当系统发生较大事故时，系统出现严重的功率缺额，其缺额值超出了正常热备用可以调节的能力，这时即使令系统中运行的所有发电机组都发出最大功率，仍不能满足负荷功率的需要，所引起的系统频率下降值将远远超出系统安全运行所允许的范围。系统频率下降过大时，发电设备和用电设备都会受到不良的影响，轻则影响工农业产品的质量和产量，重则损坏汽轮机、水轮机等重要设备，甚至引起系统的“频率崩溃”，致使大面积停电，造成巨大的经济损失。在这种情况下从保障系统安全运行的观点出发，为了保证电网安全和对重要用户的供电，不得不采取应急措施，切除部分负荷，以使系统频率恢复到可以安全运行的范围以内。

如图5-1所示，在电力系统中大型水电站或坑口电厂一般都远离负荷中心，经输电线路向受端电网远距离输电，电厂A向系统B输送的功率为P_A。当电厂A发生故障时，系统B中的发电功率突然减少了P_A，如果这时系统B运行机组的备用容量远较P_A为小，则将造成电网严重的功率缺额，引起电网频率大幅度下降。如此时能迅速切除系统B部分负荷，就可以避免事故进一步扩大。

然而，要求调度人员在极短的时间内迅速作出正确判断，并完成上述操作，是不切实际的，因为信息往返传递需要一定时间，当运行人员得悉信息，核实后作出反应并采取措施所需的时间就更长，这样势必失去处理事故的良机。因此，这种针对引发系统性事故的紧急操作任务必须依靠自动装置来完成。这种按照系统频率下降的不同程度，有计划且自动地断开相应的负荷，以阻止频率下降，使频率迅速恢复的装置，称为自动低频减负荷装置（AFL）。

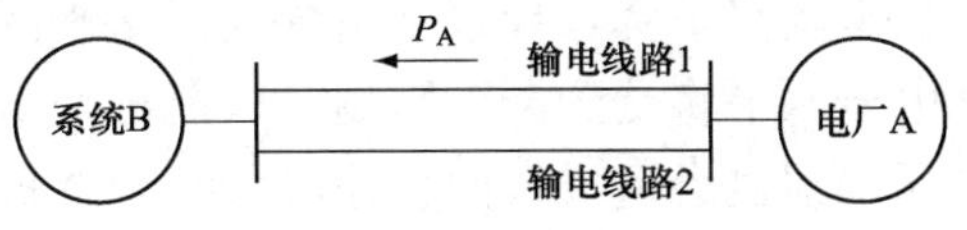

图5-1 输电系统示意图

一、电力系统频率偏移的原因

电力系统的频率是反映系统有功功率是否平衡的质量指标。当系统发送的有功功率有盈余时，频率就会上升，超过额定频率；当系统发送的有功功率有缺额时，频率就会低于额定值。电力系统的频率与发电机的转速有着严格的对应关系，而发电机的转速是由作用在机组转轴上的转矩决定的，原动机输入的功率如果扣除了励磁损耗和各种机械损耗后能与发电机输出的有功功率保持平衡，则发电机的转速将保持不变。电力系统所有发电机输出的有功功率的总和，在任何时刻都将等于此系统各种用电设备所需的有功功率和网络的有功损耗的总和。但由于有功负荷经常变化，其任何变动都将立刻引起发电机输出有功功率的变化，而原动机输入功率由于调节系统的滞后，不能立即随负荷波动而作相应的变化，此时发电机转轴上的转矩平衡被打破，发电机转速将发生变化，系统的频率随之发生偏移。

在非事故情况下，负荷变化引起的频率偏移将由电力系统的频率调整来限制。对于负荷变化幅度小，变化周期短（一般为10s以内）所引起的频率偏移，一般由发电机的调速器进行调整，这就是电力系统频率的一次调整。对于负荷变化幅度大，变化周期长（一般在10s～3min）所引起的频率偏移，单靠调速器的作用，已不能把频率偏移限制在规定的范围内，必须有调频器参加调频。这种有调频器参与的频率调整称为频率的二次调整。然而在事故情况下，如大型发电机组突然切除、输电线路发生短路跳闸或用电负荷突然大幅度增加，致使电力系统可能会出现严重的功率缺额，使频率急剧下降，单靠水轮机或汽轮机组的调速器或调频器已经解决不了频率下降问题，必须采取紧急的低频减负荷控制措施，才能防止电网的频率崩溃，保证系统的安全、稳定运行。

二、电力系统频率偏移的危害

1. 频率偏移对发电机和系统安全运行的影响

(1) 频率下降时，汽轮机叶片的振动会变大，轻则影响使用寿命，重则产生裂纹。对于额定频率为 50Hz 的电力系统，当频率降低到 45Hz 附近时，某些汽轮机的叶片可能因发生共振而断裂，造成重大事故。

（2）频率下降到 47～48Hz 时，由异步电动机驱动的送风机、吸风机、给水泵、循环水泵和磨煤机等火电厂厂用机械的输出功率即会随之下降，火电厂锅炉和汽轮机的输出功率也随之下降，从而使火电厂发电机发出的有功功率下降。这种趋势如果不能及时制止，就会在短时间内使电力系统频率下降到不允许的程度，这种现象称为“频率崩溃”。出现频率崩溃会造成大面积停电，甚至使整个系统瓦解。

（3）电力系统频率下降时，异步电动机和变压器的励磁电流增加，使异步电动机和变压器的无功消耗增加，从而使系统电压下降。频率下降还会引起励磁机输出功率下降，并使发电机电动势下降，导致全系统电压水平降低。运行经验表明，当频率降至 45～46Hz 时，系统电压水平将受到严重影响，可能出现电压快速而不断地下降，即“电压崩溃”现象。出现电压崩溃也会造成大面积停电，甚至造成系统瓦解。

（4）在核电厂中，反应堆冷却介质泵对供电频率有严格要求。当频率降到一定数值时，冷却介质泵自动调开，使反应堆停止运行。

2. 频率偏移对电力用户的不利影响

（1）电力系统频率变化会引起异步电动机转速变化，这会使得电动机所驱动的加工工业产品的机械转速发生变化。有些产品（如纺织、造纸行业的产品）对加工机械的转速要求很高，转速不稳定会影响产品质量，甚至会出现次品和废品。

（2）电力系统频率波动会影响某些测量和控制用的电子设备的准确性和性能，还会影响某些继电保护装置动作的正确性，频率过低时有些设备甚至无法工作，这对一些重要工业是不允许的。

（3）电力系统频率降低使电动机的转速和输出功率降低，导致所带动机械的转速和输出功率降低，影响电力用户设备的正常运行。

运行实践表明，电力系统频率不能长期维持在 49～49.5Hz 以下，事故情况下不能较长时间停留在 47Hz 以下，绝对不允许系统频率低于 45Hz。因此，当电力系统因故出现较大的功率缺额时，应采取紧急措施，保证系统的稳定运行。

三、限制频率下降的措施

频率崩溃的过程持续时间为几十秒，甚至更短。在这样短的时间里，要运行人员作出正确的决策往往是很困难的。应采取迅速而有效的措施来限制频率的下降，使之不致发生频率崩溃现象，并进一步使系统恢复到正常频率。常采用的限制频率下降的措施有如下几种。

1. 动用系统中的旋转备用容量

在电力系统正常运行时，除了调速器反映频率的变化，自动进行相应的输出功率调节外，一般安排一定数量的旋转备用（热备用）。所以，当频率下降时，应立即增加具有旋转备用的机组输出功率，使频率得以恢复。特别是对具有锅炉蒸汽容量的火力发电厂，应依靠良好的自动调节装置，使其迅速增大输出功率。对临时作调相运行的水轮发电机，应使其立即由调相运行改为发电运行。水电厂的机组由于调节的惯性一般要经过 15～20s 才能将全部功率送出。

2. 应迅速启动备用机组

因为汽轮发电机在升温、升速时要考虑机组的机械热应力，所以启动时间要很长（一般在1h以上），对单元式高参数机组，要从锅炉点火开始，就需要更长时间。而水轮发电机的辅助设备较简单，机组自启动水平高，所以在系统频率下降时，首先要求处于备用状态的水轮发电机（特别在拥有调节水库的水电厂中，除洪水季节和每天高峰负荷时刻外，备用状态水轮发电机组较多）迅速启动，并迅速投入系统。目前，我国水电厂装设的低频自动启动装置，能使水轮发电机在40s内启动，用自同期法与系统并列且带满负荷。同样地，电力系统中其他能迅速启动的发电机，也应立即启动，如燃气轮机组一般可在几分钟内投入电力系统。在有抽水蓄能发电厂的电力系统中，可迅速改变这些发电厂的工作方式，使之由抽水改为发电。

但是在系统有功功率严重不平衡的条件下，频率急剧下降时，上述措施往往来不及有效地制止频率的下降。

3. 按频率自动减去负荷

一般电力系统中，为了经济运行，机组的旋转备用量不会超过20%，在高峰负荷时甚至会接近零，而系统在严重事故情况下有功功率的缺额可达30%甚至更大，所以必须考虑动用备用容量以外的其他手段。电力系统中常常设置自动低频减负荷装置，按频率下降的程度自动切除部分负荷，以阻止频率的下降。

四、电力系统负荷的频率调节效应

电力系统的负荷电功率，与供电母线电压有关，也与系统频率有关。考虑到各供电母线电压有高有低，同时在系统频率下降过程中同样可能出现供电母线电压升高、降低或不变，但各供电母线电压不会偏离正常值很多。因而，在简化分析计算中，负荷电功率仅与系统频率有关，可看成系统频率的函数。

电力系统正常运行时，总有功负荷 $\sum P_{\mathrm{L}}$ 与频率 f 的关系，称为负荷的静态频率特性，用 $P_{\mathrm{L}}=f(f)$ 表示。不同类型负荷消耗的有功功率，随频率变化的敏感程度不一样，它与负荷的性质有关。电力系统的负荷，一般可分为以下三类：

第一类：负荷的有功功率与频率无关，如电热设备、照明、整流器负荷等，即 $P_{\mathrm{I}*}=\dfrac{P_{\mathrm{I}}}{\sum P_{\mathrm{L.N}}}=K_0$，且为常数。其中，$\sum P_{\mathrm{L.N}}$ 为整个系统的负荷额定功率。

第二类：负荷的有功功率与频率的一次方成正比，如球磨机、卷扬机、金属切削机床等负荷，即 $P_{\mathrm{II}*}=K_1 f_*$。其中，$f_*=\dfrac{f}{f_{\mathrm{N}}}$，$f$ 为系统运行的实际频率。

第三类：负荷的有功功率与频率的2次方、3次方、高次方成正比，如鼓风机、循环水泵等负荷，即 $P_{\mathrm{III}*}=K_2 f_*^2+K_3 f_*^3+\cdots+K_n f_*^n$。

所以，当电力系统频率为 f 时，系统总的有功负荷可表示为

$$\sum P_{\mathrm{L}*}=K_0+K_1 f_*+K_2 f_*^2+K_3 f_*^3+\cdots+K_n f_*^n \tag{5-1}$$

其中，下角“*”表示为标幺值；K_0，K_1，K_2，…，K_n 为各类负荷占总负荷的比例系数，$K_0+K_1+K_2+\cdots+K_n=1$。

由式（5-1）可知，系统频率变化时，负荷的有功功率做相应变化，其关系曲线如图5-

2 所示。由图可见，当频率下降时，负荷消耗的有功功率随之减少；当频率上升时，负荷消耗的有功功率随之增加，这种现象称为负荷的频率调节效应。该曲线可通过试验或运行统计数据获得。

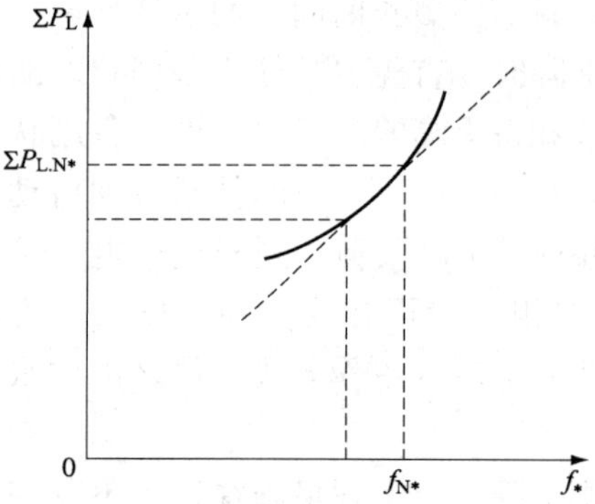

图 5 - 2　负荷的静态频率特性

图 5 - 2 中，在额定频率 f_{N*} 下，对应的系统额定负荷为 $\sum P_{L.N*}$。由于系统频率变化范围不大（45～51Hz），此区间负荷的静态频率特性可近似为一条直线，其斜率为

$$K_{L*}=\frac{\dfrac{\sum P_{L.N}-\sum P_L}{\sum P_{L.N}}}{\dfrac{f_N-f}{f_N}}=\frac{\dfrac{\Delta P_L}{\sum P_{L.N}}}{\dfrac{\Delta f}{f_N}}=\frac{\Delta P_{L*}}{\Delta f_*} \tag{5-2}$$

式中　K_{L*}——负荷调节效应系数；

ΔP_{L*}——系统有功负荷变化量标幺值；

$\sum P_{L.N}$——额定频率下总有功负荷；

Δf_*——系统频率变化量标幺值；

f_N——额定频率。

将 K_{L*} 定义为负荷调节效应系数，因为它反映的是系统频率变化时，对应负荷有功功率的变化量，可用来衡量负荷调节效应的大小。

K_{L*} 的物理意义：系统频率每下降（或上升）1%，系统负荷消耗的有功功率相应减少（或增加）的百分数。因负荷类型、性质随季节变化，所以 K_{L*} 值随季节约有±（10%～15%）的变化。负荷调节效应系数是调度部门应掌握的一个重要数据，在实际系统中只能通过实测求取，或由负荷统计资料估算。一般 K_{L*} 取值在 1～3。显然，不同电力系统的 K_{L*} 值不同，同一电力系统 K_{L*} 值在不同季节也有所不同。

负荷调节效应对电力系统频率可起到一定的稳定作用。当电力系统有功功率平衡遭到破坏，出现有功功率缺额引起系统频率下降时，由于负荷调节效应，负荷本身消耗的有功功率相应减少，于是可以重新达到有功功率平衡，系统频率可以自动稳定在低于额定值的频率上运行。

但是，负荷调节效应毕竟是有限的，当电力系统出现较大的有功功率缺额时，仅靠负荷调节效应来补偿有功功率缺额，系统频率将会降低到不允许程度，从而破坏系统的安全稳定运行。在这种情况下，必须借助低频减负荷装置来切除一部分不重要的负荷，才能保证系统的安全稳定运行。

【例 5 - 1】　某电力系统中，与频率无关的负荷占 30%，与频率成正比的负荷占 40%，与频率二次方成正比的负荷占 10%，与频率三次方成正比的负荷占 20%。求系统频率由 50Hz 下降到 47Hz 时，负荷功率变化的百分数及其相应的 K_{L*} 的大小。

解：频率下降到 47Hz 时，$f_*=\frac{47}{50}=0.94$。由式（5 - 1）可得

$$\sum P_{L*}=K_0+K_1f_*+K_2f_*^2+K_3f_*^3$$

$$= 0.3 + 0.4 \times 0.94 + 0.1 \times 0.94^2 + 0.2 \times 0.94^3$$
$$= 0.3 + 0.376 + 0.088 + 0.166$$
$$= 0.93$$

则负荷功率变化的百分数为

$$\Delta P_L\% = (1 - 0.93) \times 100\% = 7\%$$

于是

$$K_{L*} = \frac{\Delta P_L\%}{\Delta f\%} = \frac{0.07}{1 - 0.94} = 1.17$$

【例 5-2】 电力系统在某一运行方式时，运行机组的总额定容量为 450MW，此时系统中负荷功率为 430MW，负荷调节效应系数为 $K_{L*}=1.5$，设这时发生事故，突然切除额定容量为 100MW 的发电机组，如不采取措施，求事故情况下的稳定频率值。

解： 当时系统的热备用为 20MW，所以实际功率缺额为 80MW，由式（5-2）可知

$$\Delta f = \frac{f_N \times \Delta P_L}{K_{L*} \times \sum P_{L.N}} = \frac{50 \times 80}{1.5 \times 430} = 6.2(\text{Hz})$$

所以，该事故后系统稳态频率为 50－6.2＝43.8(Hz)。

五、电力系统频率动态特性

当系统有功功率不平衡时，系统频率必然变化。系统频率从额定值变化到另一稳定值的过程，称为电力系统的动态频率特性，如图 5-3 所示。系统的频率变化不能突变，而是按一定指数规律变化。当系统频率在 45～51Hz 之间变化（负荷的静态频率特性近似呈线性变化）、系统无旋转备用容量时，其表达式为

$$f = f_\infty + (f_N - f_\infty)e^{-\frac{t}{T_f}} \tag{5-3}$$

式中 f_∞——有功功率不平衡时，由 f_N 变化到另一个稳定运行的频率；

T_f——系统频率变化的时间常数，它与系统等值机组惯性常数及负荷调节效应系数 K_{L*} 等有关，一般在 4～10s，大系统的 T_f 较大，小系统的 T_f 较小。

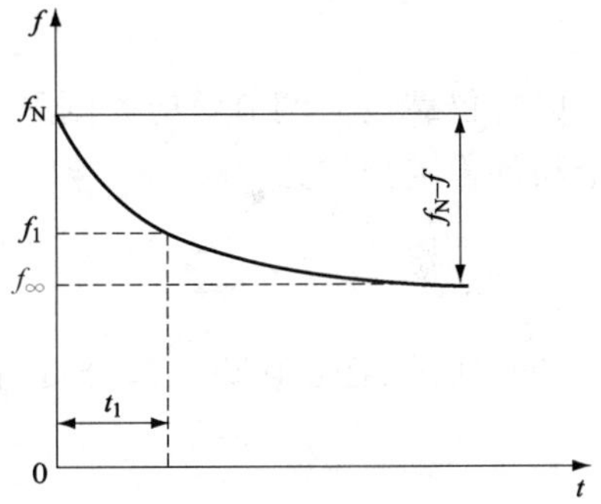

图 5-3 电力系统的动态频率特性

由式（5-3）可得，从 f_N 变化到 f_1 所经过的时间 t_1，即

$$t_1 = T_f \ln\left|\frac{f_N - f_\infty}{f_1 - f_\infty}\right| \tag{5-4}$$

思考与练习

1. 试说明电力系统低频运行的危害性。
2. 什么是自动低频减负荷装置（AFL）装置？
3. 什么是负荷的静态频率特性？什么是电力系统的动态频率特性？
4. 什么是负荷调节效应？其对系统频率有何作用？
5. 负荷调节效应系数与哪些因素有关？

6. 当系统发生有功功率缺额时，负荷调节效应起何作用？

情境 2　微机型自动低频减负荷装置的工作原理

知 识 目 标

◇ 掌握微机型 AFL 切除负荷功率总值的确定方法。
◇ 掌握微机型 AFL 的工作原理。

能 力 目 标

◆ 能够理解恢复频率的意义。
◆ 能理解微机型 AFL 各级动作频率的确定过程。

一、微机型 AFL 切除负荷功率总值的确定

当电力系统中出现严重的功率缺额时，AFL 的任务是迅速断开相应数量的用户，恢复有功功率的平衡，使系统频率不低于某一允许值，确保电力系统安全运行，防止事故扩大。

正常运行的电力系统，频率为额定频率 f_N，总负荷有功功率为 $\sum P_{L.N}$。当出现有功缺额 ΔP_L 时，将引起系统频率下降。若根据负荷调节效应系数 K_{L*} 来调节，即由式（5－2）可得

$$\frac{\Delta P_L}{\sum P_{L.N}} = K_{L*}\frac{f_N - f_\infty}{f_N} \tag{5-5}$$

（1）仅靠负荷调节效应，则系统变化到一个新的稳定频率为 f_∞，由式（5－5）推导得这个新的稳定频率为

$$f_\infty = f_N\left(1 - \frac{1}{K_{L*}} \times \frac{\Delta P_L}{\sum P_{L.N}}\right) \tag{5-6}$$

（2）通过 AFL 切除一部分负荷 P_{cut} 后，由式（5－6）可推导系统新的稳定频率为

$$f_\infty = f_N\left(1 - \frac{1}{K_{L*}} \times \frac{\Delta P_L - P_{cut}}{\sum P_{L.N} - P_{cut}}\right) \tag{5-7}$$

式中　$\Delta P_L - P_{cut}$——有功缺额；
$\sum P_{L.N} - P_{cut}$——系统中剩余的负荷功率；
f_∞——稳定频率。

装设 AFL 是预防电力系统发生严重有功功率缺额的一种反事故措施。因此，即使在系统发生最严重事故的情况下，即出现最大可能的功率缺额时，接至 AFL 的用户功率数量也应当能使系统频率恢复到可运行的水平，以避免系统事故的进一步扩大。可见，确定系统在事故情况下的最大可能功率缺额，以及接入 AFL 的相应用户功率值，是保证系统安全运行的重要环节。要确定系统中可能发生的功率缺额，将涉及对系统事故的设想，为此应作具体分析；有时按系统中断开最大一台机组或某一电厂来考虑；如果系统有可能解列成几个子系统运行时，还必须考虑各子系统可能发生的功率缺额。

在事故情况下，AFL 切除部分负荷后，并不要求系统频率恢复到额定值，一般希望的

恢复频率 f_{∞} 略低于额定值，所以接到 AFL 的最大断开功率 $P_{\text{cut.max}}$ 可小于最大功率缺额 $\Delta P_{\text{L.max}}$。若负荷调节效应系数已知，设正常运行时系统负荷功率为 $\sum P_{\text{L.N}}$，根据式（5-7）可求出接到 AFL 装置上要切除的负荷功率总数 $P_{\text{cut.max}}$。

【例 5-3】 某电力系统的负荷总功率为 $\sum P_{\text{L.N}}=5000\text{MW}$，系统最大的功率缺额为 $\Delta P_{\text{L.max}}=1200\text{MW}$，设负荷调节效应系数为 $K_{\text{L*}}=2$，AFL 装置动作后，希望系统频率恢复到 $f_{\infty}=48\text{Hz}$，求接入 AFL 的负荷功率总数 $P_{\text{cut.max}}$。

解：将有关数字代入式（5-7），有

$$48=50\times\left(1-\frac{1}{2}\times\frac{1200-P_{\text{cut.max}}}{5000-P_{\text{cut.max}}}\right)$$

$$P_{\text{cut.max}}=\frac{1200-5000\times 0.08}{1-0.08}=870(\text{MW})$$

接入 AFL 的负荷功率总数为 870MW，这样，即使发生如设想那样严重的事故，仍然可使系统频率恢复值不低于 48Hz。

二、微机型 AFL 的工作过程

微机型 AFL 的过程原理如图 5-4 所示。一般包括用于制止频率下降快速动作的基本级和在频率长时间下降或"停滞"时用于恢复频率到一定值的特殊级（附加级），其中每个单元就是一组自动按频率减负荷装置。根据系统的具体接线和负荷的重要程度，将各级（包括特殊级）减负荷值配置在系统不同变电站中，即使是同一级切除的负荷同样配置在不同变电站中。自动按频率减负荷装置由频率测量元件 f，延时元件 Δt 和执行元件 CA 三部分组成。频率测量元件 f 是当系统频率降至启动频率值时，启动自动按频率减负荷装置，经过不同动作级别对应的延时 Δt，由跳闸执行元件 CA 按要求切除负荷。

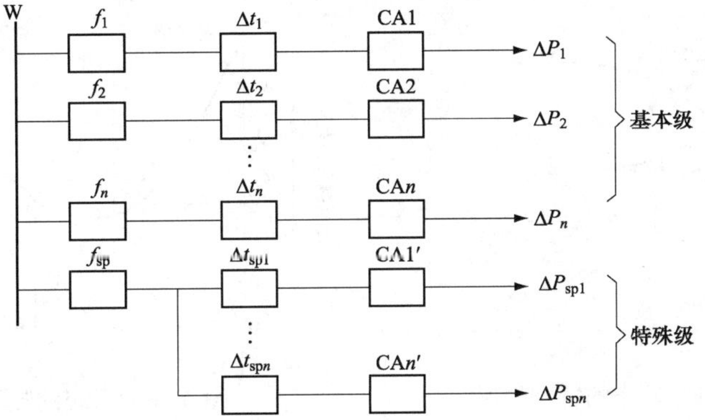

图 5-4　微机型（AFL）工作过程

虽然可根据前面的公式求出 AFL 切除负荷总功率，但是在系统发生有功功率缺额的事故时，不允许 AFL 机械地按照最严重的故障来判断并断开全部允许断开的负荷，而是应该按照事故时有功功率缺额的大小来控制切除一定数量的负荷，使每次动作后系统频率能尽快恢复到预期的数值附近。实际运行中，系统事故时有功功率缺额值较难求取，所以将 AFL 的动作分成若干级，每级动作频率不同，切除的负荷一般也不完全相同（可以相同）。

基本级的作用是根据系统频率下降的程度，依次切除不重要的负荷，以便阻止系统频率

继续下降。如图 5-4 所示，当系统频率降至 f_1 时，第一级频率测量元件启动，经延时 Δt_1 后执行元件 CA1 动作，切除第一级负荷 ΔP_1；当系统频率降至 f_2 时，第二级频率测量元件启动，经延时 Δt_2 后执行元件 CA2 动作，切除第二级负荷 ΔP_2。如果系统频率继续下降，则基本级的 n 级负荷有可能全部被切除。

当基本级全部动作后，若系统频率长时间停留在较低水平上，则特殊级的频率测量元件 f_{sp}启动，经延时 Δt_{sp1}后切除第一级负荷 ΔP_{sp1}；若系统频率仍不能恢复到接近于 f_n，则将继续切除较重要的负荷，直至特殊级的全部负荷切除完。

在 AFL 分级动作过程中，可能出现下述两种情况：其一，第 n 级动作后，频率回升稳定值不能满足要求，处于规定恢复频率最低值 49.5Hz 以下的某频率值，如图 5-5 曲线 1；其二，第 n 级动作后，频率继续下降，但不足以使第 $n+1$ 级动作，处于 f_{n+1}频率之上的某频率值，如图 5-5 曲线 2。

这两种情况显然不满足规程对频率的要求。为消除这种现象，在 AFL 中设置了特殊级，其动作频率为恢复频率最低值，即 49.5Hz。考虑到附加级动作时系统频率已处于稳定，为防止误动作，特殊级带 10～20s 的延时时限。

总的来看，系统发生故障后频率的变化过程如图 5-6 所示。频率变化可分两个阶段：第一阶段是快速下降阶段，在这个阶段要求自动按频率减负荷装置分成几级（3～6 级）的短延时（如 0.5s）切除部分负荷，切除的容量通过分析计算确定，并按负荷的重要性依次排列；第二阶段是缓慢恢复阶段，在这个阶段也按频率分几级（1～3 级）以长延时（20s）切除另一部分负荷，这是为了防止万一功率缺额太大，基本级切除容量不足，使频率长时间停留在较低的水平上时，而采取的一种补救措施。

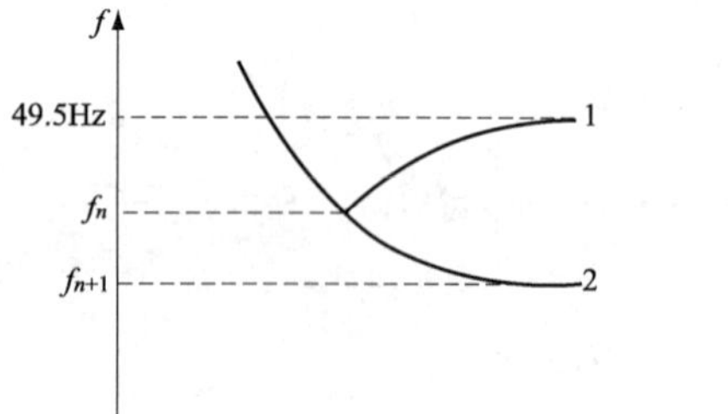

图 5-5　微机型 AFL 动作的特殊情况
1—f_r<49.5Hz；2—f_r>f_{n+1}

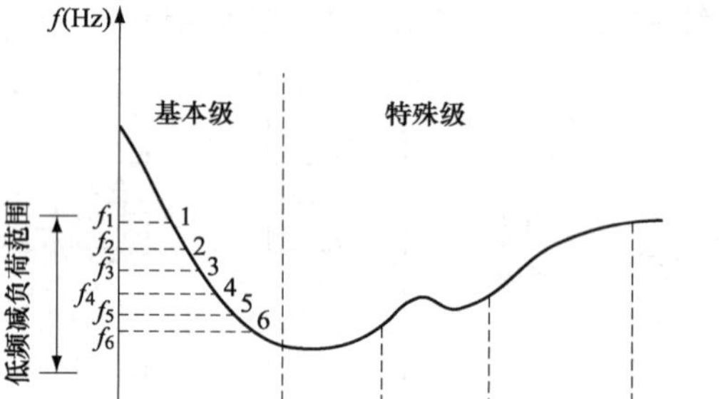

图 5-6　系统的频率变化过程

三、微机型 AFL 的几个问题

1. 首级和末级动作频率的确定

为了确定 AFL 的级数，首先要定出装置的动作频率范围，即选定第一级动作频率 f_1 和最末一级动作频率 f_n。

（1）第一级动作频率 f_1 的选择。从 AFL 的动作效果来看，为使系统严重有功功率缺额时频率不致降低到过低值，第一级动作频率 f_1 宜高些。大机组可以长期运行于 49.5Hz 以上，所以 AFL 第一级动作频率应低于 49.5Hz。但是 f_1 整定得过高，短时频率下降容易引起误动作，影响用户用电的可靠性，同时也未充分利用系统的旋转备用容量。相关规程规定：第一级动作频率 f_1 整定以不超过 49.1Hz 为宜，如取 48.5～49Hz。这样，当系统发生一定有功功率缺额时，借助旋转备用容量也可将系统频率恢复到 49.5Hz 以上。

(2) 末级动作频率 f_n 的选择。AFL 最末一级动作频率由系统所允许的最低频率下限来确定，大于核电厂冷却介质泵低频保护的整定值，并留有 0.3～0.5Hz 的裕度，保证这些机组继续联网运行；其他一般情况，为保证火电厂的继续安全运行，应限制频率低于 47Hz 的时间不超过 0.5s，以避免事故进一步恶化。因此，一般不低于 46.5Hz。

由此可见，AFL 第一级和最末级动作频率之差 $f_1-f_n\approx 2$Hz。

2. 级间的频率差和动作级数的确定

为使 AFL 各级按顺序动作，相邻两级的动作频率之差 Δf 要选择合适。若 Δf 选择过大，对系统安全运行不利，起不到 AFL 应起的作用；若 Δf 选择过小，由于测频继电器的测量误差，可能使后一级先动作。

为使 AFL 每级动作后，系统频率回升到期望的允许范围内，要求每级切除的负荷适当。若某级切除负荷过多，频率回升的稳定值可能会高于允许值；若某级切除负荷过少，起不到及时阻止频率下降的作用。一般满足 AFL 选择性的级差 Δf 可取 0.2～0.3Hz。

确定了首级和末级的动作频率和 AFL 的级差 Δf 后，动作级数也随之确定，一般取 3～7 级。

在现代大规模电力系统中每级断开的负荷功率也较大，有时会出现频率过恢复或欠恢复现象。解决这个问题的措施就是增加级数，减小级差，减小每级断开的负荷功率，对两级间的选择性问题没有必要过分强调。发达国家早在 20 世纪 70 年代就规定无选择性最小级差为 0.1Hz；对我国跨省的大规模电力系统，AFL 采用无选择性级差也是一种趋势。

从 AFL 的作用效果来看，频率级差越小，延时越短，越有利于抑制系统频率下降，但也容易使 AFL 误动作。

3. 最大有功功率缺额与每级减负荷量

系统的最大有功功率缺额与系统具体情况有关，也与继电保护、自动装置配置有关。如果占系统总容量比重很大的发电厂或输电通道的输电线全部断开，这是引起系统频率严重下降必须考虑的情况。在某些地区系统中，当主系统与地区系统因故解列时，地区系统可能会引起更严重的频率下降。

根据具体系统可分析出最大功率缺额，并计算出相应的最大切负荷值，一般电力系统中，最大切负荷值取系统最大负荷量的 30%～50%。

每级切负荷量按级数可均匀分配，也可适当增大最高一级或二级切负荷的比例，以抑制严重有功功率缺额时的频率下降速度。

4. AFL 的动作时限

为了使 AFL 的动作情况反映系统的平均频率，而不是 AFL 所接母线的频率瞬时值，AFL 需带一定的时限。同时，在短路故障和切除的暂态过程中，该时限可防止因谐波分量引起频率测量误差或短时频率波动造成的 AFL 第一级的误动作。

当时限设置过长时，不利于 AFL 级间的选择性，也不利于抑制系统频率的下降，一般可以取 0.15～0.3s。

当 AFL 动作时限、级间频率差取得较小时（如 0.1Hz），AFL 的级数增多，每级的减负荷量会相应减少。在系统频率下降过程中，可减少减负荷量，所减负荷与最佳减负荷量也十分接近。但是，容易出现如下问题：

（1）在突然发生功率缺额频率下降的动态过程中，有些母线的频率变化呈振荡性质，容易造成AFL误切负荷；

（2）在水电比重较大的系统中，因水轮机组调速系统反应慢，所以在频率下降过程中容易过多地切去负荷而造成频率过调的问题。

因此，AFL的动作时限与每级间的频率差不是越小越好。

5. 特殊级（附加级）

系统的每次有功功率缺额事故，有功功率缺额值难于预料，并且实际情况与预想情况有时有较大的差异。因此，当发生有功功率缺额频率下降时，有可能出现AFL的第 n 级动作切除负荷后，频率悬浮在第 $n+1$ 级附近，系统频率处于较低的数值。

为改变这种局面，AFL中设置了动作频率较高、动作时限很长的特殊减负荷级。当上述情况出现时，再切去一部分负荷，使系统频率恢复到接近额定值。

特殊级的动作时限约为系统频率变化时间常数的2～3倍，取15～25s。一方面，可保证系统旋转备用已发挥作用，仍未恢复系统频率时，特殊级才发挥作用；另一方面，可保证AFL正常动作过程中特殊级不发生误动作。

思考与练习

1. 微机型AFL切除负荷功率总值如何确定？
2. 微机型AFL为何要分级动作？
3. 如何确定微机型AFL的首、末级动作频率？
4. 每级微机型AFL为何要带少量时限？
5. 微机型AFL的级间频率差过小、每级动作时限过短分别会带来什么问题？
6. 微机型AFL为何要设置附加级？附加级的动作频率和动作时间如何确定？
7. 某系统在额定频率下运行，负荷调节效应系数 $K_{L*}=2.5$，若此时发生有功功率缺额，缺额大小为20%的总负荷功率，试求：（1）此时该系统的稳定频率是多少？（2）如切除10%的总负荷功率，则系统的稳定频率又是多少？

情境3 微机型自动低频减负荷装置的功能

知识目标

◇ 掌握微机型AFL具体的实现方法。

◇ 掌握微机型AFL的基本功能。

◇掌握微机型AFL的闭锁方式。

能力目标

◆ 能够理解微机型AFL的功能逻辑框图。

◆ 能够区分微机型 AFL 的不同闭锁方式的特点。

实现自动按频率减负荷的关键在于测量频率，在微处理器特别是单片机引入我国并推广应用以前，测频主要靠电磁型或晶体管型的频率继电器。后来又出现了数字式频率继电器，由频率继电器和控制轮次的中间继电器组成整套自动按频率减负荷装置。

这些自动按频率减负荷装置存在体积大、测频准确度低、易受干扰等缺点，为了避免误动，常加上低压闭锁、低电流闭锁及增加延时等环节。每增加一种闭锁措施，则至少必须增加一种继电器，因此结构复杂，调试不方便。而且随着电力系统的发展，电网运行方式日益复杂和多样化，供电可靠性的问题更加突出，因此对自动按频率减负荷装置的性能指标的要求也必须提高。采用传统的频率继电器构成的自动按频率减负荷装置，由于级差大、级数少，不能适应系统中出现的不同的功率缺额的情况，不能有效地防止系统的频率下降并恢复频率，难以实现重合闸等功能，常造成频率的悬停和超调现象。

随着计算机在变电站自动装置中的应用日趋广泛，不少研究单位和厂家开发了各种类型的微机低频减负荷装置，其功能也日趋完善，由于其具有许多优点，由其代替常规自动按频率减负荷装置是必然的趋势。

目前，用微机实现自动按频率减负荷的方法大体有两种：①采用专用的自动按频率减负荷装置实现，这种自动按频率减负荷的控制方式如前所述，将全部馈电线路分为 1～8 级（也可根据用户需要设置低于 8 级的）和特殊级，然后根据系统频率下降的情况切除负荷；②将自动按频率减负荷的控制分散设在每回馈电线路的保护装置中。现在微机保护装置几乎都是面向对象设置的，每回线路配一套保护装置，在线路保护装置中，增加一个测频环节，就可以实现自动按频率减负荷的控制功能了，对各回线路轮次安排考虑的原则仍同上所述。只要将第 n 级动作的频率和延时定值事前在某回线路的保护装置中设置好，则该回线路便属于第 n 级切除的负荷。

由于数字线路保护的大量应用，数字测频也不存在困难，可以在数字式线路保护中实现 AFL 功能而不增加硬件，所以在 110kV 以下的数字线路保护中包含 AFL 功能。

一、微机型 AFL 装置的优点

（1）测频方法先进，测频准确度高。由单片机和大规模集成电路组成的低频减载装置，可以充分利用单片机的资源，提高测频准确度。

（2）可采用频率下降速率作为动作判据或闭锁条件。当系统发生严重的功率缺额事故时，系统频率的下降速率快。如果低频减载装置按 $\frac{\mathrm{d}f}{\mathrm{d}t}$ 作为动作判据，则能加速切除部分负荷，保证系统频率尽快恢复正常，也即提高了装置动作的快速性和准确性。另外，也可以利用 $\frac{\mathrm{d}f}{\mathrm{d}t}$ 作为闭锁条件，以防止低频减载装置误动。

（3）容易扩展低电压闭锁功能。安装低频减载装置的变电站，当其母线或附近出线发生短路事故时，母线电压降低，有时可以引起测频误差，致使装置误动。为提高可靠性和动作的准确性，可考虑增加低压闭锁功能。对于常规的低频减载装置来说，必须增加一个电压继电器，而对于微机自动低频减载装置，只需从软件上增加电压判据即可。

（4）容易扩展自动重合闸功能。由微机构成的低频减载装置，只要在软件设计上做些工作，并扩展合闸出口回路，就可以方便地扩展自动重合闸功能。它是在低频减载装置动作，切除部分负荷并在消除有功功率缺额事故后，系统频率回升时，对已被切线路进行重合闸操作。这对于无人值班变电站尤其有用，可以防止装置误动，或在有功缺额的事故消除后及时恢复供电。对于以水电为主，并有较大容量的电力系统，经过延时跳闸这段时间，水轮机调速器已经发挥作用，系统备用容量得到充分利用，从而减轻了系统的有功功率缺额，此时可以重合闸，加速恢复对用户的供电。

(5) 具有故障自诊断和自闭锁功能。微机自动低频减载装置利用微机的智能，很容易扩展故障自诊断功能。例如，测频回路自检、存储器自检和输出回路自检等。当发现某部分发生故障时，可立刻报警，并自动闭锁装置的出口。

二、微机型 AFL 的基本功能

如图 5-7 所示为微机型 AFL 功能逻辑框图，由闭锁回路和动作回路两部分组成。

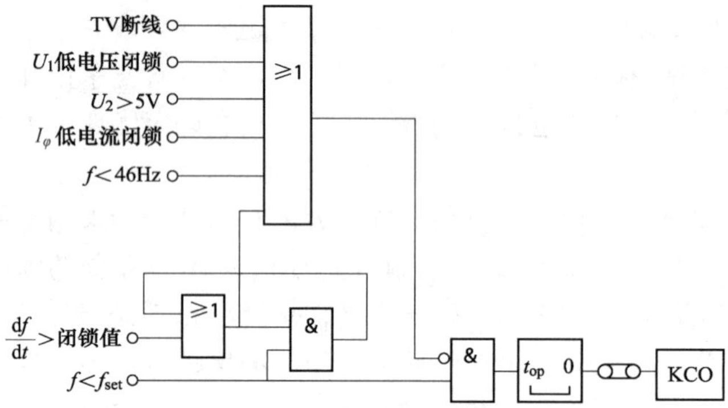

图 5-7 微机型 AFL 功能逻辑框图

1. 闭锁回路

满足下列任一条件，AFL 即闭锁：

(1) 电压互感器二次回路断线。因为在这种情况下测不到真实系统的频率。

(2) 安装处母线正序电压低于闭锁值，闭锁正序电压可取 60～70V（相间）。这可防止线路三相短路故障、近处不对称短路故障、电压互感器二次回路断线时的误动作；借助延时，对防止系统振荡、负荷反馈引起的误动作也有一定的作用。

(3) 保护安装处的负序电压大于 5V，可防止电压互感器二次回路断线、线路发生不对称短路故障时的误动作。

(4) 线路三相电流均小于闭锁值。闭锁电流可取 10%～25%的正常负荷电流。

(5) 系统频率低于 46Hz。实际上，当系统频率低于 46Hz 时，系统不能正常运行，应闭锁 AFL；即使不闭锁 AFL，在这种情况下再切去负荷也不能恢复系统的正常运行。

(6) 频率滑差 $\left|\frac{df}{dt}\right|$ 应大于闭锁值，可防止负荷反馈引起的误动作。电源中断后，负荷反馈时的频率以指数曲线变化衰减，起始时的 $\left|\frac{df}{dt}\right|$ 值最大，而后随着 f 的逐渐下降，$\left|\frac{df}{dt}\right|$ 值也随着减小。为防止 f 逐渐降低过程中 $\left|\frac{df}{dt}\right|$ 减小导致装置误开放，采用了 $f<f_{set}$ 时的动作自保持措施，直到频率恢复到整定频率以上（$f>f_{set}$）才复归。

可以看出，异常情况下自动低频减负荷装置是一直处于闭锁不开放的状态。

2. 动作回路

系统发生有功功率缺额频率下降过程中，无上述闭锁信号，动作回路处于开放状态。当系统频率下降到整定频率 f_{set} 时，延时启动，若 $f<f_{set}$ 持续时间达到延时值，则出口继电器 KCO 动作，断开该级应切去的负荷。如果是非特殊级，则延时为 0.15～0.3s；如果是特殊级，则延时为 20s 左右。

三、微机型 AFL 的防误动措施

1. 系统中旋转备用起作用前 AFL 可能误动作

旋转备用从投入到发挥作用需要一定的时间，特别是在水轮发电机的调速过程中表现得相当明显，其调速机构动作相对较慢，旋转备用发挥作用需较长的时间。因此，当系统发生有功功率缺额频率下降时，有可能出现旋转备用起作用前 AFL 发生动作的现象，容易发生在旋转备用大部分装设于水轮发电机的电力系统中。

防止在旋转备用起作用前 AFL 装置误动作的措施有：

（1）在旋转备用大部分在水轮发电机上的电力系统中，AFL 每级间的频率差不能过小，每级动作时限不能过短；否则当系统发生有功功率缺额频率下降时，AFL 误动作将过多切去负荷引起频率过调。

（2）可增长第一级和第二级的动作时限，但会减弱严重有功功率缺额情况下抑制频率下降的速率。

（3）可在频率恢复到额定值时进行自动重合闸，恢复供电。

2. 供电电源中断负荷反馈引起 AFL 误动作

在地区负荷供电中断期间，地区负荷中的调相机、同步电动机、异步电动机相当于失去原动力的发电机。转速由起始值逐渐降低，最终停转；而异步电动机转子电流要衰减，最终衰减到零。因此，供电电源中断后，母线综合电压逐渐衰减，母线电压的频率随转速降低而下降。减负荷装置主要测量的是频率，电压降很低时也能测量。于是，地区负荷供电中断期间，AFL 会动作，切去负荷。等到自动重合闸装置或备用电源自动投入装置动作恢复供电时，这部分负荷已被切去。

为防止这种误动作，可采用以下措施。

（1）采用低电流闭锁。闭锁用电流取自线路电流或变压器电流，如图 5-8 所示。当电源中断时，TA 中无电流，将 AFL 闭锁，防止了误动作。为防止正常运行时误将 AFL 闭锁，闭锁动作电流应小于 AFL 投入时的最小负荷电流，一般情况下，取 10%～25%的正常负荷电流就可满足要求。

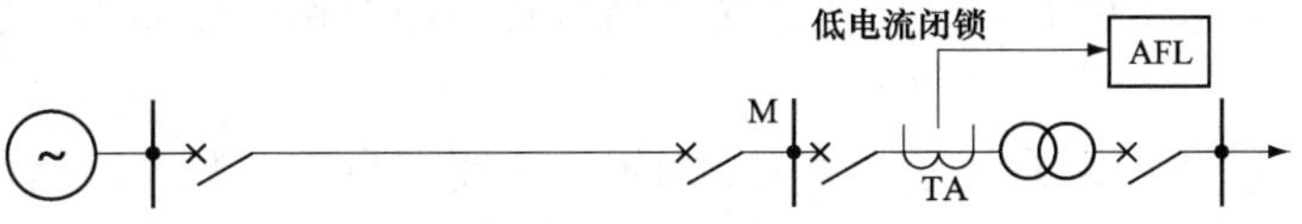

图 5-8　低电流闭锁取用的电流

（2）采用低电压闭锁。当图 5-8 中 M 母线上具有转送线路时，若供电电源中断，则负荷反馈电流可能使低电流闭锁失效，当然适当提高低电流闭锁动作值并不一定失效。采用低电压闭锁可防止这种情况下的误动作。

供电电源中断时，低频率元件、低电压元件均要动作。若低电压元件先于低频率元件动作，则 AFL 被低电压元件闭锁，不会发生误动作；若低电压元件晚于低频率元件动作，则动作时间差小于 AFL 的动作时限时，同样不会发生误动作。

一般情况下，供电电源中断后，电压衰减要稍快于频率的衰减。为使闭锁可靠，AFL 较高级的低电压闭锁值宜取高值，如 70V。为防止正常运行时误将 AFL 闭锁，低电压闭锁值应小于 AFL 投入时的最低工作电压，一般情况下，可取 60～70V（相间）。

低电压闭锁还兼有 TV 二次回路断线闭锁 AFL 的功能、短路故障时防误动功能等。

（3）采用按频率自动重合闸纠正。

3. AFL 其他误动作

电压互感器二次回路断线，使自动按频率减负荷装置无电压，从而测不到系统频率。为防止这种情况下 AFL 误动作，采用了 TV 断线闭锁、低电压闭锁。

电力系统短路故障时，谐波电压、非周期分量等可能使频率的测量不正确，造成 AFL 误动；在小系统中，故障线路上的有功功率损失可能造成较大的功率缺额（由于电抗器作用，其他用户负荷基本不受影响），导致频率降低，造成 AFL 误动。为防止这种情况下 AFL 误动，应加快故障切除时间，采用负序电压闭锁等措施。

在较小容量的系统中，冲击负荷也可短时引起频率的波动，使 AFL 动作带少量延时就可避免发生误动作。

四、微机型 AFL 的闭锁方式

目前自动按频率减负荷装置常用的闭锁有时限闭锁、低电压带时限闭锁、低电流闭锁、双频率继电器串联闭锁及滑差闭锁等。

1. 时限闭锁

该闭锁方式是由装置带 0.5s 延时出口的方式实现，曾主要用于由电磁式频率继电器或晶体管频率继电器构成的自动按频率减负荷装置中。但当电源短时消失或重合闸过程中，如果负荷中电动机比例比较大，则由于电动机的反馈作用，母线电压衰减较慢，而电动机转速却降低较快，此时即使装置带有 0.5s 延时，也可能引起自动按频率减负荷装置的误动；同时当基本级带 0.5s 延时后，对抑制频率下降很不利。目前这种闭锁方式一般不用于基本级，而用于整定时间较长的特殊级。

2. 低电压带时限闭锁

该闭锁方式是利用电源断开后电压迅速下降来闭锁自动按频率减负荷装置的。由于电动机电压衰减较慢，因此必须带有一定的时限才能防止装置的误动。特别是当装置安装在受端接有小电厂或同步调相机，以及容性负荷比较大的降压变电站内时，很容易产生误动。另外，采用低电压闭锁也不能有效地防止系统振荡过程中因频率变化而引起的误动。

3. 低电流闭锁

该闭锁方式是利用电源断开后电流减小的规律来闭锁自动按频率减负荷装置。该方式的主要缺点是电流值不易整定，某些情况下易出现装置拒动的情况；同时，当系统发生振荡时，装置也容易发生误动。目前这种方式一般只限于电源进线单一、负荷变动不大的变电站。

4. 双频率继电器串联闭锁

该闭锁方式主要用于防止一个频率继电器发生损坏时可能出现的误动，不能用于防止失电后电压反馈以及系统振荡过程中的误动，一般很少采用。

5. 滑差闭锁

该闭锁方式也称频率变化闭锁，利用从闭锁级频率下降至动作级频率的变化速度$\left|\frac{\mathrm{d}f}{\mathrm{d}t}\right|$是否超过某一数值来判断是系统功率缺额引起的频率下降，从而决定是否进行闭锁以躲过短路的影响，装置也需带有一定延时。目前这种闭锁方式在实际装置中受到日益广泛的应用。

思考与练习

1. 用微机实现自动按频率减负荷的方法有哪两种？各自有何特点？
2. 微机型 AFL 有何优点？
3. 微机型 AFL 能实现哪些基本功能？
4. 试说明微机型 AFL 中采用了哪些闭锁防误动措施。
5. 试说明微机型 AFL 中低电流闭锁的作用原理。
6. 何谓自动低频减负荷中的滑差闭锁？试说明其作用原理。

情境4　微机型频率电压紧急控制装置举例

知识目标

◇ 掌握微机型频率电压紧急控制装置的硬件和软件结构。
◇ 掌握微机型频率电压紧急控制装置的动作原理。

能力目标

◆ 能够理解微机型频率电压紧急控制装置的特点。
◆ 能分析微机型频率电压紧急控制装置的动作过程。

目前国内大量推广使用微机型频率电压紧急控制装置，既可用于功率缺额较大地区联切相应数量的负荷，也可用于功率过剩的电网联切相应数量的发电机，以保持电网功率平衡，确保电网的安全稳定运行。切负荷可以采用低频减载和低压减载，低频减负荷和低压减负荷的级数和动作值根据具体应用要求确定。

一、概述

频率电压紧急控制装置根据电力系统的负荷特性来判断运行状态。当电力系统中出现有功功率缺额时，系统频率将下降，利用频率紧急控制装置通过减载或解列的方式使系统的频率恢复。

电力系统由于有功缺额引起频率下降时，频率紧急控制装置自动根据频率降低值切除部分电力用户负荷，使系统电源的输出与用户负荷重新平衡。装置频率、电压均有独立的若干级输出（独立的基本级、特殊级）。电压、频率的各级输出可由定值灵活整定，每级都可以直接控制任一个出口。一般配置可以切除若干回负荷线路。

电力系统有功功率缺额较大时，微机装置具有根据$\frac{\mathrm{d}f}{\mathrm{d}t}$加速切负荷的功能，在切第一级时可加速切第二级或第二、第三两级，快速制止频率的下降，防止出现频率崩溃事故。

二、微机型频率电压紧急控制装置的硬件

微机型频率电压紧急控制装置硬件结构框图如图 5-9 所示。

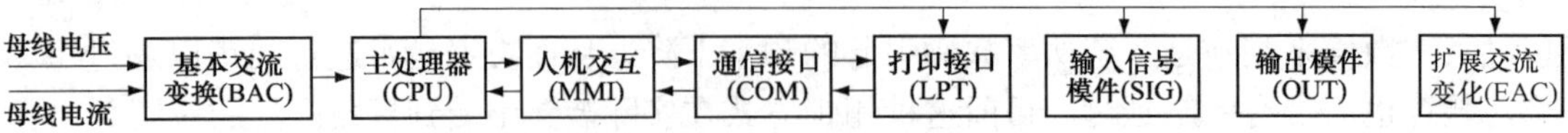

图 5-9 微机型频率电压紧急控制装置的硬件结构框图

(1) 基本交流变换模件(BAC)将母线的电压/电流转换为弱电信号，经由采样保持器送给主处理器的模/数转换器进行转换。

(2) 主处理器模件(CPU)是装置的核心，该模件用于转换并处理来自 BAC 模件的交流输入量，计算出功率(有功及无功)、电压及其变化率、频率及其变化率、相位等量值，若有频率电压事故发生，则向出口模件发出跳闸命令。主处理模件由单片机、A/D 转换、状态量输入、状态量输出(用于跳合闸脉冲输出、告警信号输出、闭锁继电器的开放及其他信号输出)等组成。

(3) 人机对话模件(MMI)用于人机界面管理，如键盘操作、液晶显示、与变电站监控系统或远方安全自动化装置通信、GPS 对时(分/秒脉冲对时)以及与主 CPU 交换信息。

(4) 输入及信号模件(SIG)由信号继电器(KS)、开关量输入回路等组成，该模件提供装置动作信号及告警信号，这些信号可送至面板信号灯显示，也可提供给中央信号装置。

(5) 输出模件(OUT)由一些出口继电器组成，每个模件提供 6 组、每组两对触点输出，一对可送至操作箱出口回路，另一对可送至闭锁重合闸回路。每台装置可以根据需要配置 1～3 个模块。为提高可靠性，出口均设闭锁回路，只在启动继电器动作后，才解除闭锁，允许出口。跳闸触点与继电器的线圈保持相连，可使跳闸触点自保持。若无须保持，将闭锁重合闸接点接至跳闸回路或短接出口板上相应二极管即可。

(6) 扩展交流变换模件(EAC)是为了测量变电站或发电厂各出线功率而配备的。

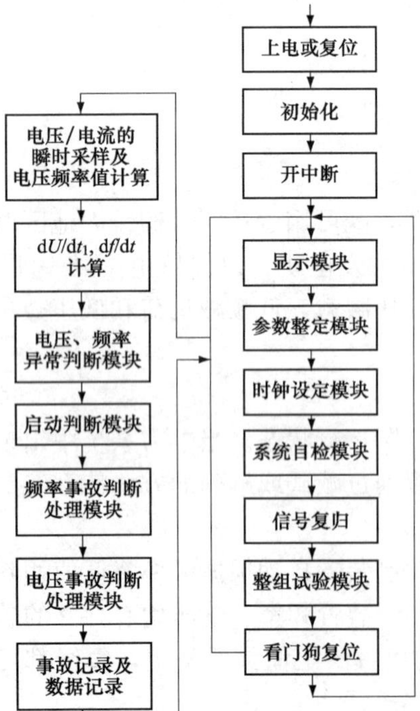

图 5-10 微机型频率电压紧急控制装置的软件结构框图

三、微机型频率电压紧急控制装置的软件设计

微机型频率电压紧急控制装置的软件部分包括数据采集模块、数字滤波模块、控制保护程序等，其中控制保护程序是最重要的部分。其软件结构框图如图 5-10 所示。

四、微机型频率电压紧急控制装置动作原理

1. 电压及频率的测量方法

装置对输入的交流电压进行高速采样，一个工频周期采样 24 点，采样周期为 0.833ms。电压幅值采用滤波算法，频率值采用硬件捕获加软件校验算法。经数字滤波后准确、快速地计算出电压、频率值及电压、频率变化率。

2. 双母线电压频率测量的自动切换方式

如图5-11所示，当测量的两段母线电压均正常时，微机型频率电压紧急控制装置首先选用Ⅰ段母线电压、频率进行判断，如果满足动作条件再经Ⅱ段母线电压、频率判断确定是否出口；当Ⅰ段母线电压消失或者发生TV断线时，装置自动选用Ⅱ段母线电压进行判断，装置仍能正常监视电网的运行，并延时后发出Ⅰ段母线电压消失或TV断线的告警信号；当Ⅰ、Ⅱ段母线电压均消失时，则立即闭锁出口，同时经延时后发出母线电压消失告警信号；当Ⅰ、Ⅱ段母线TV都断线时，则装置立即闭锁电压判断功能，同时延时5s发TV断线告警信号。此时，装置的频率判断功能仍能正常运行。

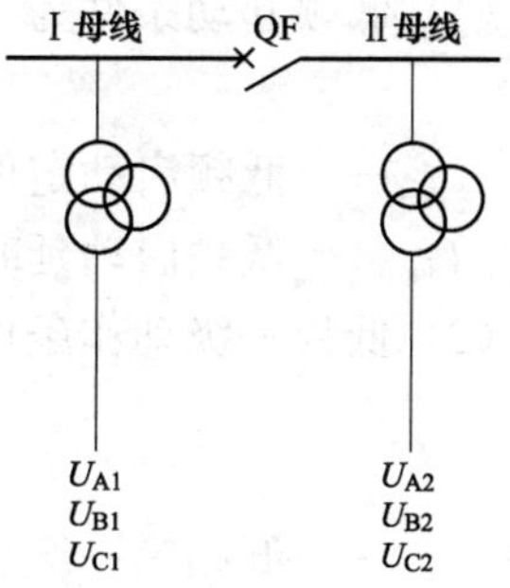

图5-11　Ⅰ、Ⅱ段母线电压测量图

3. 微机型频率电压紧急控制装置动作逻辑框图

微机型频率电压紧急控制装置动作原理如图5-12所示。图中，u为正序电压，f为正序电压的频率，$u_n=\frac{100}{\sqrt{3}}$V。

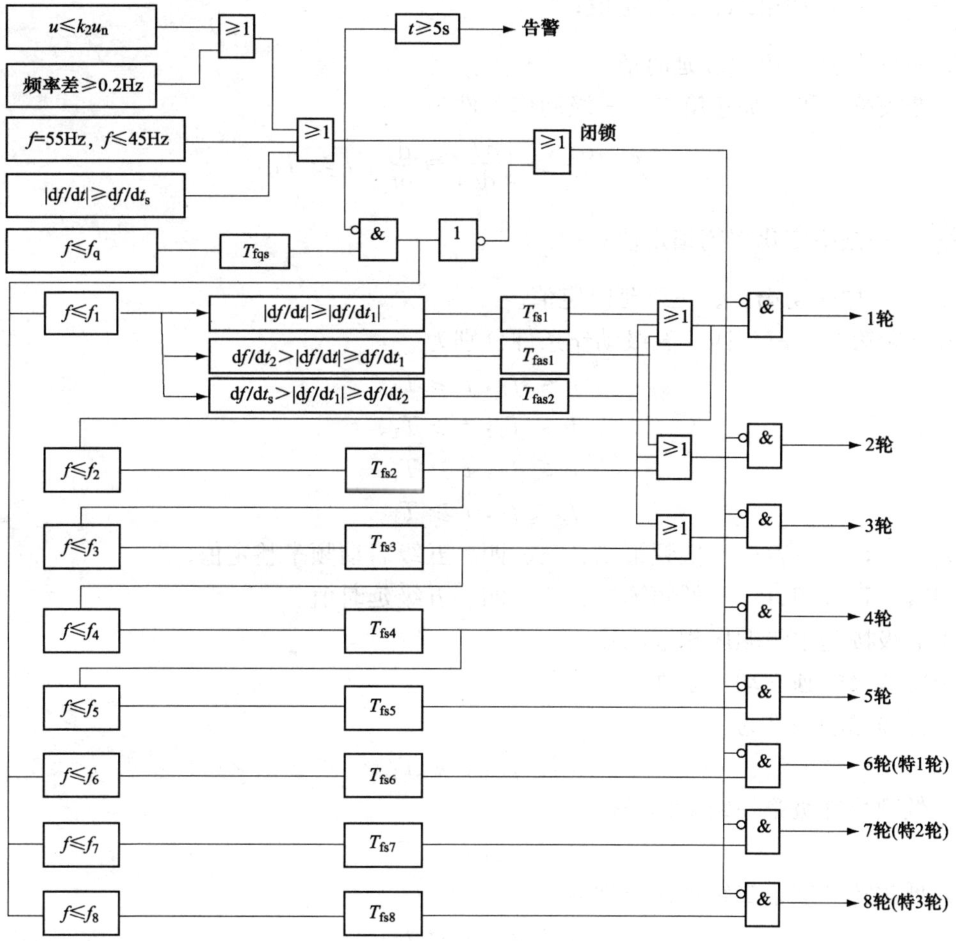

图5-12　微机型频率电压紧急控制装置动作原理

4. 微机型频率电压紧急控制装置的动作条件

（1）低频起动条件为

$$f \leqslant f_q, \ t \geqslant T_{fqs}$$

式中 f_q——低频启动定值；

T_{fqs}——低频启动延时定值。

（2）低频一级动作条件为

$$f \leqslant f_1, \ \left|\frac{df}{dt}\right| \geqslant \frac{df}{dt_1}, \ t \geqslant T_{fs1}$$

式中 f_1——低频第一级启动定值；

$\frac{df}{dt_1}$——加速切第二级定值；

T_{fs1}——低频第一级延时定值。

（3）低频一级、加速第二级动作条件为

$$f \leqslant f_1, \ \frac{df}{dt_2} > \left|\frac{df}{dt}\right| \geqslant \frac{df}{dt_1}, \ t \geqslant T_{fas1}$$

式中 $\frac{df}{dt_2}$——加速切第二、三级定值；

T_{fas1}——加速切第二级延时值。

（4）低频第一级、加速第二、三级动作条件为

$$f \leqslant f_1, \ \frac{df}{dt_3} > \left|\frac{df}{dt}\right| \geqslant \frac{df}{dt_2}, \ t \geqslant T_{fas2}$$

式中 $\frac{df}{dt_3}$——频率变化率闭锁定值；

T_{fas2}——加速切第二、三级延时定值。

（5）低频第二、三、四、五级动作条件分别为

$$f \leqslant f_2, \ t \geqslant T_{fs2}$$
$$f \leqslant f_3, \ t \geqslant T_{fs3}$$
$$f \leqslant f_4, \ t \geqslant T_{fs4}$$
$$f \leqslant f_5, \ t \geqslant T_{fs5}$$

式中 f_2，f_3，f_4，f_5——低频第二、三、四、五级启动频率整定值；

T_{fs2}，T_{fs3}，T_{fs4}，T_{fs5}——低频第二、三、四、五级延时值。

以上五级按基本级顺序相继动作。

三个特殊级的独立动作条件为：

（1）低频起动条件为

$$f \leqslant f_q, \ t \geqslant T_{fqs}$$

（2）低频特殊级第一级动作条件为

$$f \leqslant f_6, \ t \geqslant T_{fs6}$$

（3）低频特殊级第二级动作条件为

$$f \leqslant f_7, \ t \geqslant T_{fs7}$$

（4）低频特殊级第三级动作条件为

$$f \leqslant f_8,\ t \geqslant T_{fs8}$$

式中　f_6，f_7，f_8——低频特殊第一、二、三级启动频率整定值；

T_{fs6}，T_{fs7}，T_{fs8}——低频特殊第一、二、三级延时值。

5. 微机低压减载装置工作原理

（1）动作逻辑框图。低压减载动作原理如图 5 - 13 所示。图中，u 为正序电压，$u_n = \frac{100}{\sqrt{3}}$V。

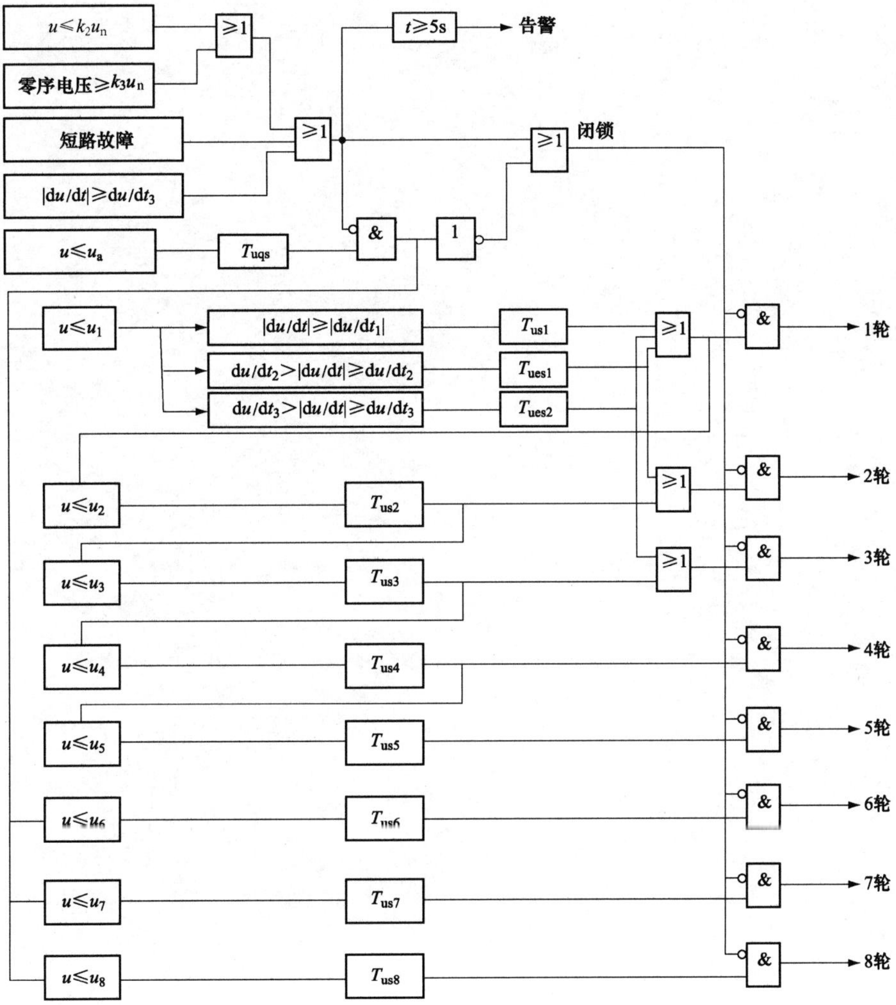

图 5 - 13　自动低压减载动作原理

（2）微机低压减载装置动作条件。自动低压减载装置的动作判别方法与上述自动低频减载装置的动作判别方法相同，此处不再赘述。

思考与练习

1. 什么是微机型频率电压紧急控制装置？

2. 微机型频率电压紧急控制装置的硬件结构包括哪些部分?
3. 简述微机型频率电压紧急控制装置的软件设计特点。
4. 简述微机型频率电压紧急控制装置的动作过程。

模块 6 微机型故障录波装置

模块描述

本模块主要介绍故障录波装置的概念和作用，对故障录波装置的基本要求，微机型故障录波装置的硬件和软件工作原理。

情境 1 故障录波装置的基本知识

知识目标

◇ 掌握故障录波装置的概念和作用。
◇ 掌握微机型故障录波装置的优点。
◇ 掌握对故障录波装置的基本要求。

能力目标

◆ 能够理解不同发展阶段的故障录波装置的特点。

当电力系统发生故障时，能迅速、直接地记录下与故障有关的运行参数的一种自动记录装置称为故障录波装置。当电力系统发生故障时，电力系统潮流计算、短路电流计算的理论值与实际值的差距很大，继电保护、自动装置的实际动作情况如何，电气设备受冲击的程度怎样，这些在理论上很难模拟又不能通过实验获得的瞬间信息，对电力系统安全稳定运行具有十分重要的影响，利用故障录波装置就能获得这些信息。所以，故障录波装置就像是电力系统故障时的“黑匣子”，是电力系统十分重要的安全自动装置。DL/T 587—2016《继电保护和安全自动装置技术规程》规定：在主要发电厂、220kV 及以上变电站和 220kV 重要变电站，应装设故障录波装置。除对电力系统一般参数（电压、电流、开关量）的记录外，故障录波装置还对有关元件的有功、无功、非周期分量的初值电流及其衰减时间常数、系统频率变化及各种参数变化的准确时间进行记录。分析电力系统故障主要是指分析系统动态过程参数量的变化规律。故障录波装置必须设置故障录波的专用传输接口，以便远传调度作进一步数据分析处理。

一、故障录波装置的发展历程

故障录波装置的发展经历了三个阶段：第一阶段是机械式故障录波装置，第二阶段是光线式故障录波装置，第三阶段是微机型故障录波装置。前两个阶段的故障录波装置均是利用启动元件，在系统故障或振荡时启动装置记录下故障或振荡时电气量的波形，故障录波装置也因此得名。这两种录波装置由于准确度低，实时性不强，录波时间短等缺点，已基本被淘汰。微机型故障录波装置是主机由微型计算机构成的新型录波装置，适用于各电压等级的输电线路，可安装于发电厂、变电站等场所；当电力系统故障或振荡时，可自动记录下故障类型、故障发生时间、电流和电压变化过程以及继电保护和自动装置的动作情况，计算出短路点到装置安装处的距离等，并且可以通过打印机打印事故报告，通过传真或电力通信系统直接将报告传送到调度所。微机型故障录波装置准确度高，启动方式灵活，实时性强，因此在电力系统中得到广泛应用。本章仅介绍微机型故障录波装置。

二、故障录波装置的作用

（1）正确分析事故原因，为及时处理事故提供重要依据。根据所录故障过程波形图和有关数据，可以准确反映故障类型、相别、故障电流和电压等数据、断路器跳合闸时间和重合闸动作情况等，从而可以分析和确定事故原因，研究有效的对策，为及时处理事故提供可靠的依据。

（2）根据录取的波形图和数据，可以准确评价继电保护和自动装置工作的正确性，特别是在发生转换性故障时；同时也是十分难得的实验数据。

（3）根据录取的波形图和数据，结合短路电流计算结果，可以较准确地锁定故障地点范围，便于寻找故障点；加速处理事故进程，减轻巡线人员劳动强度。目前最新型的微机型故障录波装置，判断故障准确度误差在2%以内。

（4）分析研究振荡规律。从录波图可以清楚反映振荡发生、失步、同步振荡、异步振荡和再同步过程以及振荡周期、振荡频率、振荡电流和振荡电压特性等，为研究防止振荡对策、改进继电保护和自动装置提供依据。

（5）分析录波图，可以发现继电保护和自动装置的缺陷及一次设备的缺陷，可及时消除事故隐患；可提供转换性故障和非全相运行再故障的信息；还可反映电力系统内部过电压的情况等。

（6）录波装置的录波资料提供的波形和数据，不仅可用于核对系统参数和短路计算值，而且还可实测系统参数，对理论上计算的系统参数做必要修正。

由此可见，故障录波装置对保证电力系统安全运行有十分重要和显著的作用；同时，还可积累运行经验，提供运行水平。所以，其在电力系统中得到了广泛的应用。

三、微机型故障录波装置的优点

（1）功能完整，自成体系。录波器具有16路模拟量输入、16路开关量输入，还可以由2～3台录波器组屏构成32路或48路的故障录波屏，因此具有扩展灵活、工作相对独立的特点。当一台录波器发生异常时，不会影响其他滤波器的工作，提高了系统可靠性。

微机型故障录波器还具有自检、互检功能，能随时检测到装置异常情况，并发信号输出检测结果。

（2）软件启动录波。每一模拟量通道均可启动录波。采用键盘设定录波启动方式及启动限值，每一启动方式均有三种选择（突变量启动、低限启动和过限启动），还可设定系统的振荡启动值。由于采用了软件启动方式，具有人机对话功能，因此，便于在工作现场整定限值，也简化了硬件配置。

（3）录波时间长，录波完整、不间断。具有三个循环存放的录波数据存储空间，每个存储空间可以存储一次未经压缩的录波数据，每次录波时间为4.2s，其中有故障前的100ms。不间断录波时间最长为12.6s（3次）。每次录波后数据自动存盘，快速清空数据存储空间，以便连续录波；存盘后可自动绘图输出。

采用不间断方式采集数据及故障判断。在存盘及绘图过程中，系统再次发生故障，仍可进行录波且不影响当前的存盘及绘图。

（4）具有完善软磁盘系统及智能化打印绘图功能。具有两个软盘驱动器，当第一个驱动器磁盘的存储满时，自动转向第二个驱动器的磁盘。软磁盘系统具有完善的格式化、删盘、复制功能。

打印输出时能够对录波数据进行分析，自动确定绘图比例，自动选择电气量有变化的部分。打印输出的信息报告内容包括故障时刻、故障元件、故障地点、故障类型、自动重合闸动作情况、开关量动作顺序等。报告内容十分全面。

（5）故障录波数据后期处理。对故障录波后的数据，可在PC机上用专用的软件进行离线处理，可对录波数据全过程模拟量的每一部分及开关量进行放大、缩小、定格、重新排列、打印输出等，还可利用FAX卡远传录波数据到调度中心进行分析处理。

（6）掉电保护功能。掉电时，实时时钟及录波数据等信息不丢失。

（7）人机对话功能。定值、时钟和各种操作指令均可通过面板上按键和显示器进行直接的观察和操作。

四、对故障录波装置的基本要求

我国明确的规定，对电网用故障录波装置的要求随电网的情况而异，110kV及以下电压电网与220kV及以上电压电网在运行特点上有本质的差异。

1.220kV及以上电压电网的故障录波装置

220kV及以上电压电网主要是输电网络，是电力系统的骨干和脊梁，它连接着大中型的主要供电电源，网络联系复杂。任何的网络事故，都将涉及不同变电站多套继电保护和断路器的动作，影响及于全网。特别是如果继电保护装置发生误动作或拒绝动作，其涉及面将延伸至电力系统的广大范围，事故的后续过程很长，有的甚至扩大为长期的大面积停电事故。可以认为，220kV及以上电压电网的任何暂态变化，都可能是引发系统事故的先声；看来不大的初始暂态变化，可能源于异地，但因事件的发展可能涉及全系统，因而记录其全过程，可以对复杂的系统事故发展过程提供确切的依据。这正是装设电力系统故障录波装置必要性之所在。据此，在DL/T 553—2013《电力系统故障动态记录装置通用技术条件》中，对装设在220kV及以上电压电网的故障录波装置有如下基本要求：

（1）具有按反应系统发生大扰动的系统电参量幅度及变化率判据而自启动和反应系统动态过程基本结束而自动停止的功能；也能由外部命令而启动和停止。

（2）每次记录的数据必须随即迅速地转出到中间载体，以迎接可能随之而来的下一次故障数据进行记录。其内存容量应满足连续在规定时间内发生规定次数的故障时能不间断地存入全部故障数据的要求。

（3）有足够的抗干扰能力；满足规定的电气量线性测量范围；记录的数据可靠不失真；记录的数据有足够安全性，不因供电电源中断或人为偶然因素丢失和抹去。

（4）记录时间带有时标，并适应记录时间同步化要求。

（5）按要求输出原采样数据和经过处理取得的规定电参量值。

（6）记录装置本身可靠，便于维护，备品备件容易解决，具有自动测试功能；其绝缘试验标准及抗干扰要求与继电保护装置等同。

（7）对外关系。

1）应收集和记录全部规定的故障模拟量数据和直接改进系统状态的继电保护跳闸命令、

安全自动装置的操作命令和纵联保护的通道信号。模拟量直接来自主设备。开关量则由相应装置用空触点送来。

2）原则上应作为变电站监控系统中的故障数据收集及单个数据处理（输出每一采样周波的有关电参量数值）的一个组成单元，并按要求接收监控计算机命令输出相应数据。

3）故障录波装置是电网事故自动分析系统的一个组成单元，根据要求可经由专设的通信接口直接接收自动分析系统的主站计算机的命令调出数据。分析系统主站计算机的基本功能另作规定。

4）为了便于调度处理事故，在线路或电力元件发生故障时，应立即直接输出有助于事故处理的极少量故障电参量。

5）为适应集中处理的要求，输出的动态过程记录数据应符合标准格式，规定与 ANSI/IEEE C37.111—1991/1999 COMTRADE 兼容；记录短路故障等突发事件的数据，其时间标志应满足同步化的要求。

2. 110kV 及以下电压电网的故障记录

110kV 及以下电压电网主要是地区范围或县城范围的供电电网，有时虽然也接入小容量的地区电源，但其供电范围总是局限于有限区域。它们主要由高压主电网提供电源，属于配电网。电网运行多为辐射状，很多采用环路建设、开环运行，或双电源互为备用的运行方式。电网内部故障的影响往往是单一的，即该供电区域涉及的范围。即使发生雾闪等大面积停电事故，其影响也将局限于所供电区域，虽然对所供电区域带来重大影响，但不至于影响电力系统全局。高压配电网的继电保护也比较简单，每一故障只需要单一的继电保护和断路器动作。即使误动作或拒动，也只涉及供电侧上一级的另一继电保护和断路器，情况相当直观。这些客观条件决定了对于这一级配电网的故障记录要求如下：

（1）只需要在本线路供电范围内故障时启动，即可取过电流启动。

（2）可以只循环记录规定时间长度和次数的故障数据及波形和故障距离数值，供变电站中央控制机或地区调度中心调用，不存档。内存占满后，执行“先进先出”原则。

（3）对单母线配出线路特别是 10kV 线路，一般不用装设专门的故障录波装置，如果条件允许，可以采用分布式保护装置来实现一定长度的故障录波。

思考与练习

1. 故障录波装置的作用有哪些？
2. 与典型数据采集系统相比，微机型故障录波装置有哪些优点？
3. 微机型故障录波装置有哪些特点？
4. 对故障录波装置有哪些基本要求？

情境 2 微机型故障录波装置的工作原理

知识目标

◇ 掌握微机型故障录波装置的硬件结构。

◇ 掌握微机型故障录波装置的软件功能。

能力目标

◆ 能够熟练地对微机型故障录波装置的硬件结构进行识别。

◆ 能够理解微机型故障录波装置软件部分的主程序流程图。

一、微机型故障录波装置的硬件原理

图 6-1 所示为微机型故障录波装置系统图，其基本配置由三部分组成。

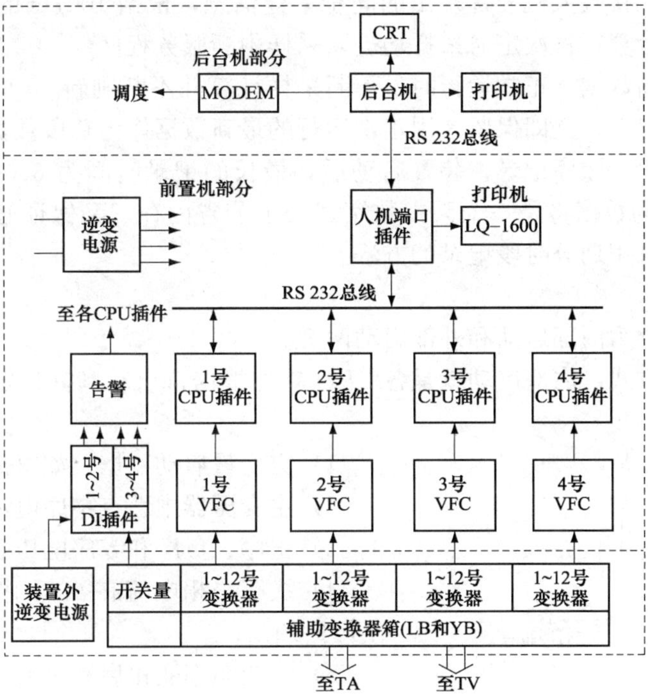

图 6-1　微机型故障录波装置系统图

（1）辅助变换器：用于变换电流、电压等模拟量，以适应单片机的 A/D 变换需求。

（2）前置机部分：用于数据采集系统和判启动用，将故障信息及时传到后台机。

前置机是一个多 CPU 系统，它由数据采集 CPU 插件、人机接口插件、开关量输入插件、逆变电源及告警插件组成，实际上是一个智能数采系统。每块 CPU 插件的静态 RAM 有 512KB，而后台 PC 机的内存和硬盘容量更大。如此容量的配置可满足每次 600s 动态过程的存储记录要求。

（3）后台机部分：主要用于数据处理及管理。

为了提高装置抗干扰能力及采样速率，采用了 VFC 式的 A/D 变换方式，VFC 变换后的频率信号经光隔后送 CPU 采样，CPU 总线不引出插件，与外部的联络采用串行总线 RS 232 或 RS 422 通信。

微机型故障录波装置与微机保护的人机接口部分原理完全相同，这里不再重复。

后台机部分，由一台 PC 机和一台显示器构成，或由笔记本微机构成。后台机在前置机给出启动命令后即进入运行：接收前置机送来的故障录波数据、信息，通过数据处理及管

理，完成故障测距计算，给出各种统计数据表格，绘图打印输出。输出的信息可以在显示器上显示也可以存盘或通过后台机内传真卡送至远方调度。

二、故障录波装置软件工作原理

（一）前置机的软件功能

前置机的软件有数据采集任务、判启动任务和数据通信任务三个主要功能，即及时将数据传送至人机接口插件再送至后台 PC 机。

1. 数据采集任务

（1）数据采集。接收人机插件发出的同步采样信息，根据 100Hz 的采样率，即 1ms 进行一次定时采样及计算，每次定时采样均进入采样中断服务程序。

（2）保留故障前数据。正常运行时，不断采样计算并不断刷新 10 周正常运行的采样计算数据。一旦装置启动，立即保留 3 周正常运行的最新数据作为首段数据记录。

（3）划分记录段。顺序记录，装置启动后，最长的记录时间为 600s。如果记录数据不压缩，600s 内记录的数据将是一个天文数字。为了节省内存，又保证必要的信息和数据能清晰地记录下来，采用划分时段记录的方法。

2. 判启动任务

故障录波起动分为内部启动和外部启动两类。

（1）内部启动方式。内部启动就是各 CPU 软件根据自启动判据超定值启动。一般自启动判据有如下几种：

1）突变量启动判据，如电流、电压等；

2）主变压器中性点零序电流 $3I_0$；

3）正序、负序和零序电压启动判据；

4）线路一相电流在 0.5s 内最大、最小值之差不小于 10%；

5）母线频率变化启动录波判据。

（2）外部启动方式。外部启动有两种，一种是继电保护的跳闸信号启动，另一种是调度来的启动命令。这两种启动均为开关量启动。

3. 数据通信任务

将数采信息通过串行总线及时传送到人机接口插件，利用人机接口插件中的串行口通信中断服务程序，将录波的数采信息再传入后台机，存在软盘做永久保存。

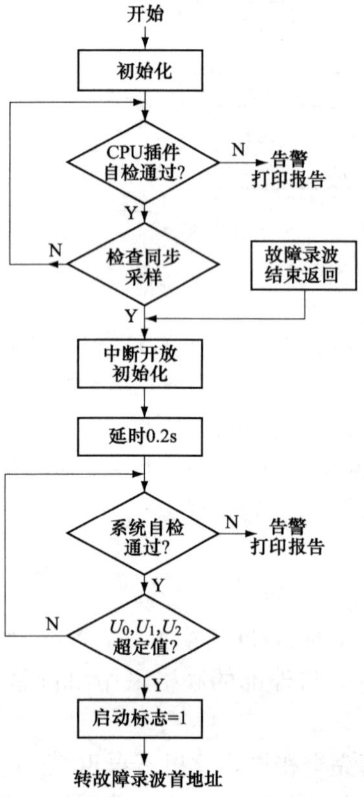

图 6-2 前置机 CPU 插件主程序流程框图

（二）前置机软件原理

前置机 CPU 插件软件有三个组成部分，即主程序、采样中断服务程序和故障录波程序。

1. 主程序原理

前置机 CPU 插件的主程序流程框图如图 6-2 所示。

上电复位后开始初始化，这是插件芯片级的初始化，对各芯片的功能及方式初始化。随后对CPU插件进行自检，这是芯片级的自检，如RAM、ROM、EPROM、E^2PROM及CPU本身的自检。接下来是同步采样信号检测，同步采样信号检测就是检测同步采样脉冲是否正常。如CPU插件自检和同步采样信号检测未通过，则告警并打印报告。

中断开放主要是指采样中断的开放，即允许采样中断。采样中断开放后，将定时（1ms）从主程序转入采样中断服务程序，完成采样任务后再回到主程序。

随后的系统自检是指TA、TV的断线检测或者其他专业自检。如检测出断线则告警并打印报告。

系统自检后，就可以进行录波自启动的判断。在主程序中安排的自启动判据是反映系统故障的电压U_0、U_1、U_2各序分量值是否超定值，如系统自检无故障，系统电压各序分量也没有超定值，那么程序就一直在这里循环检测，直到系统自检出故障才进入告警程序或超定值后进入故障录波程序。

2. 采样中断服务程序原理

（1）存储单元采样值刷新。采样中断服务程序原理框图如图6-3所示。进入采样中断服务程序后，采样计算VFC输出的脉冲数。对采样CPU插件的模拟量全部采样结束，将最近的10周中采样计数存储单元所存储的采样值全部替换为最新的采样值。

（2）自启动判据检测。根据刚刷新的计数值，计算各通道已选定的突变量，判断是否大于整定值，如大于整定值，则使启动标志位置1，修改返回地址为故障录波程序首地址，即进入故障录波程序。如不大于整定值，则进入开关量自启动判据程序，如选定的自启动开关量状态为1则立主启动标志位，转故障录波程序；否则，结束采样中断服务程序回到主程序中循环。

3. 故障录波程序原理

故障录波程序框图如图6-4所示。根据故障录波划分时段、顺序记录原理，检启动标志后就保留故障前三周的首段记录，随即清起动标志位；然后按顺序赋值录波段，再进入按时段压缩数据子程序（数据处理程序）并保留被压缩的数据。如在录波及数据处理过程中，检出系统又发生故障，则录波重新进行，转入录波初始程序。整个故障录波过程就是按时段逐段顺序记录，检各时段时间是否结束通过程序不断循环完成的。

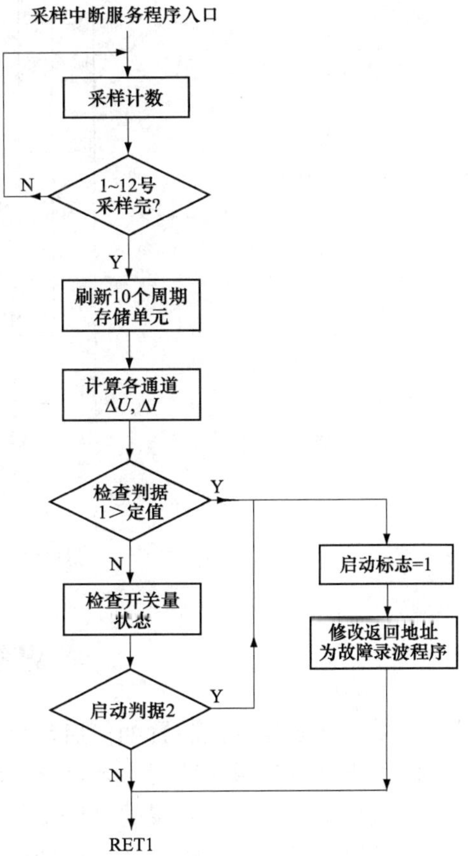

图6-3　采样中断服务程序原理框图

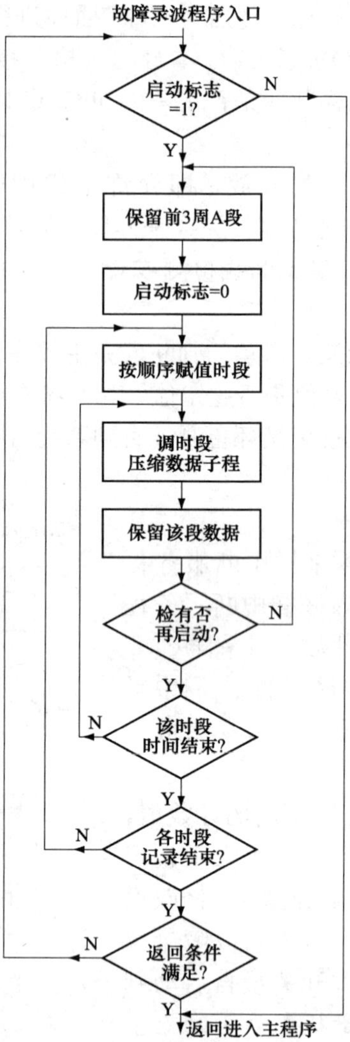

图 6-4　故障录波程序框图

思考与练习

1. 微机型故障录波装置如何启动?
2. 微机型故障录波装置主要有哪些输入量?
3. 微机型故障录波装置的录取量如何选择?
4. 试说明微机型故障录波装置的软件工作原理。

情境 3　WGL 3000 型微机故障录波装置

知识目标

◇ 掌握 WGL 3000 型微机故障录波装置的硬件配置。

◇ 掌握 WGL 3000 型微机故障录波装置的软件主要功能。

能 力 目 标

◆ 能够熟练地对 WGL 3000 型微机故障录波装置的硬件结构进行识别。

◆ 能够熟悉 WGL 3000 型微机故障录波装置的软件部分。

在本节中将以 WGL 3000 型微机故障录波装置为例，简单介绍其硬件配置和软件主要功能。

一、硬件配置

WGL 3000 型微机故障录波装置采用分层模块化结构，装置由变换器箱、前置机箱、后台工控机、打印机等组成，其原理结构框图如图 6-5 所示。

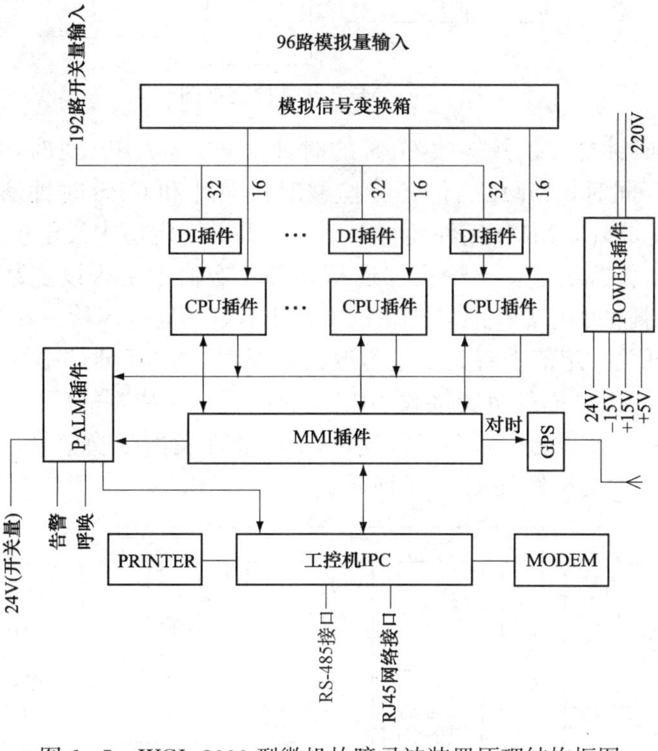

图 6-5　WGL 3000 型微机故障录波装置原理结构框图

WGL 3000 的核心部件为前置机箱，由 MMI（监控）插件 1～6 个录波单元、POWER（电源）插件、PALM（告警）插件等组成，完成高速数据采集。其中，每个录波单元包含 1 个 CPU 插件和 1 个 DI 开关量输入插件，可采集模拟量（含高频量）16 路，开关量 32 路。单台前置机可采集模拟量（含高频量）96 路，开关量 192 路。

前置机采用背插式结构和按现场要求设计的全密封机箱，适应恶劣工作环境连续工作。POWER 插件，提供主机＋5、±15、＋24V 电源；PALM 插件，为开关量提供＋24V 电源，驱动呼唤、告警继电器；MMI 插件，通过双端口 RAM 与 CPU 交换数据、与工控机传输数据、接收 GPS 时钟信号，发出呼唤、告警信号；录波单元，由 CPU 插件和插件构成，可配置 1～6 录波单元，每个录波单元包含一个 CPU 插件和一个 DI 插件；接收 GPS 时钟信号，判故障启动和录波，完成模拟量、开关量的数据采集。启动录波时，发出呼唤信号；装置异常时，发出告警信号。

(1) MMI 插件。MMI 插件原理框图如图 6-6 所示，用于完成与 CPU、工控机交换数据，接收 GPS 时钟信号，巡检 CPU 插件，发出呼唤、告警信号等功能。

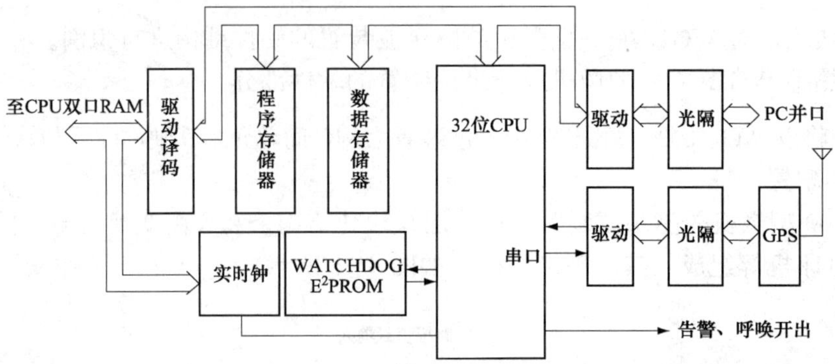

图 6-6　MMI 插件原理框图

MMI 插件内含时钟芯片，并接收 GPS 的时钟信号，与 GPS 对时，为整个装置提供必需的时钟同步信息。同时，MMI 插件还将监视时钟芯片和 GPS 时钟信号正确与否，异常时，给出告警信号。此外，MMI 插件还将对"巡检开关"定值中设定投入的 CPU 插件进行巡检，异常时，给出告警信号。不论在"巡检开关"定值中是否设定某个 CPU 插件投入，都不影响这个 CPU 插件的正常运行，但 MMI 插件不对其进行巡检。在某个 CPU 插件退出时，应先在"巡检开关"定值中将其设定为退出，否则，MMI 插件将给出告警信号。

(2) CPU 插件。CPU 插件负责接收 GPS 时钟信号，完成判故障启动和录波，完成模拟量、开关量的数据采集等功能；启动录波时，CPU 插件发出呼唤信号；内部异常时，发出告警信号。CPU 插件原理框图如图 6-7 所示。

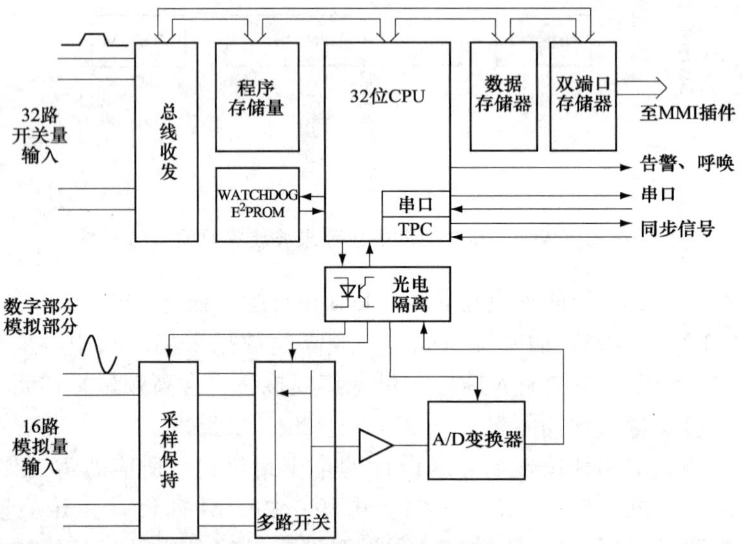

图 6-7　CPU 插件原理框图

CPU 插件以高性能的 32 位微处理器为核心，其内含的智能定时处理单元 TPU，与 MMI 插件内的时钟信号同步，是保证各通道同步采样和同步记录的关键。除单纯的频率量启动外，录波单元的启动模式为一路启动，其余通道同时启动，所有通道同时记录。这样，便于事件后对整个站的全面情况进行分析，而不局限于故障线路。A/D 转换电路和以 CPU 为核心的数字电路之间采取电气隔离，从而大大提高了 CPU 插件电路的可靠性。电力系统故障时强烈的电磁干扰，至多只影响某瞬间的采样值（可通过滤波等算法来消除），不会因此造成 CPU 死机。CPU 插件内含 5～23MB 掉电自保持 FLASH，与 MMI 插件通过双口 RAM 交换数据，从而使录波单元具有记录连续故障的能力。

（3）装置自检和告警。装置自检包括开机启动时的自检和正常运行时的巡检，因此，在任何情况下，装置的任何异常都能即时反映出来，并准确定位。装置自检内容包括：

1）CPU 插件、MMI 插件内部电路（包括外围辅助电路）的自检。插件内部的时钟芯片、CPU、ROM、RAM、DRAM、GPS 同步、定值、零漂刻度、采样同步、信号开出异常时均发出告警，并上报详细资料至后台。

2）MMI 插件对各 CPU 插件巡检。

3）工控机未检测到 MMI 插件通信信号时，给出通信异常信号；装置异常时，告警继电器动作发出告警信号，告警继电器采取自保持，消除告警后，需人工复归。一般情况下，告警信号由 MMI 插件发出，当 MMI 插件故障时，由 CPU 插件发出。装置异常时，后台界面将显示总告警信号，在“装置自检”中，给出告警的详细报表，确定告警原因。

（4）面板指示灯说明：正常运行时，常亮；启动录波后点亮，直至手动复归后熄灭；有告警输出时点亮，消除告警并手动复归后熄灭；机箱内部电源 5、±15、+24V，异常时点亮。

装置启动录波时，呼唤继电器动作发出呼唤信号，同时启动工控机接受录波数据。呼唤继电器采取自保持，需人工复归。一般情况下，呼唤信号由 MMI 插件发出；当 MMI 插件故障时，由 CPU 插件发出。

二、软件主要功能

对于 WGL 3000，用户的所有操作均在后台机上进行，包括录波器运行参数的配置、零漂/刻度的调整、故障波形的分析、打印管理等，此外，WGL 3000 后台还负责完成故障数据的自动存储、拨号通信及网络通信功能。WGL 3000 软件工作在 WINDOWS 环境下，包括主界面、故障分析、通信管理、定值管理、运行管理、用户管理六个功能标签，其软件结构体系图如图 6-8 所示。

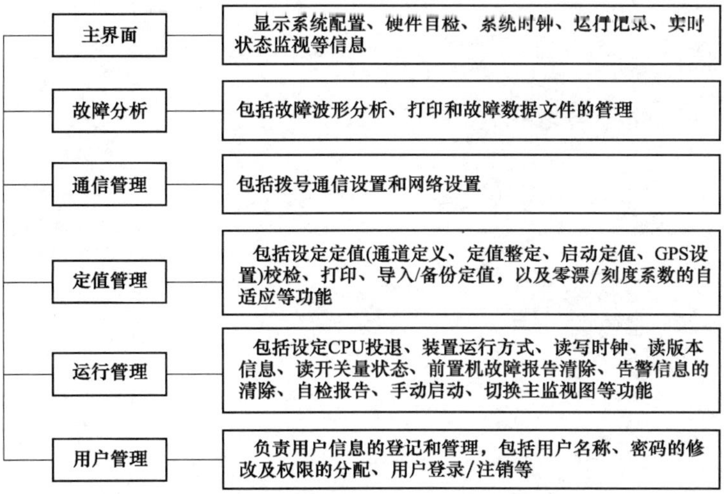

图 6-8 WGL 3000 型软件结构体系图

思考与练习

1. WGL 3000 型微机故障录波装置的硬件部分采用什么结构？
2. WGL 3000 型微机故障录波装置的硬件结构由哪些部分组成？
3. 试说明 WGL 3000 型微机故障录波装置的软件主要功能。

参考文献

[1] 丁书文．电力系统微机型自动装置［M］．北京：中国电力出版社，2005.
[2] 徐正亚．电力系统安全自动装置［M］．北京：中国水利水电出版社，2006.
[3] 张瑛，赵芳，李全意．电力系统自动装置［M］．北京：中国电力出版社，2006.
[4] 李火元．电力系统继电保护及自动装置［M］．北京：中国电力出版社，2009.
[5] 丁书文．电力系统自动装置原理［M］．北京：中国电力出版社，2007.
[6] 杨冠城．电力系统自动装置原理［M］．北京：中国电力出版社，2007.
[7] 唐建辉，黄红荔．电力系统自动装置［M］．北京：中国电力出版社，2005.
[8] 王伟．电力系统自动装置［M］．北京：北京大学出版社，2011.
[9] 甘齐顺，陈金星．电力系统自动装置［M］．郑州：黄河水利出版社，2008.
[10] 李斌，袁训奎．电力系统自动装置［M］．北京：高等教育出版社，2007.
[11] 李凤荣．电力系统自动装置［M］．北京：机械工业出版社，2011.
[12] 高亮．发电机组微机继电保护及自动装置［M］．北京：中国电力出版社，2015.
[13] 丁官元，夏勇．电力系统自动装置［M］．武汉：华中科技大学出版社，2012.
[14] 霍慧芝，赵菁．电力系统自动装置［M］．重庆：重庆大学出版社，2008.
[15] 李家坤．微机自动低频减载装置的研究与实现［M］．郑州：黄河水利出版社，2011.
[16] 国家电网公司人力资源部．继电保护及自动装置［M］．北京：中国电力出版社，2010.
[17] 崔家佩，孟庆炎，陈永芳，等．电力系统继电保护与安全自动装置整定计算［M］．北京：中国电力出版社，1993.
[18] 李斌，隆贤林．电力系统继电保护及自动装置［M］．北京：中国水利水电出版社，2008.
[19] 韩笑，刘微，杨建伟．继电保护自动装置测试技术实验指导书［M］．北京：中国水利水电出版社，2008.
[20] 韩天行．微机继电保护及自动化装置检验手册［M］．北京：中国电力出版社，2010.